高校生のドリル

【共通テスト】

数学I・A ドリル

分野別

講師 東進ハイスクール・東進衛星予備校
河合正人
KAWAI Masato

東進ブックス

はじめに

本書は，2012 年度まで発売されていた『2013 センター試験過去問演習数学Ⅰ・A』（東進ブックス）を大幅に改訂・編集したもので，「数学Ⅰ・A」の全分野を網羅した「共通テスト」用の問題集です。問題集にするにあたり，順に理解力がアップするようドリル形式にまとめました。出題の可能性のある分野は共通テスト本番に即した形式にし，全てを掲載してあります。この一冊を解き込めば，共通テストの「数学Ⅰ・A」にかなりの自信をもって臨むことができるでしょう。

本書について改めて自信をもって言い切れることは，これから「現行課程」の共通テストを受ける皆さんにとって，一切の弊害を取り除いた，「全て」が使える分野別問題集になったことです。扱われる素材や設問自体の流れ，空所の形にいたるまで，限りなく現行課程の共通テスト本番に近い問題集になりました。

共通テストの問題には，ストーリーがあります。大問単位で何段階にも積み重ねられた長い文章で構成される，いわば長編ストーリーです。そのため，問題全体の流れを読むことが重要です。

どんなに時間が短くても，各設問ごと，キーワードに注意しながら 10～20 秒くらいで最後までざっと俯瞰して下さい。各々の問題はどこから始まって，どこへ行こうとしているのか。結末までストーリー全体が示されているため，最終目標を見据えながら，誘導にしたがって前から順番に解いていきましょう。それと同時に，もし行き詰まったら少し先を読んでみることによって，そこまでに到達した点と次のステップとの間を埋めていくという橋渡し的な発想をすると，必ず壁を乗り越えていくことができます。

共通テストの真髄は，作問の意図を見抜く力を養うことにあるのです。それによって，タイトな時間内に解き終える道も見えてくるし，何の誘導もない 2 次試験の問題に自力で道を拓き，力を身につけていくことができます。

作問者のメッセージをしっかりと受け止められるようになれば，数学が楽しくなります。「問題が解けた」というのは，自分の解答と正解が一致しただけの「必要条件」でしかありません。「作問者の意図が見えた」ときに初めて，心からの満足感がわき上がるものなのです。

この『【共通テスト】数学Ⅰ・A 分野別ドリル』を徹底的に解き込み，皆さんが共通テストの数学Ⅰ・A に堂々と立ち向かっていくことができれば，著者としてこれ以上の喜びはありません。

著者

本書について

共通テスト対策数学とは言っても，単に過去問対策で十分であると考えている方はいませんか。仕上げとして過去問対策に重点を置くのは昔から変わりません。ただここで問題提起をしたいのです。その過去問は本当の意味で使える問題ですか……と。数学は2021年度から現行課程の共通テストに変わり，ずいぶんと様変わりしました。出題場所，出題内容（形式），配点など以前のままの対策ではかえって悪い影響しか出ません。

【センター試験】(2020年度)

大問	範囲	分野	配点
第1問〔1〕	数学Ⅰ	数と式	10
〔2〕		集合と命題	10
〔3〕		2次関数	10
第2問〔1〕		図形と計量	15
〔2〕		データの分析	15
第3問	数学A	場合の数と確率	20
第4問		整数の性質	20
第5問		図形の性質	20

※試験時間は60分間。
※第1・2問は必答。第3～5問のうちから2問を選択。
※2020年度は第3問で〔1〕と〔2〕の2つの中問を設定（配点は合計20点）。

➡

【共通テスト】(2021年度～)

大問	範囲	分野	配点
第1問〔1〕	数学Ⅰ	(☆)	10
〔2〕		図形と計量	20
第2問〔1〕		2次関数	15
〔2〕		データの分析	15
第3問	数学A	場合の数と確率	20
第4問		整数の性質	20
第5問		図形の性質	20

※試験時間は70分間。
※第1・2問は必答。第3～5問のうちから2問を選択。
※(☆)は「数と式」「集合と命題」「2次方程式（2次不等式）」など。

数学Ⅰのデータの分析［15点］，数学Aの場合の数と確率［20点］，整数の性質［20点］，図形の性質［20点］については，センター試験から現行課程の共通テストに変化しても，配点や内容に大きな違いはありません。

注意しなければならない分野は，数学Ⅰの図形と計量［15点→20点］と2次関数［10点→15点］です。図形と計量は，従来からの正弦定理，余弦定理などを用いて図形の辺の長さや角の大きさ，面積，内接円や外接円の半径を求める問いから，記述レベルに相当する深みのある問いや，周囲の環境を図形と計量を用いてとらえる問題へと変化しています。約1ページ（約5問程度）から約3ページ（7～11問程度）となり，問いの流れを読み解くタイプに変わっています（この問題数とは配点空欄数のことを指します）。

また，2次関数は，2次関数が与えられてから頂点座標や最大値，最小値を求めたり平行移動を考えたりする従来のタイプの問題から，身のまわりの出来事を数学的にとらえたり，会話形式に試行錯誤して考察しながら2次関数を導いたりする問題に変化しています。そのため，数学とは関係性の低い分野（内容）の話に対しても，その説明的な問題文を読み込まなくてはなりません。ページ数も，従来の約1ページから約4ページへと，かなり分量が増えています。

本書の特長と使い方

本書『【共通テスト】数学Ｉ・Ａ 分野別ドリル』の特長は，近年に出題された共通テスト，センター試験などの過去問と，大学入試センターが発表した試作問題（試行調査）を，著者自身が共通テスト式にアレンジしたものです(旧課程の出題範囲により，一部，現行課程の共通テスト式に完全に対応できない部分がありますが，ご了承下さい)。もちろん問題素材がもつ面白味や作問者の意図から外れることがないよう留意し作成してあります。

共通テスト（現行課程）の出題範囲，（数と式，集合と命題など［10 点］，図形と計量［20 点］，2 次関数［15 点］，データの分析［15 点］，場合の数と確率［20 点］，整数の性質［20 点］，図形の性質［20 点］）全 7 分野について，それぞれ 10 題分ずつ問題を掲載しました。ドリル形式により，苦手分野克服や得点の安定化など使い道はさまざまです。話の筋や流れに注意しながら，紐解くように問題を解いていきましょう。

本書を演習する際には，できるだけ２～３個の問題（空欄）を同時に見ることをお勧めします（これから解く問題，１題前の問題，先の問題)。そしてできるだけ遠くの問題（エンド問題）を見て方向性を確認して下さい。これが解き方のコツです。

なお、本書は，左ページに問題，右ページに解答・解説というレイアウトになっています。見開きですぐに確認できるよう，解答・解説をあえて別冊にせず，１冊で演習ができるようにしました。解答・解説は付属のカードで隠しておくこともできます。

最初のうちは，得点に一喜一憂することはありません。あくまでも最終的に高得点がとれるかどうかが勝負であることを忘れないで下さい。そのために毎回答え合わせをして，できなかった問題については納得がいくまで解説を読み，2 回，3 回と演習を重ね，満点がとれるまで繰り返しましょう。「解答の目安」の時間も意識して取り組んでみて下さい。

一度出た問題は必ず解けるようにしておくことと，答え合わせのあと問題文の流れを何度も確認することが大切です。作問者の意図がわかるようになれば，必ず得点は上がっていきます。

最後まで粘り強く，頑張って下さい。

目次

共通テスト「数学Ⅰ・A」大問別出題内容と配点

大問	範囲	分野	配点
第1問〔1〕	数学Ⅰ	（☆）	10点
〔2〕		図形と計量	20点
第2問〔1〕		2次関数	15点
〔2〕		データの分析	15点
第3問	数学A	場合の数と確率	20点
第4問		整数の性質	20点
第5問		図形の性質	20点

※試験時間は70分間。

※第1・2問は必答。第3～5問のうちから2問を選択。

※（☆）は「数と式」「集合と命題」「2次方程式（2次不等式）」など。

問題項目索引

※ページ数の数字の後ろにある丸数字は，Part（章）の番号を表しています．
（❶数と式，❷図形と計量，❸２次関数，❹データの分析，❺場合の数と確率，❻整数の性質，❼図形の性質）

数学Ⅰ　Part 1

数と式
（2次方程式・2次不等式を含む）

「数学Ⅰ・A」の中でも最も得点しやすい単元である。この単元の性質より会話形式になることは考えにくく，配点の10点分からしても読みづらい誘導にもならないであろう(配点空欄数は4～5個)。ただし，その内容(単元)が数と式，集合と論理，2次方程式(2次不等式)，絶対値を含む方程式(絶対値を含む不等式)など様々な可能性があり，絞り込めないという特徴もある。また，配点の10点分からすれば7分間程度が理想の解答時間となるものの，実際にはもっと短時間で解けるはずである。

必要十分条件の選択問題

問　題

第1問　（配点　10点）　解答の目安 05分　　（2008年度 追試験改題）

2以上の自然数 a，b について，集合 A，B を次のように定める。

$A = \{x \mid x$ は a の正の約数$\}$

$B = \{x \mid x$ は b の正の約数$\}$

このとき

(1)　A の要素の個数が2であることは，
a が素数であるための [ア]。

(2)　$A \cap B = \{1,\ 2\}$ であることは，
a と b がともに偶数であるための [イ]。

(3)　$a \leqq b$ であることは，$A \subset B$ であるための [ウ]。

[ア] ～ [ウ] の解答群（同じものを繰り返し選んでもよい。）

⓪　必要十分条件である
①　必要条件であるが，十分条件ではない
②　十分条件であるが，必要条件ではない
③　必要条件でも十分条件でもない

■

解 答・解 説

第 1 問 （配点 10 点）

(1) $A=\{x \mid x$ はaの正の約数$\}$の個数が 2 個 $\underset{\bigcirc}{\overset{\bigcirc}{\rightleftarrows}}$ a が素数　　ア ⓪．　[3 点]

(2) $\{(x$ は a の正の約数$)\cap(x$ は b の正の約数$)\}=\{1,\ 2\}$

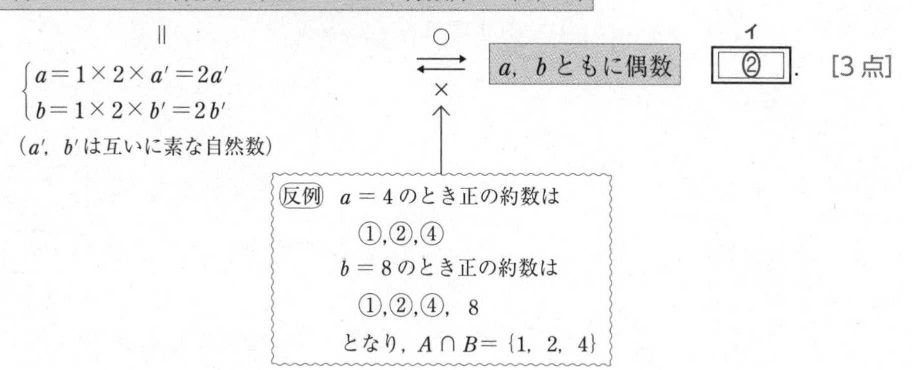

反例　$a=4$, $b=7$ のとき，$A=\{1,\ 2,\ 4\}$, $B=\{1,\ 7\}$

(3) $a \leqq b$ $\underset{\bigcirc}{\overset{\times}{\rightleftarrows}}$ $A \subset B$　　ウ ①．　[4 点]

■

ポイントアドバイス

(2) で $A\cap B=\{1,\ 2\}$ から a と b は 1，2 を共通の因数にもつ自然数とわかり，

$$\begin{cases} a=1\times2\times a', \\ b=1\times2\times b' \end{cases}$$
（a' と b' は互いに素な自然数）と表せます．

これより，$a=2a'$，$b=2b'$　となり，a，b はともに偶数と判断できます．
問題は逆向きです．a，b がともに偶数のときと聞くと素直に

$$\begin{cases} a=2a', \\ b=2b' \end{cases}$$
とおいてしまうかもしれませんが，
$$\begin{cases} a=2\times2\times a', \\ b=2\times2\times2\times3\times b'. \end{cases}$$

つまり，$a=4a'$，$b=24b'$　でもともに偶数なのです．こうなれば a と b の共通の約数は少なくとも 1，2，4 までが存在して不適と判断できます．

必要十分条件の選択問題

問　題

第2問（配点　10点）解答の目安 00分　（2007年度 本試験改題）

集合 A, B を

$A = \{n \mid n$ は10で割り切れる自然数$\}$

$B = \{n \mid n$ は4で割り切れる自然数$\}$

とする。

(1) 自然数 n が A に属することは，n が2で割り切れるための［ア］。

自然数 n が B に属することは，n が20で割り切れるための［イ］。

［ア］，［イ］の解答群（同じものを繰り返し選んでもよい。）

⓪ 必要十分条件である
① 必要条件であるが，十分条件ではない
② 十分条件であるが，必要条件ではない
③ 必要条件でも十分条件でもない

(2) $C = \{n \mid n$ は10と4のいずれでも割り切れる自然数$\}$

$D = \{n \mid n$ は10でも4でも割り切れない自然数$\}$

$E = \{n \mid n$ は20で割り切れない自然数$\}$

とする。自然数全体の集合を全体集合とし，その部分集合 G の補集合を $\overline{G}$ で表すとき

$C =$［ウ］，$D =$［エ］，$E =$［オ］

である。

［ウ］～［オ］の解答群（同じものを繰り返し選んでもよい。）

⓪ $A \cup B$	① $A \cup \overline{B}$	② $\overline{A} \cup B$	③ $\overline{A \cup B}$
④ $A \cap B$	⑤ $A \cap \overline{B}$	⑥ $\overline{A} \cap B$	⑦ $\overline{A \cap B}$

解答・解説

第2問 （配点 10点）

(1) $A=\{10,\ 20,\ 30,\ \cdots\cdots\}$

$B=\{4,\ 8,\ 12,\ \cdots\cdots\}$

・ $n\in A$ ⇄（→ ○，← ×） n が 2 で割り切れる　ア ②．　[2点]

反例　$n=8,\ 12$ など

反例　$n=4,\ 8$ など

・ $n\in B$ ⇄（→ ×，← ○） n が 20 で割り切れる　イ ①．　[2点]

(2) $C=\{20,\ 40,\ 60,\ 80,\ \cdots\cdots\}$　つまり，$C=A\cap B$．

$D=\{1,\ 2,\ 3,\ 5,\ 6,\ 7,\ 9,\ \cdots\cdots\}$　つまり，$D=\overline{A}\cap\overline{B}=\overline{A\cup B}$．

$E=\{1,\ 2,\ 3,\ \cdots\cdots\}$　つまり，$E=\overline{A\cap B}=\overline{A}\cup\overline{B}$．

$C=$ ウ ④，$D=$ エ ③，$E=$ オ ⑦．　[2点] [2点] [2点]

■

ポイントアドバイス

ド・モルガンの法則である $\overline{A\cap B}=\overline{A}\cup\overline{B}$，$\overline{A\cup B}=\overline{A}\cap\overline{B}$ は大切ですが，集合 A，B，C，D，E を直接値に置き換えてイメージすることが実践向きです．書き上げる数が多いほどより確信を高められます．

問　題

第3問（配点　10点）解答の目安 06分　　（2009年度 本試験改題）

実数 a に関する条件 p, q, r を次のように定める。

$p : a^2 \geqq 2a+8$

$q : a \leqq -2$　または　$a \geqq 4$

$r : a \geqq 5$

(1)　q は p であるための［ア］。

［ア］の解答群

⓪　必要十分条件である
①　必要条件であるが，十分条件ではない
②　十分条件であるが，必要条件ではない
③　必要条件でも十分条件でもない

(2)　条件 q の否定を $\overline{q}$，条件 r の否定を $\overline{r}$ で表す。

命題「p ならば［イ］」は真である。

命題「［ウ］ならば p」は真である。

［イ］，［ウ］の解答群（同じものを繰り返し選んでもよい。）

⓪　q かつ $\overline{r}$
①　q または $\overline{r}$
②　$\overline{q}$ かつ $\overline{r}$
③　$\overline{q}$ または $\overline{r}$

解 答・解 説

第3問 (配点 10点)

(1) p： $a^2-2a-8 \geqq 0$, $\iff$ $(a+2)(a-4) \geqq 0$. $\therefore$ $a \leqq -2,\ 4 \leqq a$.

q： $a \leqq -2,\ 4 \leqq a$.

r： $5 \leqq a$.

$q \overset{\bigcirc}{\underset{\bigcirc}{\rightleftarrows}} p$ $\therefore$ q は p であるための ア ⓪. [2点]

(2) ⓪ $q \cap \overline{r}$ …… $a \leqq -2,\ 4 \leqq a < 5$.

① $q \cup \overline{r}$ …… a は実数全体.

② $\overline{q} \cap \overline{r}$ …… $-2 < a < 4$.

③ $\overline{q} \cup \overline{r}$ …… $a < 5$.

(① ⟶ / ② ⟵) 「p」 = $a \leqq -2,\ 4 \leqq a$.

$p \overset{\bigcirc}{\longrightarrow}$ ① $\therefore$ 命題「p ならば イ ①」は真である. [4点]

⓪ $\overset{\bigcirc}{\longrightarrow} p$ $\therefore$ 命題「ウ ⓪ ならば p」は真である. [4点]

■

ポイントアドバイス

必要十分条件の ⓪ 必要十分，① 必要，② 十分，③ どちらでもない…は，約数・倍数・割り切れる…などの整数系の問題では ⓪ となる可能性が高く，文字の対称式が含まれるケースでは反例があるケースが多いため ① or ②．さらに，図形との融合問題も ① or ② となる可能性が高いと言えるでしょう．(2)では選択肢にある $q \cap \overline{r}$, $q \cup \overline{r}$, $\overline{q} \cap \overline{r}$, $\overline{q} \cup \overline{r}$ の集合を a を使って表しておいて下さい．条件 p ($a \leqq -2,\ 4 \leqq a$) との互いの真偽の判定がしやすくなります．

問　題

第4問 （配点　10点） 解答の目安 07分 （2006年度 追試験改題）

自然数全体の集合をUとする。Uの要素に関する条件p，qについて，pを満たす要素の集合をPとし，qを満たす要素の集合をQとする。さらに，Uを全体集合とするP，Qの補集合をそれぞれ$\overline{\mathrm{P}}$，$\overline{\mathrm{Q}}$とする。

(1)　命題「$p \Longrightarrow q$」が真であることと ア が成り立つことは同じである。

(2)　命題「$p \Longrightarrow q$」の逆が真であることと イ が成り立つことは同じである。

(3)　命題「$\overline{p} \Longrightarrow q$」が真であることと ウ が成り立つことは同じであり，また，これ以外に エ が成り立つこととも同じである。ただし，$\overline{p}$ はpの否定を表す。また，ウ と エ の解答の順序は問わない。

(4)　全ての自然数が条件「$\overline{p}$またはq」を満たすことと オ が成り立つことは同じである。

ア ～ オ の解答群（同じものを繰り返し選んでもよい。）

⓪ $\mathrm{P} \subset \mathrm{Q}$	① $\mathrm{P} \supset \mathrm{Q}$	② $\mathrm{P} \subset \overline{\mathrm{Q}}$
③ $\overline{\mathrm{P}} \subset \mathrm{Q}$	④ $\mathrm{P} \supset \overline{\mathrm{Q}}$	⑤ $\overline{\mathrm{P}} \supset \mathrm{Q}$

■

解答・解説

第4問 （配点　10点）

(1)　命題「$p \underset{(真)}{\longrightarrow} q$」　⇐同値⇒　P ⊂ Q　ア ⓪.　[2点]

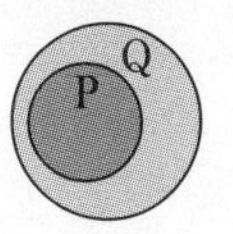

(2)　命題「$p \longrightarrow q$」の逆「$q \underset{(真)}{\longrightarrow} p$」　⇐同値⇒　Q ⊂ P　イ ①.　[2点]

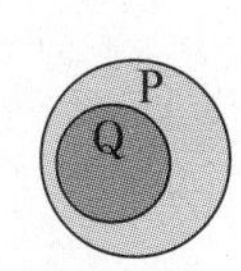

(3)　命題「$\overline{p} \underset{(真)}{\longrightarrow} q$」（対偶）「$p \underset{(真)}{\longleftarrow} \overline{q}$」

⇑ 同値 ⇓　　　⇑ 同値 ⇓

$\overline{\mathrm{P}} \subset \mathrm{Q}$　　　$\mathrm{P} \supset \overline{\mathrm{Q}}$

ウ ③　　エ ④　　[2点] [2点]

順序任意

(4)　(1)のとき，つまり P ⊂ Q のとき，

右図の状態.

全ての自然数が条件「$\overline{p}$ または q」を満たす

ことと オ ⓪ が成り立つことは同じ.　[2点]

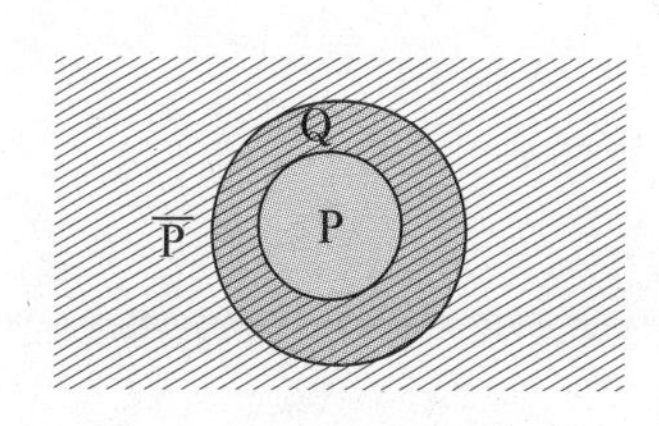

■

ポイントアドバイス

命題の真・偽の判断の際に対偶を使うことがあります.

$A \rightarrow B$
$\overline{A} \leftarrow \overline{B}$　＞　この 2 つの命題は互いに対偶の関係であり，真・偽は一致します.

今回の (3) のケースでは，$\overline{p} \rightarrow q$ と $p \leftarrow \overline{q}$ は対偶のため，ともに真だとわかります．あとは各々を集合 P，Q の内包関係に読み換えることです.

問 題

第5問 (配点 10点) 解答の目安 08分 (2012年度 本試験)

(1) 不等式 $|2x+1| \leqq 3$ の解は [アイ] $\leqq x \leqq$ [ウ] である。

以下，a を自然数とする。

(2) 不等式

$$|2x+1| \leqq a \qquad \cdots\cdots\cdots\cdots ①$$

の解は $\dfrac{-[エ]-a}{[オ]} \leqq x \leqq \dfrac{-[エ]+a}{[オ]}$ である。

(3) 不等式①を満たす整数 x の個数を N とする。$a=3$ のとき，

$N=$ [カ] である。また，a が 4，5，6，…と増加するとき，N が初めて

[カ] より大きくなるのは，$a=$ [キ] のときである。

■

解 答・解 説

第5問 （配点 10点）

(1) $|2x+1| \leqq 3$,

$\iff -3 \leqq 2x+1 \leqq 3$,

$\iff -4 \leqq 2x \leqq 2$,

$\iff$ アイ $\boxed{-2} \leqq x \leqq$ ウ $\boxed{1}$. [2点] [2点]

(2) $|2x+1| \leqq a$ …………①,

$\iff -a \leqq 2x+1 \leqq a$,

$\iff -1-a \leqq 2x \leqq -1+a$,

$\iff \dfrac{-\boxed{1}-a}{\boxed{2}} \leqq x \leqq \dfrac{-\boxed{1}+a}{\boxed{2}}$. （エ：1，オ：2） [2点]

(3) $a=3$ のとき，① は(1)の結果を用いて，$-2 \leqq x \leqq 1$.

これを満たす整数 x は，$x=-2$，-1，0，1 より，$N=$ カ $\boxed{4}$. [2点]

- $a=4$ のとき，① は $-\dfrac{5}{2} \leqq x \leqq \dfrac{3}{2}$ となり，整数 x は，

  $x=-2$，-1，0，1. $\therefore$ $N=4$.

- $a=5$ のとき，① は $-3 \leqq x \leqq 2$ となり，整数 x は，

  $x=-3$，-2，-1，0，1，2. $\therefore$ $N=6$.

a が 4，5，6，…の増加にともない，N も等しいか増加するので，

$N=4$ より大きくなる最初の a は，$a=$ キ $\boxed{5}$. [2点]

■

ポイントアドバイス

絶対値を含む不等式（$|2x+1| \leqq 3$）で，今回のケースを例に考えると，

(i) $2x+1 \geqq 0$ $\left(x \geqq -\dfrac{1}{2}\right)$ … $2x+1 \leqq 3$. $\therefore$ $-\dfrac{1}{2} \leqq x \leqq 1$.

(ii) $2x+1 \leqq 0$ $\left(x \leqq -\dfrac{1}{2}\right)$ … $-2x-1 \leqq 3$. $\therefore$ $-2 \leqq x \leqq -\dfrac{1}{2}$.

まとめて，$-2 \leqq x \leqq 1$ とする解答を見掛けます。何ら問題なく正解ですが，やはり，

$-3 \leqq 2x+1 \leqq 3$, $\iff$ $-2 \leqq x \leqq 1$ とすべきですね.

1次不等式の問題

問　題

第6問 （配点　10点）　解答の目安 ◻◻分　（2011年度 本試験）

$a = 3 + 2\sqrt{2}$，$b = 2 + \sqrt{3}$ とすると

$$\frac{1}{a} = \boxed{ア} - \boxed{イ}\sqrt{\boxed{ウ}}$$

$$\frac{1}{b} = \boxed{エ} - \sqrt{\boxed{オ}}$$

$$\frac{a}{b} - \frac{b}{a} = \boxed{カ}\sqrt{\boxed{キ}} - \boxed{ク}\sqrt{\boxed{ケ}}$$

である。このとき，不等式

$$|\,2abx - a^2\,| < b^2$$

を満たす x の値の範囲は

$$\boxed{コ}\sqrt{\boxed{サ}} - \boxed{シ}\sqrt{\boxed{ス}} < x < \boxed{セ} - \boxed{ソ}\sqrt{\boxed{タ}}$$

となる。

■

解答・解説

第6問 (配点 10点)

$$\frac{1}{a}=\frac{1}{3+2\sqrt{2}}$$

$$=\frac{3-2\sqrt{2}}{(3+2\sqrt{2})(3-2\sqrt{2})}$$

$$=\boxed{3}^{ア}-\boxed{2}^{イ}\sqrt{\boxed{2}^{ウ}}.$$ [2点]

$$\frac{1}{b}=\frac{1}{2+\sqrt{3}}$$

$$=\frac{2-\sqrt{3}}{(2+\sqrt{3})(2-\sqrt{3})}$$

$$=\boxed{2}^{エ}-\sqrt{\boxed{3}^{オ}}.$$ [2点]

これより,

$$\frac{a}{b}-\frac{b}{a}=a\times\frac{1}{b}-b\times\frac{1}{a}$$

$$=(3+2\sqrt{2})(2-\sqrt{3})-(2+\sqrt{3})(3-2\sqrt{2})$$

$$=\boxed{8}^{カ}\sqrt{\boxed{2}^{キ}}-\boxed{6}^{ク}\sqrt{\boxed{3}^{ケ}}.$$ [2点]

このとき,

$$|2abx-a^2|<b^2,$$

$$\iff -b^2<2abx-a^2<b^2,$$

$$\iff a^2-b^2<2abx<a^2+b^2,$$

$$\iff \frac{1}{2}\left(\frac{a}{b}-\frac{b}{a}\right)<x<\frac{1}{2}\left(\frac{a}{b}+\frac{b}{a}\right),$$

$\frac{a}{b}+\frac{b}{a}=12-4\sqrt{6}$ より

$$\iff \boxed{4}^{コ}\sqrt{\boxed{2}^{サ}}-\boxed{3}^{シ}\sqrt{\boxed{3}^{ス}}<x<$$ [2点]

$$\boxed{6}^{セ}-\boxed{2}^{ソ}\sqrt{\boxed{6}^{タ}}.$$ [2点]

■

ポイントアドバイス

無理数を含む式の値，絶対値不等式の問題です．$|2abx-a^2|<b^2$ を素早く

$\frac{1}{2}\left(\frac{a}{b}-\frac{b}{a}\right)<x<\frac{1}{2}\left(\frac{a}{b}+\frac{b}{a}\right)$ の形に変形できるかどうかがポイントです．当然，前の設問の答えの

$\frac{a}{b}-\frac{b}{a}=8\sqrt{2}-6\sqrt{3}$ は活用すべきです．

2次方程式の問題

問　題

第7問 （配点　10点） 解答の目安 05分 （2007年度 追試験・1995年度 本試験〔数学Ⅰ〕）

(1)　2次方程式 $13x^2+2x-2=0$ の2つの解のうち，大きい方を α とすると

$$\frac{1}{\alpha}=\frac{\boxed{ア}+\boxed{イ}\sqrt{\boxed{ウ}}}{2}$$

である。

(2)　m を整数とする。2次方程式

$$x^2+mx-1=0$$

の解 a，b が

$$2a^2+2b^2+a+b=19,\qquad a<b$$

を満たすとする。このとき

$$m=\boxed{エ},\qquad a=\frac{\boxed{オカ}-\sqrt{\boxed{キク}}}{2}$$

である。

■

解　答・解　説

第７問 （配点　10 点）

(1)　$13x^2+2x-2=0.$

$\therefore \quad x=\dfrac{-1\pm\sqrt{27}}{13}=\dfrac{-1\pm3\sqrt{3}}{13}.$　大きい方の解　$\alpha=\dfrac{-1+3\sqrt{3}}{13}.$

$\therefore \quad \dfrac{1}{\alpha}=\dfrac{13}{3\sqrt{3}-1}=\dfrac{13(3\sqrt{3}+1)}{(3\sqrt{3}-1)(3\sqrt{3}+1)}=\dfrac{13(3\sqrt{3}+1)}{26}.$

$\dfrac{1}{\alpha}=\dfrac{\boxed{1}^{\text{ア}}+\boxed{3}^{\text{イ}}\sqrt{\boxed{3}^{\text{ウ}}}}{2}.$　[4 点]

(2)　$\begin{cases} a^2+ma-1=0, \\ b^2+mb-1=0, \end{cases} \iff \begin{cases} a^2=1-ma, \\ b^2=1-mb. \end{cases}$

これより，　$2a^2+2b^2+a+b=19,$

$\iff 2(1-ma)+2(1-mb)+a+b=19,$

$\iff (1-2m)(a+b)=15$　………①.

さらに，　$x^2+mx-1=(x-a)(x-b)$

$=x^2-(a+b)x+ab$

と表せるから，　$a+b=-m.$

① へ代入すると，　$2m^2-m-15=0,$

$\iff (2m+5)(m-3)=0.$　$\therefore \quad m=\boxed{3}^{\text{エ}}$ (整数).　[3 点]

これより，　$x^2+3x-1=0.$　$\therefore \quad x=\dfrac{-3\pm\sqrt{13}}{2}.$

$\therefore \quad a=\dfrac{\boxed{-3}^{\text{オカ}}-\sqrt{\boxed{13}^{\text{キク}}}}{2}.$　[3 点]

■

ポイントアドバイス

x の２次方程式 $x^2+mx-1=0$ の解が $x=a,\ b\ (a<b)$ のため，そのまま代入してみて下さい．

$a^2+ma-1=0$　と　$b^2+mb-1=0$　が導けます．

この２式で差をとってみると，$(a-b)(a+b+m)=0,\iff a+b=-m$ が得られます．

上記の解答では，$x^2+mx-1=(x-a)(x-b)$

$=x^2-(a+b)x+ab$

として，左辺と右辺の比較を使い $\begin{cases} a+b=-m, \\ ab=-1 \end{cases}$ (使用していない)　としてあります．

問　題

第8問　（配点　10点）　解答の目安 ○○分　　（2006年度 本試験改題）

2次方程式 $x^2 - 3x - 1 = 0$ の解が α, β で，$\alpha > \beta$ とするとき

$$\alpha = \frac{\boxed{ア} + \sqrt{\boxed{イウ}}}{2}, \quad \beta = \frac{\boxed{ア} - \sqrt{\boxed{イウ}}}{2}$$

である。また

$m < \alpha < m + 1$ を満たす整数 m の値は $m = \boxed{エ}$

$n < \beta < n + 1$ を満たす整数 n の値は $n = \boxed{オカ}$

である。

次に

$$\alpha + \frac{1}{\alpha} = \sqrt{\boxed{キク}}$$

であり

$$\alpha^2 + \frac{1}{\alpha^2} = \boxed{ケコ}$$

である。

■

解 答・解 説

第8問 (配点 10点)

$$x^2-3x-1=0. \qquad \therefore \ x=\frac{3\pm\sqrt{13}}{2}.$$

$\alpha>\beta$ より,

$$\alpha=\frac{\boxed{3}^{ア}+\sqrt{\boxed{13}^{イウ}}}{2},\qquad \beta=\frac{\boxed{3}^{ア}-\sqrt{\boxed{13}^{イウ}}}{2}.$$ [2点]

$$=\frac{1}{2}(3+3.6\cdots) \qquad\qquad =\frac{1}{2}(3-3.6\cdots)$$

$$=3.30\cdots \qquad\qquad =-0.30\cdots$$

$$=3+0.30\cdots. \qquad\qquad =-1+0.69\cdots$$

(詳しくは, $3<\sqrt{13}<4$ より, $\frac{6}{2}<\frac{3+\sqrt{13}}{2}<\frac{7}{2}$

$3<\sqrt{13}<4$ より, $-\frac{1}{2}<\frac{3-\sqrt{13}}{2}<0$)

これより, $m<\alpha<m+1$ を満たす整数 m の値は $m=\boxed{3}^{エ}$. [2点]

$n<\beta<n+1$ を満たす整数 n の値は $n=\boxed{-1}^{オカ}$. [2点]

次に,

$$\alpha+\frac{1}{\alpha}=\frac{3+\sqrt{13}}{2}+\frac{2}{3+\sqrt{13}}$$

$$=\frac{3+\sqrt{13}}{2}+\frac{2(3-\sqrt{13})}{-4}=\sqrt{\boxed{13}^{キク}}.$$ [2点]

$$\alpha^2+\frac{1}{\alpha^2}=\left(\alpha+\frac{1}{\alpha}\right)^2-2\alpha\times\frac{1}{\alpha}$$

$$=(\sqrt{13})^2-2=\boxed{11}^{ケコ}.$$ [2点]

■

ポイントアドバイス

2次方程式の解の整数評価はときどき出題されます. 今回のケースでは $\sqrt{13}$ がカギとなるわけです. $\sqrt{13}=3.6055\cdots$ などとわかればよいのですが, 実際は無理です. そこで大まかに $3<\sqrt{13}<4$ とし,

$\underset{(3)}{\frac{3+3}{2}}<\frac{3+\sqrt{13}}{2}<\underset{(3.5)}{\frac{3+4}{2}}$ から, $3\sim3.5$ の間と判断します.

絶対値を含む方程式（不等式）の問題

問　題

第9問 （配点　10点） 解答の目安 05分　（2007年度 本試験）

方程式

$$2(x-2)^2 = |3x-5| \qquad \cdots\cdots\cdots\cdots ①$$

を考える。

(1)　方程式 ① の解のうち，$x < \dfrac{5}{3}$ を満たす解は

$$x = \boxed{ア},\ \dfrac{\boxed{イ}}{\boxed{ウ}}$$

である。

(2)　方程式 ① の解は全部で $\boxed{エ}$ 個ある。その解のうちで最大のものを α とすると，$m \leqq \alpha < m+1$ を満たす整数 m は $\boxed{オ}$ である。

■

解 答・解 説

第9問 (配点　10点)

(1)　$2(x-2)^2=|3x-5|$　…………①.

- $\left(x \geqq \dfrac{5}{3}\right)$　①, $\iff 2x^2-8x+8=3x-5$,

$\iff 2x^2-11x+13=0$.

$\therefore\ x=\dfrac{11\pm\sqrt{17}}{4}$.

- $\left(x < \dfrac{5}{3}\right)$　①, $\iff 2x^2-8x+8=-3x+5$,

$\iff 2x^2-5x+3=0$,

$\iff (2x-3)(x-1)=0$.

$\therefore\ x=\boxed{1}$ (ア), $\dfrac{\boxed{3}\ (イ)}{\boxed{2}\ (ウ)}$.　[2点] [2点]

(2)　(1)より，①の解は全部で $\boxed{4}$ (エ) 個.　[3点]

最大の解　$\alpha=\dfrac{11+\sqrt{17}}{4}\fallingdotseq 3.78\cdots$ より，　$\underset{(m)}{3}\leqq\alpha<\underset{(m+1)}{4}$.

(
正しくは，次のように評価します.

$4<\sqrt{17}<5$ より，$\dfrac{15}{4}<\dfrac{11+\sqrt{17}}{4}<\dfrac{16}{4}$

$\therefore\ 3<\dfrac{11+\sqrt{17}}{4}<4$
)

$\therefore\ m=\boxed{3}$ (オ).　[3点]

■

ポイントアドバイス

絶対値を含む方程式，無理数の解 $\left(x=\dfrac{11\pm\sqrt{17}}{4}\right)$ はよく出題され，その値のおおよその近似値をとらえておくことが大切になるでしょう．仮に $\sqrt{17}$ を4と考えて，

$x=\dfrac{11-\sqrt{17}}{4}$, $\dfrac{11+\sqrt{17}}{4}$ を $\underset{(1.75)}{\dfrac{11-4}{4}}$, $\underset{(3.75)}{\dfrac{11+4}{4}}$ と考えてもほとんど影響はありません.

$\sqrt{\ }$ (平方根)は，必ずそれに近い整数値でイメージを作っておきましょう.

絶対値を含む方程式(不等式)の問題

問題

第10問 (配点 10点) 解答の目安 06分 (2010年度 本試験〔数学Ⅰ〕改題)

n を整数とし，x の連立不等式

$$\begin{cases} 6x^2 - 11nx + 3n^2 \leqq 0 & \cdots\cdots\cdots\cdots ① \\ |3x - 2n| \geqq 2 & \cdots\cdots\cdots\cdots ② \end{cases}$$

を考える。

① の左辺は

$$6x^2 - 11nx + 3n^2 = (\boxed{ア}x - n)(\boxed{イ}x - \boxed{ウ}n)$$

と因数分解される。

$x = 1$ が ① を満たすような整数 n の範囲は

$$\boxed{エ} \leqq n \leqq \boxed{オ}$$

である。

$x = 1$ が ② を満たすような整数 n の範囲は

$$n \leqq \boxed{カ},\quad \boxed{キ} \leqq n$$

である。

よって，$x = 1$ が上の連立不等式を満たすとき，$n = \boxed{ク}$ である。

■

解 答・解 説

第10問 (配点 10点)

$$(\text{①の左辺}) = 6x^2 - 11nx + 3n^2$$

$$= (\boxed{3}^{\text{ア}}\,x - n)(\boxed{2}^{\text{イ}}\,x - \boxed{3}^{\text{ウ}}\,n).$$ [2点]

$x = 1$ が①を満たすから,

$(3 - n)(2 - 3n) \leqq 0,$

$\iff (n - 3)(3n - 2) \leqq 0,$

$\iff \dfrac{2}{3} \leqq n \leqq 3.$ つまり, $\underbrace{\boxed{1}^{\text{エ}} \leqq n \leqq \boxed{3}^{\text{オ}}}_{①'}$ ($\because$ n は整数). [3点]

$x = 1$ が②を満たすから,

$|3 - 2n| \geqq 2,$

$\iff 3 - 2n \leqq -2,\ 2 \leqq 3 - 2n,$

$\iff n \leqq \dfrac{1}{2},\ \dfrac{5}{2} \leqq n.$ つまり, $\underbrace{n \leqq \boxed{0}^{\text{カ}},\ \boxed{3}^{\text{キ}} \leqq n}_{②'}.$ [3点]

これより, $x = 1$ が ①, ② をともに満たすとき, つまり,

①′と②′の共通の n は, $n = \boxed{3}^{\text{ク}}.$ [2点]

■

ポイントアドバイス

問題の最後の7行は全て $x = 1$ のケースで考えてます.

つまり, ①, ② に $x = 1$ を代入した,

$$\begin{cases} 6 - 11n + 3n^2 \leqq 0 & (3n^2 - 11n + 6 \leqq 0) \\ |3 - 2n| \geqq 2 & (|2n - 3| \geqq 2) \end{cases}$$

の連立不等式を解いているのと同じです.

あとは n が整数であることを考えれば $n = 3$ に決定できます.

共通テストはここに注意！

① 共通テストで見えてきた押さえるべきポイント

2021年1月，新たに行われた大学入学共通テストを通じて，多くのことが見えてきました。重要なポイントを1つ挙げるとすれば，数学Ⅰ・A／Ⅱ・Bの中でも数学Ⅰの「2次関数」「図形と計量」の新傾向に気をつけるということです。それ以外の問題は多少の問題数やページ数に変化はあっても，これまでのセンター試験の過去問を大いに活用できます。

具体的に「2次関数」，「図形と計量」の配点と配点空欄数の変更点は次のとおりです。

①数学Ⅰ・Aの「2次関数」(10点，約5問，約1ページ → 15点，約6問，約4ページに変化）は，従来頻出だった頂点座標，平行移動，最大値・最小値の問題から，生活上にある身近な問題から2次関数を導く問題や，会話形式に試行錯誤しながら考察する問題へと変化しました。そのため，従来以上に文章題を読み込む負担が増え，リズムを崩す生徒が現れると予想されます。

②数学Ⅰ・Aの「図形と計量」(15点，約5問，約1ページ → 20点，約11問，約3ページに変化）は，従来頻出だった面積，さらに内接円や外接円の半径などを求める求値タイプの問題から，一般論に派生し，それを活用する深みのある問題や，周囲の環境を図形と計量を用いてとらえる問題へと変化しました。数学の「二次力」(記述に対応する力）にも相当する内容で，出題の意図を読み取る柔軟な思考力が求められます。

以上のことを理解し，本書や共通テストの模擬試験などを活用し，新しい傾向に慣れていくことが大切です。

数学は，一問一問にじっくりと向き合って頭を動かし，解答への筋道をいくつも立てられる人が力を伸ばせる科目です。ぜひ，今から本気になって取り組んでみてください。

次のコラムからは，実際の出願から試験会場まで，気をつけてほしいことを時系列で順番にお伝えしていきます。しっかりと頭に入れて，試験本番に臨んでくださいね。

【➡ Part2の最後に続く】

数学Ⅰ　Part 2

図形と計量

従来のセンター試験での角の大きさ，図形の辺の長さや面積を求める求値タイプの問題から，共通テストになって大きく変化した単元といえる。太郎と花子による定理の証明が会話形式で描かれているなど，記述試験レベルの深みのある問題を誘導の流れから紐解く問題，さらに地図を用いて山頂を見込む仰角の三角比を素材にする問題など時間のかかる解きづらい問題が目立つ。間違いなく「数学Ⅰ・A」の得点の鍵を握る単元といえるだろう。2022 年度には三角比の表の読み取りが出題されている。なお，配点は 20 点で配点空欄数は７～ 11 個くらいである。

対話型の文章問題

問　題

第１問　（配点　20 点）　解答の目安 13分　　（2021 年度 本試験〔第 2 日程〕改題）

平面上に 2 点 A，B があり，AB ＝ 8 である。直線 AB 上にない点 P をとり，△ABP をつくり，その外接円の半径を R とする。

太郎さんと花子さんは，図 1 のように，コンピュータソフトを使って点 P をいろいろな位置にとった。

図 1 は，点 P をいろいろな位置にとったときの △ABP の外接円を描いたものである。

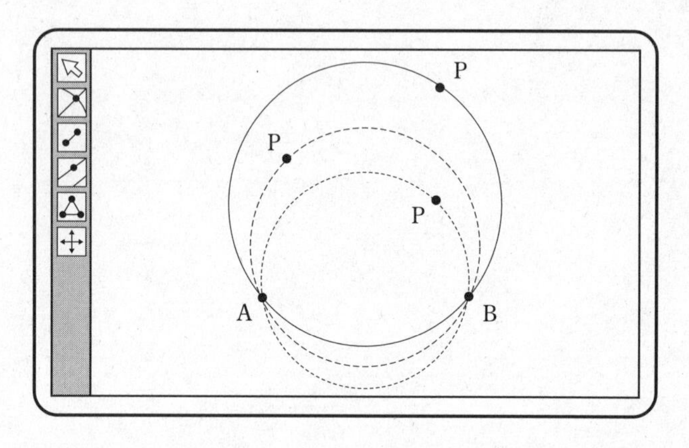

図　1

(1)　太郎さんは，点 P のとり方によって外接円の半径が異なることに気づき，次の**問題 1** を考えることにした。

> **問題 1**　点 P をいろいろな位置にとるとき，外接円の半径 R が最小となる △ABP はどのような三角形か。

正弦定理により，$2R = \dfrac{\boxed{\text{ア}}}{\sin\angle\text{APB}}$ である。よって，R が最小となるのは $\angle\text{APB} = \boxed{\text{イウ}}°$ の三角形である。このとき，$R = \boxed{\text{エ}}$ である。

▼

解答・解説

第1問 （配点　20点）

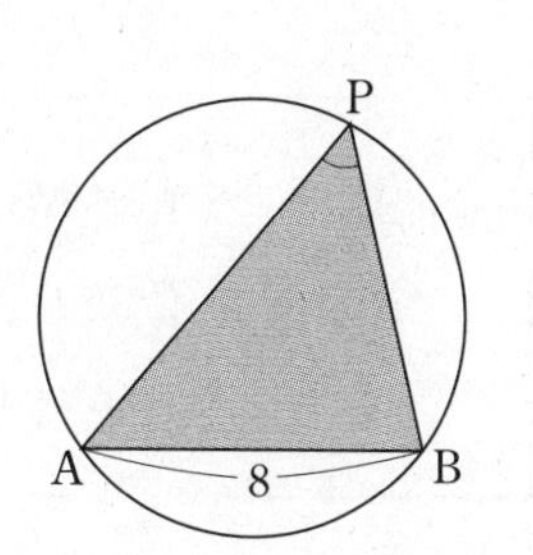

(1)　△ABPで，正弦定理より，$2R=\dfrac{\boxed{8}}{\sin\angle\mathrm{APB}}$．（ア）　[3点]

$\angle\mathrm{APB}=\boxed{90}^\circ$のとき（$\sin 90^\circ=1$），$2R$は最小，（イウ）　[3点]

つまり，Rは最小となる．

$\therefore\quad R=\dfrac{1}{2}\times\dfrac{8}{\sin 90^\circ}=\boxed{4}$．（エ）　[3点]

▼

(2) 次に花子さんは，図 2 のように**問題 1** の点 P のとり方に条件を付けて，次の**問題 2** を考えた。

問題 2　直線 AB に平行な直線を ℓ とし，直線 ℓ 上で点 P をいろいろな位置にとる。このとき，外接円の半径 R が最小となる △ABP はどのような三角形か。

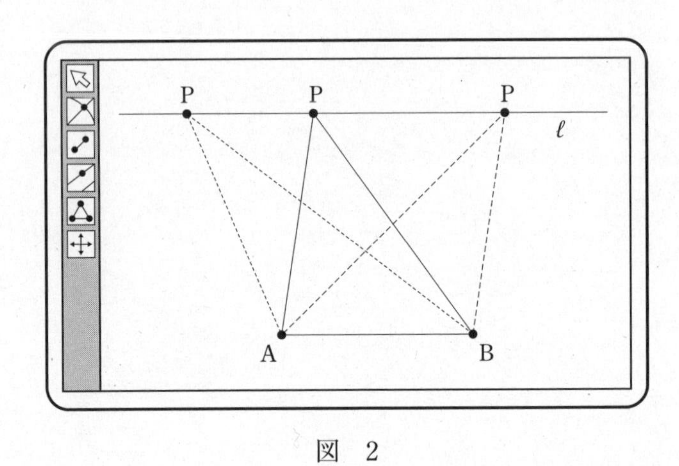

図 2

花子さんは，この問題を解決するために，次の構想を立てた。

問題 2 の解決の構想

問題 1 の考察から，線分 AB を直径とする円を C とし，円 C に着目する。直線 ℓ は，その位置によって，円 C と共有点をもつ場合ともたない場合があるので，今回円 C と共有点をもつ場合のみ考えることとする。

直線 AB と直線 ℓ との距離を h とする。直線 ℓ が円 C と共有点をもつ場合は，$h \leqq$ **オ** のときであり，共有点をもたない場合は，$h >$ オ のときである。

▼

さらに，花子さんは，$h \leqq$ オ のときについて △ABP の形状を調べた。

直線 ℓ が円 C と共有点をもつので，R が最小となる △ABP は，

$h <$ オ のとき **カ** であり，$h =$ オ のとき **キ** である。

カ ， キ の解答群（同じものを繰り返し選んでもよい。）

⓪ 正三角形	① 直角三角形	② 鈍角三角形
③ 直角二等辺三角形		

■

(2) 直線 ℓ と円Cが共有点をもつのは，

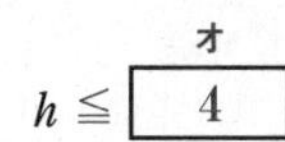

$h \leqq$ オ 4 [3点]

・$h <$ オ 4 ……(右図の h', ℓ')

R が最小となるのは △ABP が △ABP′ の直角三角形のとき．

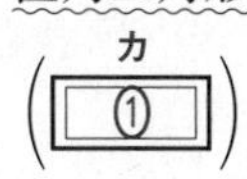

(カ ①) [4点]

・$h =$ オ 4 ……(右図の h'', ℓ'')

R が最小となるのは △ABP が △ABP″ の直角二等辺三角形のとき．

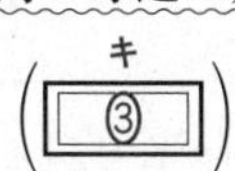

(キ ③) [4点]

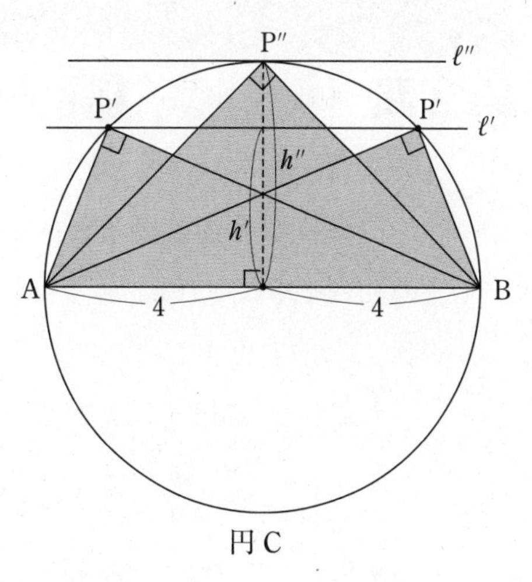

ポイントアドバイス

△ABP の正弦定理から，$2R = \dfrac{8}{\sin\angle \mathrm{APB}}$，$\iff$ $R = \dfrac{4}{\sin\angle \mathrm{APB}}$ を導いています．

「(R が最小) ⇄ ($\sin\angle$APB を最大) ⇄ ($\angle$APB $= 90^\circ$ のとき $\sin 90^\circ = 1$)」という流れのようです．
さらに，$\angle$APB $= 90^\circ$ を作るために，線分 AB を直径とする円Cを描く流れへとつながっています．
今回のような文章問題は話の流れを把握することが大切です．

対話型の文章問題

問 題

第2問 (配点 20点) 解答の目安 14分 (2018年度 試行調査改題)

三角形ABCの外接円をOとし，円Oの半径をRとする。辺BC，CA，ABの長さをそれぞれa，b，cとし，∠CAB，∠ABC，∠BCAの大きさをそれぞれA，B，Cとする。

太郎さんと花子さんは三角形ABCについて，以下の正弦定理

$$\frac{a}{\sin A}=\frac{b}{\sin B}=\frac{c}{\sin C}=2R \quad \cdots\cdots\cdots (*)$$

の関係が成り立つことを知り，その理由について考察した。

まず，直角三角形の場合は次のように証明できる。

> $C=90^\circ$のとき，円周角の定理より，線分ABは円Oの直径である。
>
> よって
>
> $$\sin A=\frac{\mathrm{BC}}{\mathrm{AB}}=\frac{a}{2R}$$
>
> であるから
>
> $$\frac{a}{\sin A}=2R$$
>
> となる。
>
> 同様にして
>
> $$\frac{b}{\sin B}=2R$$
>
> である。
>
> また，$\sin C=1$なので，
>
> $$\frac{c}{\sin C}=\mathrm{AB}=2R$$
>
> である。
>
> よって，$C=90^\circ$のとき$(*)$の関係が成り立つ。

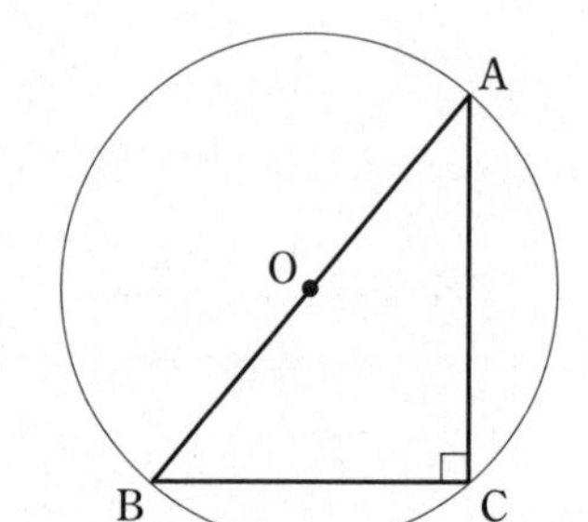

次に，太郎さんと花子さんは，三角形ABCが鋭角三角形や鈍角三角形のときにも$(*)$の関係が成り立つことを証明しようとしている。

▼

解 答・解 説

第2問 （配点　20点）

(1) 三角形ABCが鋭角三角形の場合についても(*)の関係が成り立つことは，直角三角形の場合に(*)の関係が成り立つことを利用して，次のような太郎さんの構想により証明できる。

太郎さんの証明の構想

点Aを含む弧BC上に点A′をとると，円周角の定理より

$$\angle \mathrm{CAB} = \angle \mathrm{CA'B}$$

が成り立つ。

特に **ア** を点A′とし，三角形A′BCに対して$C=90^\circ$の場合の考察の結果を利用すれば

$$\frac{a}{\sin A'} = \frac{a}{\sin A} = 2R$$

が成り立つことを証明できる。

$$\frac{b}{\sin B} = 2R, \qquad \frac{c}{\sin C} = 2R$$

についても同様に証明できる。

よって，三角形ABCが鋭角三角形の場合も(*)の関係が成り立つ。

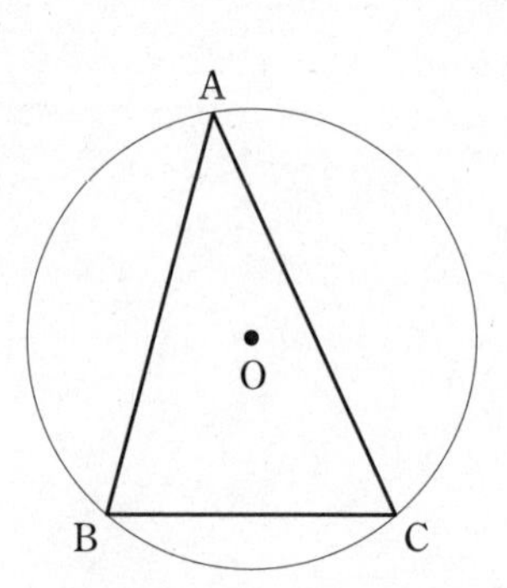

ア の解答群

⓪ 点Bから辺ACに下ろした垂線と，円Oとの交点のうち点Bと異なる点

① 直線BOと円Oとの交点のうち点Bと異なる点

② 点Bを中心とし点Cを通る円と，円Oとの交点のうち点Cと異なる点

③ 点Oを通り辺BCに平行な直線と，円Oとの交点のうちの一つ

▼

(1)

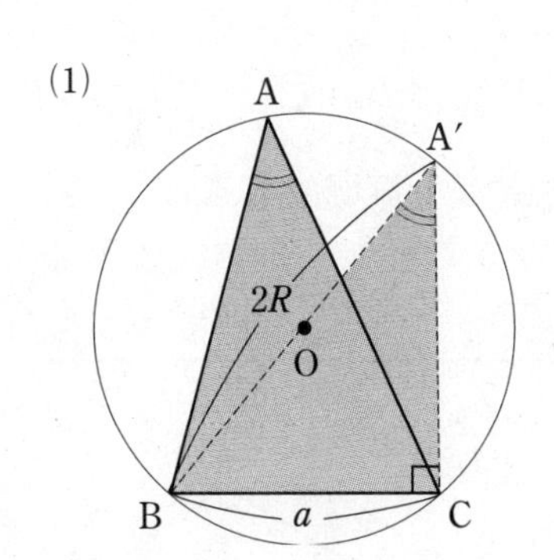

直線 BO と円 O との交点のうち点 B と異なる点を A′

(ア ⓪)　[5 点]

これより，$\dfrac{a}{\sin A'} = 2R$,

$$\iff \quad \frac{a}{\sin A} = 2R$$

とつながる．

▼

(2) 三角形ABCが$A > 90^\circ$である鈍角三角形の場合についても $\dfrac{a}{\sin A} = 2R$ が成り立つことは，次のような花子さんの構想により証明できる。

花子さんの証明の構想

右図のように，線分BDが円Oの直径となるように点Dをとると，三角形BCDにおいて

$$\sin \boxed{\text{イ}} = \frac{a}{2R}$$

である。

このとき，四角形ABDCは円Oに内接するから

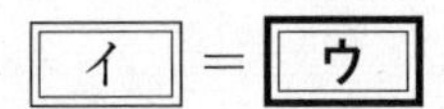

であり

$$\sin \boxed{\text{イ}} = \sin\left(\boxed{\text{ウ}}\right) = \sin \boxed{\text{エ}}$$

となることを用いる。

これより

$$\frac{a}{\sin \boxed{\text{エ}}} = 2R$$

が成り立つことを証明できる。

$$\frac{b}{\sin B} = 2R,\quad \frac{c}{\sin C} = 2R$$

については，太郎さんの証明の構想で証明できる。

よって，三角形ABCが鈍角三角形の場合も(＊)の関係が成り立つ。

イ，エ の解答群（同じものを繰り返し選んでもよい。）

⓪ ∠ABC	① ∠ABD	② ∠ACB
③ ∠ACD	④ ∠BAC	⑤ ∠BDC

ウ の解答群

⓪ $90^\circ + \angle \mathrm{ABC}$	① $180^\circ - \angle \mathrm{BAC}$	② $180^\circ - \angle \mathrm{BDC}$

■

(2)

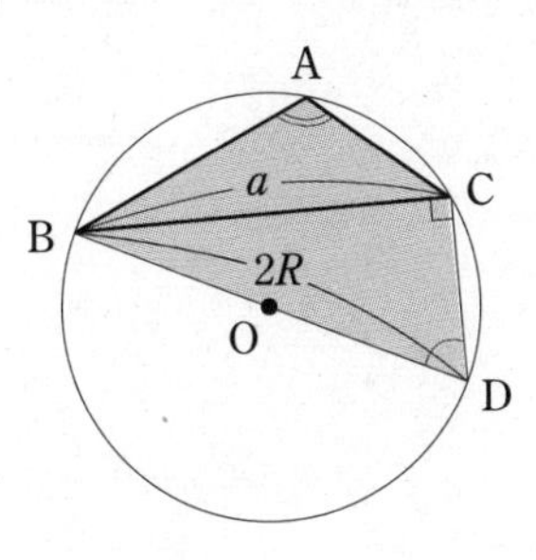

$\sin\angle BDC = \dfrac{a}{2R}$.

イ（⑤） [5点]

四角形 ABDC は円 O に内接するから，

$\angle BDC = 180^\circ - \angle BAC$.

ウ（①） [5点]

これより，$\sin\angle BDC = \sin(180^\circ - \angle BAC) = \sin\angle BAC$.

エ（④） [5点]

■

ポイントアドバイス

今回のように正弦定理の証明は，①直角三角形→②鋭角三角形→③鈍角三角形　の順で行います．辺の長さや角の大きさを求める求値のタイプの問題とは異なり，２人の人物（太郎と花子）が交互に証明している様子が描かれています．そのため，その人物のやり方に合わせて証明を進めなければなりません．しっかりと読み込むことが大切です．

誘導形式の問題

問　題

第3問（配点　20点） 解答の目安 13分　（2021年度 本試験〔第1日程〕改題）

右の図のように，△ABC の外側に辺 AB, BC, CA をそれぞれ1辺とする正方形 ADEB, BFGC, CHIA をかき，2点 E と F, G と H, I と D をそれぞれ線分で結んだ図形を考える。以下において

$BC = a$, $CA = b$, $AB = c$

$\angle CAB = A$, $\angle ABC = B$, $\angle BCA = C$

とする。

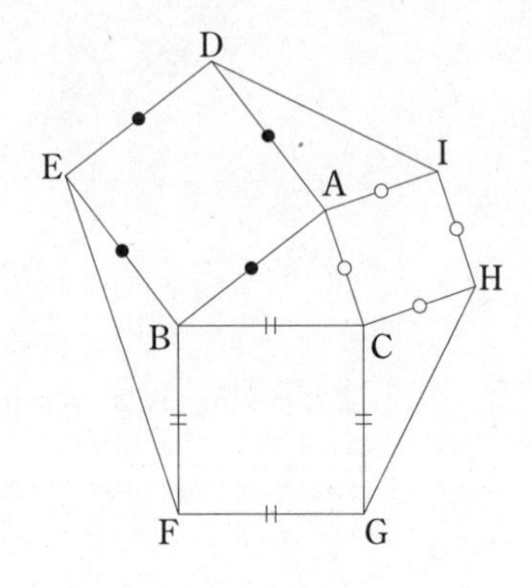

(1)　$b = 6$, $c = 5$, $\cos A = \dfrac{3}{5}$ のとき，$\sin A = \dfrac{\boxed{ア}}{\boxed{イ}}$ であり，

△ABC の面積は $\boxed{ウエ}$，△AID の面積は $\boxed{オカ}$ である。

▼

解答・解説

第3問 （配点　20点）

(1)　$\cos A = \dfrac{3}{5}$ より，

$$\sin A = \sqrt{1-\left(\frac{3}{5}\right)^2} = \frac{\boxed{4}_{ア}}{\boxed{5}_{イ}}.$$ [2点]

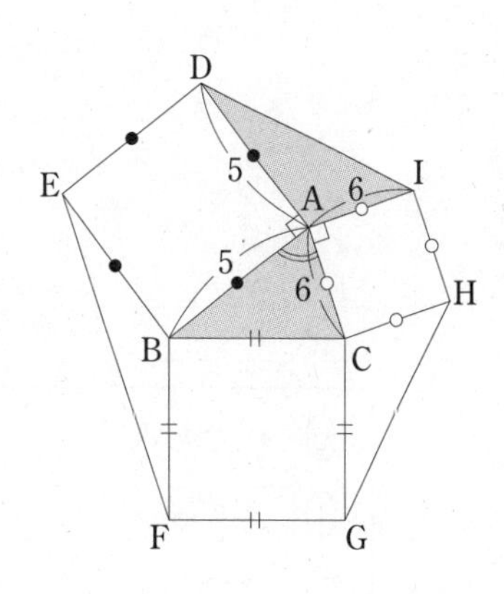

$$\triangle ABC = \frac{1}{2} \times 5 \times 6 \times \sin A$$

$$= \frac{1}{2} \times 5 \times 6 \times \frac{4}{5} = \boxed{12}_{ウエ}.$$ [3点]

$$\triangle AID = \frac{1}{2} \times 5 \times 6 \times \sin(180^\circ - A)$$

$$= \frac{1}{2} \times 5 \times 6 \times \sin A = \boxed{12}_{オカ}.$$ [3点]

▼

(2) 正方形BFGC，CHIA，ADEB の面積をそれぞれ S_1，S_2，S_3 とする。このとき，$S_1 - S_2 - S_3$ は

・$0° < A < 90°$ のとき，**キ**。

・$A = 90°$ のとき，**ク**。

・$90° < A < 180°$ のとき，**ケ**。

キ ～ ケ の解答群（同じものを繰り返し選んでもよい。）

⓪ 0である
① 正の値である
② 負の値である
③ 正の値も負の値もとる

(3) △AID，△BEF，△CGH の面積をそれぞれ T_1，T_2，T_3 とする。このとき，**コ** である。

コ の解答群

⓪ $a < b < c$ ならば，$T_1 > T_2 > T_3$
① $a < b < c$ ならば，$T_1 < T_2 < T_3$
② A が鈍角ならば，$T_1 < T_2$ かつ $T_1 < T_3$
③ a，b，c の値に関係なく，$T_1 = T_2 = T_3$

■

(2)

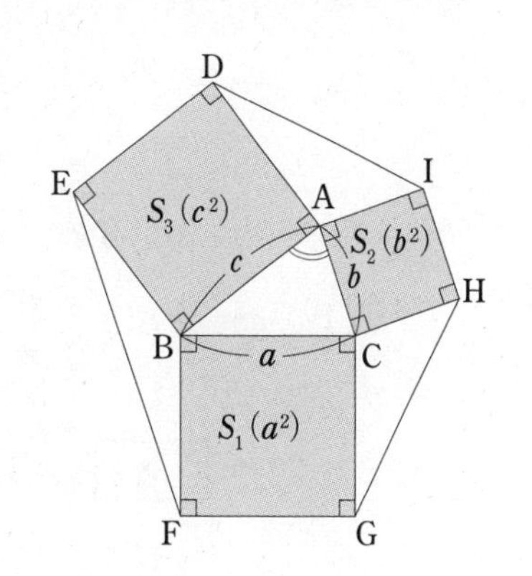

・$0° < A < 90°$ （$a^2 < b^2 + c^2 \iff S_1 < S_2 + S_3$）

$S_1 - S_2 - S_3 < 0$ （キ ②）. ［3点］

・$A = 90°$ （$a^2 = b^2 + c^2 \iff S_1 = S_2 + S_3$）

$S_1 - S_2 - S_3 = 0$ （ク ⓪）. ［3点］

・$90° < A < 180°$ （$a^2 > b^2 + c^2 \iff S_1 > S_2 + S_3$）

$S_1 - S_2 - S_3 > 0$ （ケ ①）. ［3点］

(3) (1)のように考えると，△ABC = △AID となる.

同様にして，△ABC = △BEF，△ABC = △CGH.

つまり，△AID = △BEF = △CGH，$\iff T_1 = T_2 = T_3$. （コ ③） ［3点］

■

ポイントアドバイス

$T_1 = T_2 = T_3$ をきちんと証明してみます.

$$\triangle ABC = \frac{1}{2}bc\sin A = \frac{1}{2}ca\sin B = \frac{1}{2}ab\sin C$$

$$T_1 = \triangle AID = \frac{1}{2}bc\sin(180° - A) = \frac{1}{2}bc\sin A = \triangle ABC$$

$$T_2 = \triangle BEF = \frac{1}{2}ca\sin(180° - B) = \frac{1}{2}ca\sin B = \triangle ABC$$

$$T_3 = \triangle CGH = \frac{1}{2}ab\sin(180° - C) = \frac{1}{2}ab\sin C = \triangle ABC$$

以上より，$T_1 = T_2 = T_3$ (= △ABC) となり示されました.

誘導形式の問題

問　題

第4問 （配点　20点） 解答の目安 10分 （2020年度 本試験〔数学Ⅰ〕改題）

1辺の長さが8の正方形DEFGにおいて，辺EF上の点Hと辺FGの上の点Iは $\cos\angle DIG = \frac{3}{5}$，$\tan\angle FIH = 2$ を満たすとする。

(1) DI = [ア]，HI = [イ] である。

[ア]，[イ] の解答群（同じものを繰り返し選んでもよい。）

⓪ $\sqrt{5}$	① $2\sqrt{5}$	② 5	③ 10

(2) △DEH，△DGI，△DHIのうち△HFIと相似なものは [ウ] の二つのみである。また，∠DIG [エ] ∠DIH である。

[ウ]，[エ] の解答群（同じものを繰り返し選んでもよい。）

⓪ △DEHと△DGI	① △DEHと△DHI	② △DGIと△DHI
③ $<$	④ $=$	⑤ $>$

▼

解　答・解　説

第4問 （配点　20点）

(1)　$\angle \mathrm{DIG} = \theta$，$\angle \mathrm{FIH} = \varphi$　$\left(0 < \theta < \dfrac{\pi}{2},\ 0 < \varphi < \dfrac{\pi}{2}\right)$ とおく．

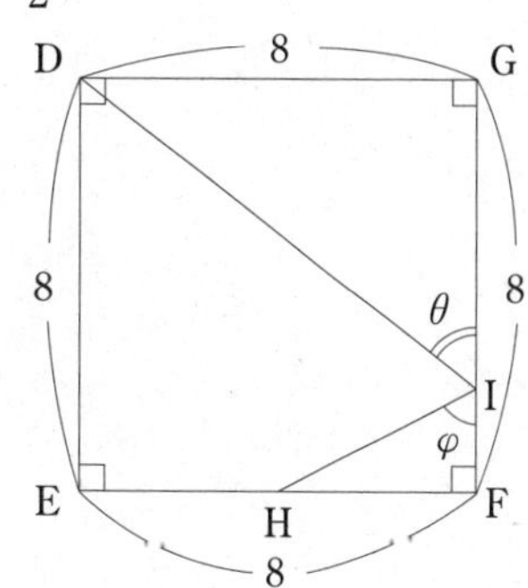

$\cos\theta = \dfrac{3}{5}$ より，$\sin\theta = \sqrt{1-\left(\dfrac{3}{5}\right)^2} = \dfrac{4}{5}$.

つまり，$\sin\theta = \dfrac{8}{\mathrm{DI}} = \dfrac{4}{5}$.

$\therefore\ \ \mathrm{DI} = 8 \times \dfrac{5}{4}$.

$= \underset{\text{ア}}{10}$.

（ア　③）　[3点]

これより，GI = 6（FI = 2）とわかる．

次に，$\tan\varphi = 2$ より，$\tan\varphi = \dfrac{\mathrm{HF}}{\mathrm{FI}} = \dfrac{\mathrm{HF}}{2} = 2$.　　$\therefore$　HF = 4　(EH = 4).

これより，$\mathrm{HI} = \sqrt{\mathrm{HF}^2 + \mathrm{FI}^2} = \sqrt{4^2 + 2^2} = \sqrt{20} = \underset{\text{イ}}{2\sqrt{5}}$.

（イ　①）　[3点]

(2)　さらに，$\mathrm{DH} = 4\sqrt{5}$.

右図の通りとなるので，△HFI と相似な三角形は，

△DEH と △DHI の二つのみ.

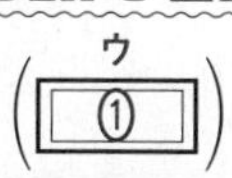

[4点]

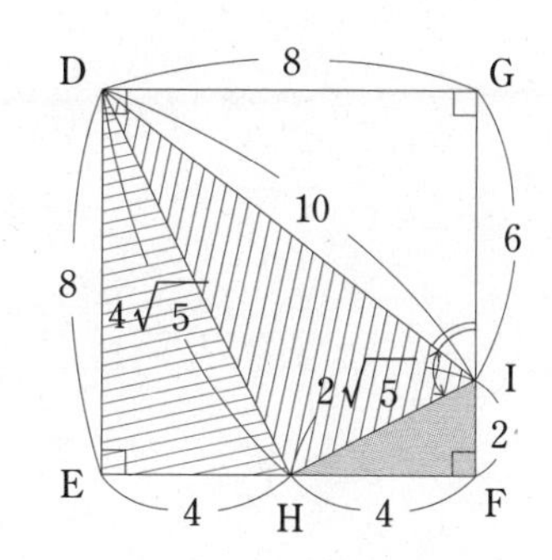

cos∠DIG ＞ cos∠DIH.

$\left(\dfrac{6}{10}\right)$　　$\left(\dfrac{2\sqrt{5}}{10}\right)$

$\therefore\ \ \angle\mathrm{DIG} \underset{\text{エ}}{<} \angle\mathrm{DIH}$.

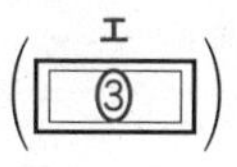

[4点]

▼

(3) △DHI の外接円の半径は **オ** であり，△DHI の内接円の半径は

カ $\sqrt{\boxed{\text{キ}}}$ − **ク** である。

■

(3) △DHI の外接円半径を R，内接円半径を r とおくと，

$$R=\frac{10}{2}=\boxed{5}\ (\text{オ}).$$ [3 点]

$$\frac{r}{2}(2\sqrt{5}+4\sqrt{5}+10)=\frac{1}{2}\times 2\sqrt{5}\times 4\sqrt{5}.$$

$$\therefore\quad r=\boxed{3}\sqrt{\boxed{5}}-\boxed{5}\ (\text{カ, キ, ク}).$$ [3 点]

■

ポイントアドバイス

上から順に繙（ひもと）くように各線分の長さが求められていきます。(2) の正しいスケッチが描けたら解き易くなることでしょう。△DHI は直角三角形ですから，斜辺の DI が外接円の直径と同じです。

三角形の外接円を利用した問題

問　題

第5問　（配点　20点）　解答の目安 11分　　（2004年度　追試験改題）

三角形ABCに外接する半径$4\sqrt{7}$の円をOとする。

$$AB = 14, \qquad \cos\angle ABC = \frac{3}{4}$$

を満たしている。このとき

$$\sin\angle ABC = \frac{\sqrt{\boxed{ア}}}{\boxed{イ}}, \qquad AC = \boxed{ウエ}, \qquad BC = \boxed{オカ}$$

である。

▼

解 答・解 説

第5問 (配点 20点)

$$\sin\angle ABC = \sqrt{1-\cos^2\angle ABC}$$

$$= \sqrt{1-\left(\frac{3}{4}\right)^2}$$

$$= \frac{\sqrt{\boxed{7}}}{\boxed{4}}.$$

（ア：7，イ：4） [2点]

三角形ABCで正弦定理より，

$$\frac{AC}{\sin\angle ABC} = 2\times 4\sqrt{7},$$

$$\iff \quad AC = 8\sqrt{7}\times\frac{\sqrt{7}}{4}. \qquad \therefore \quad AC = \boxed{14}.$$

（ウエ：14） [3点]

次に，BC $= x$ とおき，三角形ABCで余弦定理より，

$$x^2+14^2-2\times x\times 14\times\cos\angle ABC = 14^2,$$

$$\iff \quad x^2-21x = 0,$$

$$\iff \quad x(x-21) = 0. \qquad \therefore \quad x = BC = \boxed{21}.$$

（オカ：21） [3点]

さらに，∠ABC の二等分線と円 O との交点のうち B と異なる方を D とする。∠ABC ＝ ∠AOD であるから

$$AD = \boxed{キ}\sqrt{\boxed{クケ}}$$

である。また，三角形 AOD の面積は

$$\boxed{コサ}\sqrt{\boxed{シ}}$$

である。

また，AD ＝ CD より，三角形 ACD の面積は

$$\boxed{ス}\sqrt{\boxed{セ}}$$

であり，AC と BD の交点を E とすると

$$BE : ED = \boxed{ソタ} : 4$$

である。

■

さらに，三角形 OAD で余弦定理より，

$$AD^2 = (4\sqrt{7})^2 + (4\sqrt{7})^2 - 2 \times 4\sqrt{7} \times 4\sqrt{7} \times \underset{\sim\sim\sim}{\cos\angle AOD}$$

$$= 112 + 112 - 224 \times \frac{3}{4}$$

（$\cos\angle ABC = \frac{3}{4}$ と同じ）

$$= 56.$$

$$\therefore \quad AD = \boxed{2}\sqrt{\boxed{14}}.$$

（キ，クケ）　[3 点]

$$\triangle AOD = \frac{1}{2} \times 4\sqrt{7} \times 4\sqrt{7} \times \sin\angle AOD$$

（$\sin\angle ABC = \frac{\sqrt{7}}{4}$ と同じ）

$$= 56 \times \frac{\sqrt{7}}{4}$$

$$= \boxed{14}\sqrt{\boxed{7}}.$$

（コサ，シ）　[3 点]

$$\triangle ACD = \frac{1}{2} \times 2\sqrt{14} \times 2\sqrt{14} \times \sin(180^\circ - \angle ABC)$$

$$= 28 \times \sin\angle ABC$$

$$= 28 \times \frac{\sqrt{7}}{4}$$

$$= \boxed{7}\sqrt{\boxed{7}}.$$

（ス，セ）　[3 点]

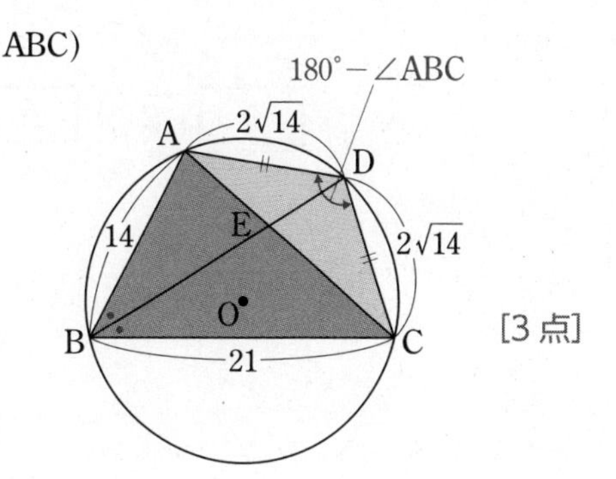

$$BE : ED = \triangle ABC : \triangle ACD$$

$$= \frac{1}{2} \times 14 \times 21 \times \sin\angle ABC : 7\sqrt{7}$$

$$= \boxed{21} : 4.$$

（ソタ）　[3 点]　■

ポイントアドバイス

一般的に，同一の半径をもつ円において，

同一円周角（$\angle APB = \angle CQD$）

⇕

同一中心角（$\angle AOB = \angle COD$）

⇕

$AB = CD$

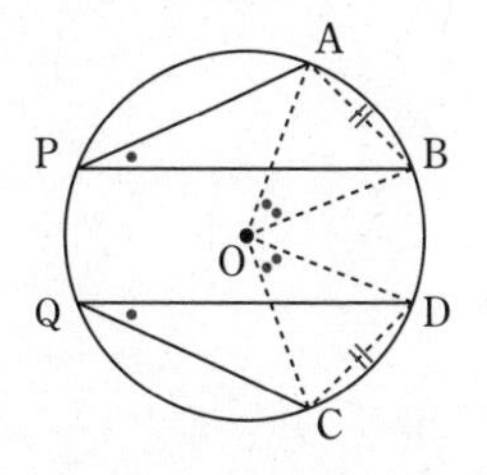

この問題では，$AD = CD = 2\sqrt{14}$　のヒントに気づき，△ACD の面積に活用することが大切です．

三角形の外接円を利用した問題

問　題

第6問（配点　20 点）　解答の目安 14分　（2003 年度 追試験改題）

$\triangle$ABC が

$$AB = 2\sqrt{3}, \quad AC = 3, \quad \cos\angle C = \frac{\sqrt{6}}{3}$$

を満たすとする。このとき，$\sin\angle C = \frac{\sqrt{\boxed{ア}}}{\boxed{イ}}$ であり，$\angle B = \boxed{ウエ}^\circ$

である。$\triangle$ABC の外接円の半径は $\boxed{オ}$ となる。

(1)　$BC = \boxed{カ} + \sqrt{\boxed{キ}}$ であり，$\triangle$ABC の面積は

$$\frac{\boxed{ク}\sqrt{2} + \boxed{ケ}\sqrt{3}}{2}$$

である。

▼

解 答・解 説

第6問 (配点 20点)

$$\sin\angle C = \sqrt{1-\left(\frac{\sqrt{6}}{3}\right)^2} = \sqrt{1-\frac{6}{9}} = \frac{\sqrt{\boxed{3}}^{\text{ア}}}{\boxed{3}_{\text{イ}}}.$$ [2点]

三角形 ABC で正弦定理より，外接円半径を R として，

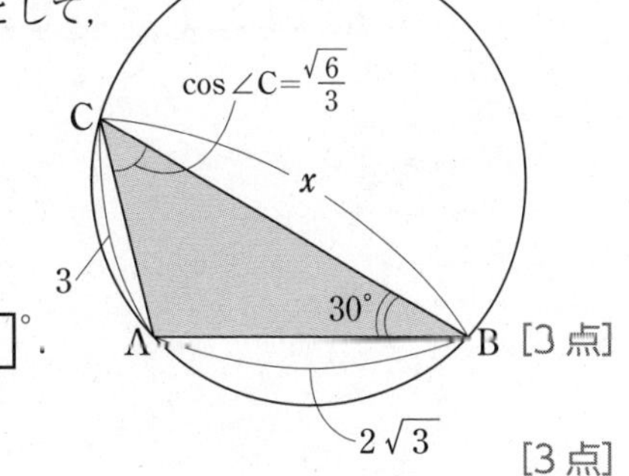

$$\frac{3}{\sin\angle B} = \frac{2\sqrt{3}}{\sin\angle C} = 2R,$$

$$\Longleftrightarrow \quad \frac{3}{\sin\angle B} = 6 = 2R.$$

$$\therefore \quad \sin\angle B = \frac{1}{2}, \quad \therefore \quad \angle B = \boxed{30}^{\text{ウエ}}{}^\circ.$$ [3点]

さらに，$R = \frac{6}{2} = \boxed{3}^{\text{オ}}$. [3点]

(1) BC $= x$ とおき，三角形 ABC で余弦定理より，

$$x^2 + 3^2 - 2 \times x \times 3 \times \cos\angle C = (2\sqrt{3})^2,$$

$$\Longleftrightarrow \quad x^2 - 2\sqrt{6}\,x - 3 = 0. \quad \therefore \quad x = \sqrt{6} \pm 3.$$

$$\therefore \quad \text{BC} = \boxed{3}^{\text{カ}} + \sqrt{\boxed{6}^{\text{キ}}}.$$ [3点]

$$\triangle\text{ABC} = \frac{1}{2} \times 2\sqrt{3} \times (3+\sqrt{6}) \times \sin 30^\circ$$

$$= (3\sqrt{3} + 3\sqrt{2}) \times \frac{1}{2}$$

$$= \frac{\boxed{3}^{\text{ク}}\sqrt{2} + \boxed{3}^{\text{ケ}}\sqrt{3}}{2}.$$ [3点]

▼

(2)　△ABC の外接円上に点 P をとる。ただし，点 P は点 C を含まない弧 AB 上にあるとする。四角形 APBC の面積が最大となるとき

$$AP^2 = \boxed{コ}\left(\boxed{サ} - \sqrt{\boxed{シ}}\right)$$

であり，その最大値は

$$\frac{\boxed{ス}\sqrt{3} - \boxed{セ}\sqrt{2}}{2}$$

である。

■

(2) 四角形 APBC の面積が最大のときは，AP = BP = y のとき．

三角形 APB で余弦定理より，

$$y^2 + y^2 - 2 \times y \times y \times \cos(180^\circ - \angle C)$$

$$= (2\sqrt{3})^2,$$

$$\iff \quad 2y^2 - 2y^2 \times \left(-\frac{\sqrt{6}}{3}\right) = 12,$$

$$\iff \quad y^2 = 6 \times \frac{3}{3+\sqrt{6}}$$

$$= 6(3 - \sqrt{6}).$$

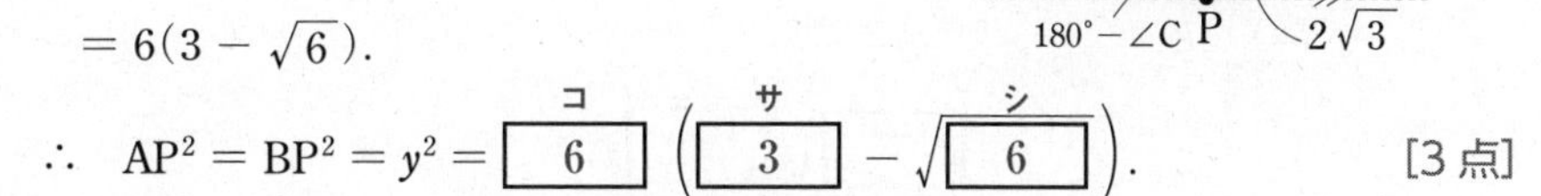

$$\therefore \quad AP^2 = BP^2 = y^2 = \boxed{6}_{コ}\left(\boxed{3}_{サ} - \sqrt{\boxed{6}_{シ}}\right).$$

[3 点]

(四角形 APBC の面積の最大値) = △ABC + △APB

$$= \frac{3\sqrt{2} + 3\sqrt{3}}{2} + \frac{1}{2} \times \underbrace{AP \times BP}_{y^2} \times \sin(180^\circ - \angle C)$$

$$= \frac{3\sqrt{2} + 3\sqrt{3}}{2} + \frac{1}{2} \times 6(3 - \sqrt{6}) \times \frac{\sqrt{3}}{3}$$

$$= \frac{\boxed{9}_{ス}\sqrt{3} - \boxed{3}_{セ}\sqrt{2}}{2}.$$

[3 点]

■

ポイントアドバイス

$\angle B = \boxed{ウエ}^\circ$ において，正弦定理より求めた $\sin \angle B = \frac{1}{2}$ から $\angle B = 30^\circ,\ 150^\circ$ と考えられます．共通テストでは空欄に過不足なく埋まる方を選べばよいのですから，当然 $\angle B = 30^\circ$ となるわけです．これをきちんと説明すると次のようになります．

三角形 ABC で，$\cos\angle C = \frac{\sqrt{6}}{3}$．

ここで，$\cos\angle C = \frac{\sqrt{6}}{3} = \frac{2\sqrt{6}}{6} < \frac{3\sqrt{3}}{6} = \frac{\sqrt{3}}{2} = \cos 30^\circ$ より，（$2\sqrt{6}=\sqrt{24}$，$3\sqrt{3}=\sqrt{27}$）

$\angle C > 30^\circ$ となるのです．よって，$\angle B = 180^\circ - \angle A - \angle C$ より，

$\angle B < 150^\circ$ となり，$\angle B = 30^\circ$（決定），~~150°~~ となるのです．やはり空欄を第一に考えましょう．

面積比の読み替え問題

問　題

第7問 （配点　20点） 解答の目安 12分　　（2005年度 本試験改題）

線分ABを直径とする半円周上に2点C，Dがあり

$$AC = 2\sqrt{5}, \quad AD = 8, \quad \tan\angle CAD = \frac{1}{2}$$

であるとする。

このとき

$$\cos\angle CAD = \frac{\boxed{ア}\sqrt{\boxed{イ}}}{\boxed{ウ}},$$

$$CD = \boxed{エ}\sqrt{\boxed{オ}}$$

である。

さらに

$\triangle ADC$ の面積は $\boxed{カ}$，

$AB = \boxed{キク}$，　$BC = \boxed{ケ}\sqrt{\boxed{コ}}$

である。

▼

解 答・解 説

第7問 (配点 20点)

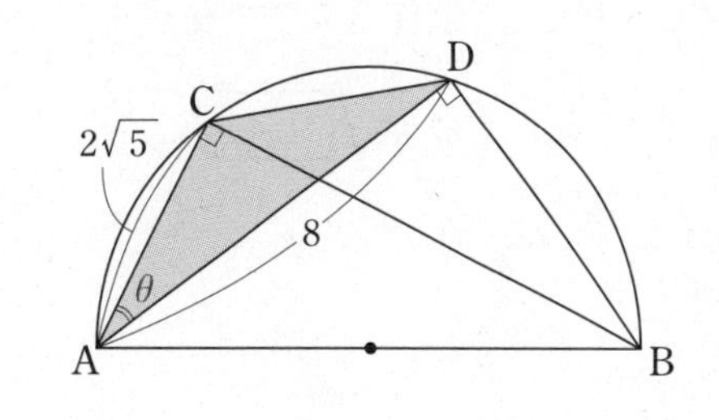

$\angle \mathrm{CAD} = \theta$ $(0° < \theta < 90°)$とおく．

$\tan\theta = \dfrac{1}{2}$ より，

$$1 + \tan^2\theta = \frac{1}{\cos^2\theta} \quad \text{から，}$$

$$1 + \left(\frac{1}{2}\right)^2 = \frac{1}{\cos^2\theta}, \iff \cos^2\theta = \frac{4}{5}.$$

$$\therefore \quad \cos\theta = \frac{2}{\sqrt{5}} = \frac{2\sqrt{5}}{5}. \qquad \therefore \quad \cos\angle\mathrm{CAD} = \frac{\boxed{2}\sqrt{\boxed{5}}}{\boxed{5}}.$$

（ア 2，イ 5，ウ 5） [3点]

△ACD で余弦定理より，

$$\begin{aligned}\mathrm{CD}^2 &= (2\sqrt{5})^2 + 8^2 - 2 \times 2\sqrt{5} \times 8 \times \cos\theta \\ &= 20 + 64 - 32\sqrt{5} \times \frac{2}{\sqrt{5}} \\ &= 20.\end{aligned}$$

$$\therefore \quad \mathrm{CD} = \sqrt{20} = 2\sqrt{5}. \qquad \therefore \quad \mathrm{CD} = \boxed{2}\sqrt{\boxed{5}}.$$

（エ 2，オ 5） [3点]

$\sin\theta = \sqrt{1 - \cos^2\theta} = \sqrt{1 - \dfrac{4}{5}} = \dfrac{1}{\sqrt{5}}$ に注意して，

$$\begin{aligned}\triangle\mathrm{ADC} &= \frac{1}{2} \times 2\sqrt{5} \times 8 \times \sin\theta \\ &= 8\sqrt{5} \times \frac{1}{\sqrt{5}} \\ &= 8.\end{aligned}$$

$\therefore$ △ADC の面積は $\boxed{8}$．（カ 8） [3点]

$\mathrm{AB} = 2R$ （R は半径）なので，△ACD で正弦定理より，

$$2R = \frac{\mathrm{CD}}{\sin\theta}, \iff \mathrm{AB} = \frac{2\sqrt{5}}{\frac{1}{\sqrt{5}}} = 10.$$

$\therefore \mathrm{AB} = \boxed{10}$．（キク 10） [2点]

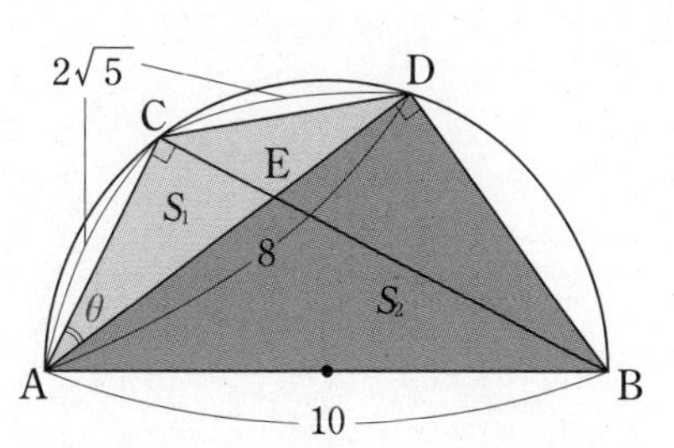

▼

よって，三角形 ADC の面積を S_1，三角形 ABD の面積を S_2 とすると

$$S_1 : S_2 = 1 : \boxed{\text{サ}}$$

となり，AD と BC の交点を E とすると

$$CE = \sqrt{\boxed{\text{シ}}}$$

である。

■

$\angle \mathrm{ACB} = 90^\circ$　に注意して，$\triangle \mathrm{ABC}$ で三平方の定理より，

$$\mathrm{BC} = \sqrt{10^2 - (2\sqrt{5})^2}$$

$$= \sqrt{100 - 20}$$

$$= 4\sqrt{5}.$$

$\therefore$　BC ＝ $\boxed{4}$ $\sqrt{\boxed{5}}$.　（ケ，コ）　[3 点]

$\triangle \mathrm{ABD}$ で三平方の定理より，

$$\mathrm{BD} = \sqrt{10^2 - 8^2}$$

$$= \sqrt{36}$$

$$= 6.$$

$$S_1 : S_2 = 8 : \frac{1}{2} \times 6 \times 8$$

$$= 8 : 24$$

$$= 1 : \boxed{3}.$$　（サ）

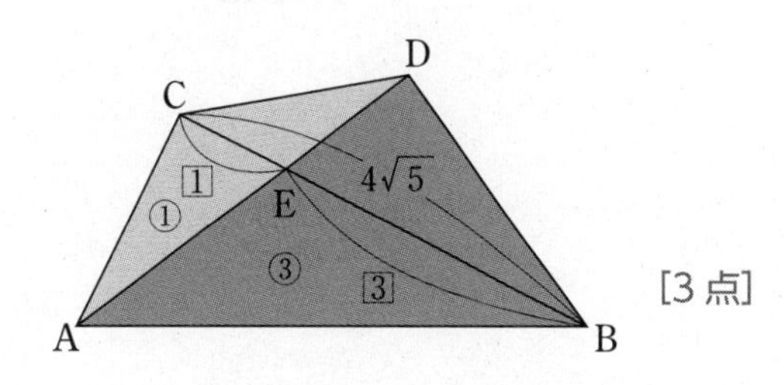

[3 点]

ここで，

$$S_1 : S_2 = 1 : 3, \quad \Longleftrightarrow \quad \mathrm{CE} : \mathrm{BE} = 1 : 3.$$

$\mathrm{BC} = 4\sqrt{5}$ より，

$$\mathrm{CE} = 4\sqrt{5} \times \frac{1}{1+3}$$

$$= \sqrt{5}.$$

$\therefore$　CE ＝ $\sqrt{\boxed{5}}$.　（シ）　[3 点]

■

ポイントアドバイス

問題の最終段階で２つの面積の比（面積比），２つの線分の長さの比（線分比）が問われることが多く，これらは必ず読み替えをするものとして考えて下さい．
“比” とは別の比に化けることを狙いにして問題作成をしています．上の問いでは，$S_1 : S_2$ が CE : BE に変換できれば OK です．最後の１題　CE ＝ $\sqrt{\boxed{シ}}$　を見ても，本当はどこへ導きたいのかの察しがつくでしょう．

面積比の読み替え問題

問　題

第8問 （配点　20点） 解答の目安 12分 （2007年度 本試験改題）

$\triangle$ABC において，AB $= 2$，BC $= \sqrt{5} + 1$，CA $= 2\sqrt{2}$ とする。また，$\triangle$ABC の外接円の中心を O とする。

(1)　このとき，$\angle$ABC $=$ アイ ° であり，外接円 O の半径は

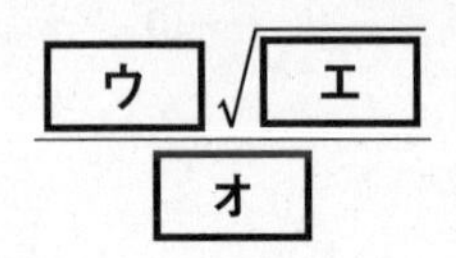

である。

▼

解　答・解　説

第8問 （配点　20点）

(1)　△ABC で余弦定理を用いて，

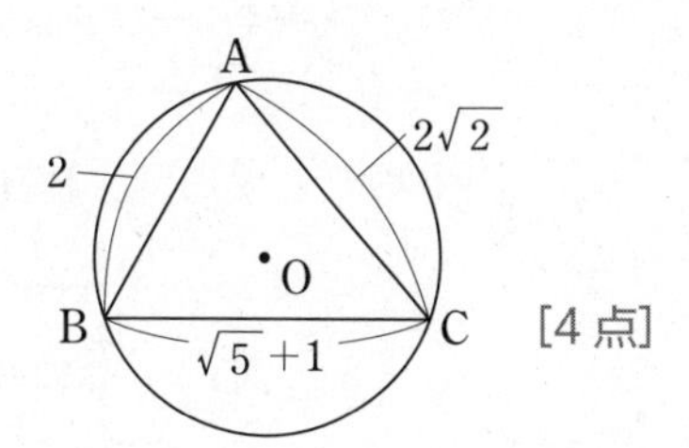

$$\cos\angle ABC = \frac{2^2+(\sqrt{5}+1)^2-(2\sqrt{2})^2}{2\times 2\times(\sqrt{5}+1)}$$

$$= \frac{1}{2}. \quad \therefore \quad \angle ABC = \boxed{60}^{\circ}.$$ （アイ）

[4点]

次に，正弦定理より △ABC の外接円半径を R として，

$$2R = \frac{2\sqrt{2}}{\sin 60^{\circ}}, \iff R = \frac{\boxed{2}\sqrt{\boxed{6}}}{\boxed{3}}.$$ （ウ，エ，オ）

[4点]

(2) 円Oの円周上に点Dを，直線ACに関して点Bと反対側の弧の上にとる。

△ABDの面積を S_1，△BCDの面積を S_2 とするとき

$$\frac{S_1}{S_2}=\sqrt{5}-1$$

であるとする。∠BAD ＋ ∠BCD ＝ **カキク**° であるから

$$CD = \frac{\boxed{ケ}}{\boxed{コ}}AD$$

となる。このとき

$$CD = \frac{\boxed{サ}\sqrt{\boxed{シス}}}{\boxed{セ}}$$

である。

■

(2) $\angle BAD + \angle BCD = \boxed{180}^\circ$ (カキク) より，

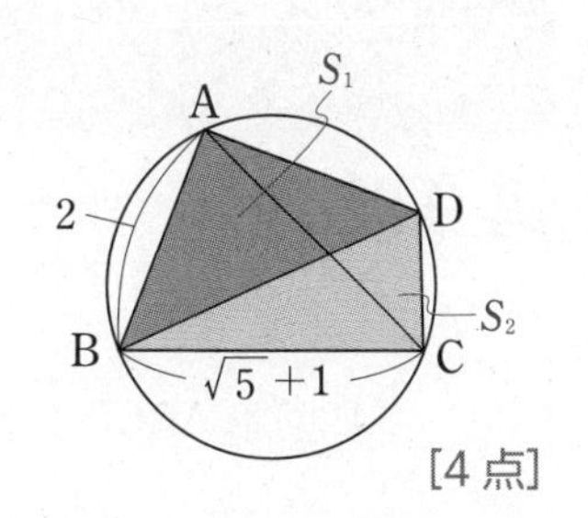

$$\frac{S_1}{S_2}=\frac{\frac{1}{2}\times 2\times AD\times\sin\angle BAD}{\frac{1}{2}\times(\sqrt{5}+1)\times CD\times\sin(180^\circ-\angle BAD)}$$

$$=\frac{2AD}{(\sqrt{5}+1)CD}=\sqrt{5}-1.$$

[4 点]

つまり，

$$\frac{AD}{CD}=\frac{1}{2}(\sqrt{5}-1)(\sqrt{5}+1).\qquad \therefore\quad CD=\frac{\boxed{1}}{\boxed{2}}AD.$$ (ケ / コ)

[4 点]

これより，$CD = x$ とおくと，$AD = 2x$.

$\angle CDA = 120^\circ$ より余弦定理を用いて，

$$x^2+(2x)^2-2\times x\times 2x\times\cos 120^\circ=(2\sqrt{2})^2,$$

$$\iff\ 5x^2+2x^2=8,$$

$$\iff\ x^2=\frac{8}{7}.\qquad \therefore\quad x=CD=\frac{\boxed{2}\sqrt{\boxed{14}}}{\boxed{7}}.$$ (サ / シス / セ)

[4 点]

■

ポイントアドバイス

(2) の $\frac{S_1}{S_2}=\sqrt{5}-1$，$\angle BAD+\angle BCD=\boxed{180}^\circ$ (カキク) の活用の仕方がポイントです．次の問いを見れば，

$CD=\frac{\boxed{ケ}}{\boxed{コ}}AD$ を聞いています．つまり，CD と AD の関係式を導きたいと考えられます．

そこで，sin を用いた三角形の面積の公式を用いることを考えます．

$$\frac{S_1}{S_2}=\frac{\frac{1}{2}\times 2\times AD\times\sin\angle BAD}{\frac{1}{2}\times(\sqrt{5}+1)\times CD\times\sin(180^\circ-\angle BAD)}$$

$$=\frac{2AD}{(\sqrt{5}+1)CD}=\sqrt{5}-1,$$

$$\iff\ \frac{AD}{CD}=\frac{(\sqrt{5}-1)(\sqrt{5}+1)}{2},$$

$$\iff\ CD=\frac{\boxed{1}}{\boxed{2}}AD.$$ (ケ / コ)

余弦定理と２次方程式の問題

問　題

第９問（配点　20 点）　解答の目安 13 分　　　　（2002 年度 本試験改題）

四角形 ABCD に外接する半径 R の円があり

$$\mathrm{AB}=\sqrt{3}-1,\qquad \mathrm{BC}=\sqrt{3}+1,\qquad \cos\angle\mathrm{ABC}=-\frac{1}{4}$$

を満たしており，△ACD の面積は △ABC の面積の 3 倍であるとする。

このとき

$$\sin\angle\mathrm{ABC}=\frac{\sqrt{\boxed{\text{アイ}}}}{\boxed{\text{ウ}}},\qquad \mathrm{AC}=\boxed{\text{エ}}$$

$$R=\frac{\boxed{\text{オ}}\sqrt{\boxed{\text{カキ}}}}{\boxed{\text{ク}}}$$

である。

▼

解　答・解　説

第9問 (配点　20点)

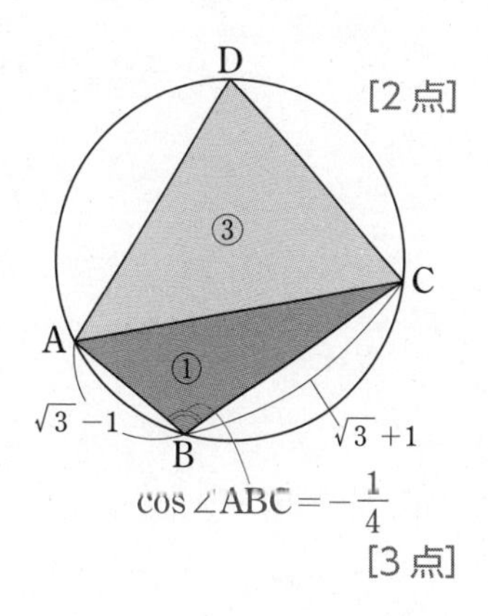

$$\sin\angle ABC=\sqrt{1-\left(-\frac{1}{4}\right)^2}=\sqrt{\frac{15}{16}}=\frac{\sqrt{\boxed{15}_{\text{アイ}}}}{\boxed{4}_{\text{ウ}}}.$$

[2点]

三角形ABCで余弦定理より，

$$\begin{aligned}AC^2 &= (\sqrt{3}-1)^2+(\sqrt{3}+1)^2-2\times(\sqrt{3}-1)\\&\quad\times(\sqrt{3}+1)\times\cos\angle ABC\\&=3+1+3+1-2\times(3-1)\times\left(-\frac{1}{4}\right)\\&=9.\qquad\therefore\quad AC=\boxed{3}_{\text{エ}}.\end{aligned}$$

[3点]

ここで，正弦定理より，

$$2R=\frac{3}{\sin\angle ABC}.$$

$$\Longleftrightarrow\quad 2R=\frac{3}{\frac{\sqrt{15}}{4}}.\qquad\therefore\quad R=\frac{\boxed{2}_{\text{オ}}\sqrt{\boxed{15}_{\text{カキ}}}}{\boxed{5}_{\text{ク}}}.$$

[3点]

▼

また，$\cos\angle ADC = \frac{\boxed{ケ}}{\boxed{コ}}$ であるので，△ACD と △ABC の面積についての条件から

$$AD \times CD = \boxed{サ}$$

$$AD^2 + CD^2 = \boxed{シス}$$

となる。

さらに，AD ≧ CD とすると，$AD = \sqrt{\boxed{セ}}$ である。

■

また，

$$\cos\angle ADC = \cos(180^\circ - \angle ABC) = -\cos\angle ABC = \frac{\boxed{1}_{ケ}}{\boxed{4}_{コ}}.$$ [3点]

$\triangle ACD = 3\triangle ABC$,

$$\Longleftrightarrow \frac{1}{2}\times AD\times CD\times\sin(180^\circ - \angle ABC)$$

$$= 3\times\frac{1}{2}\times(\sqrt{3}-1)\times(\sqrt{3}+1)\times\sin\angle ABC,$$

$$\Longleftrightarrow AD\times CD = 3(\sqrt{3}-1)(\sqrt{3}+1). \qquad \therefore\ AD\times CD = \boxed{6}_{サ}.$$ [3点]

さらに，三角形ACDで余弦定理より，

$$AD^2 + CD^2 - 2\times AD\times CD\times\cos(180^\circ - \angle ABC) = 3^2,$$

$$\Longleftrightarrow AD^2 + CD^2 - 2\times 6\times\frac{1}{4} = 9. \qquad \therefore\ AD^2 + CD^2 = \boxed{12}_{シス}.$$ [3点]

次に，

$$\begin{aligned}(AD+CD)^2 &= AD^2 + CD^2 + 2\times AD\times CD\\ &= 12 + 2\times 6\\ &= 24. \qquad \therefore\ AD + CD = 2\sqrt{6}.\end{aligned}$$

$x = AD$，CD を2解にもつxの2次方程式は，

$$x^2 - 2\sqrt{6}\,x + 6 = 0, \Longleftrightarrow (x-\sqrt{6})^2 = 0. \qquad \therefore\ AD = CD = \sqrt{6}.$$

$$\therefore\ AD = \sqrt{\boxed{6}_{セ}}.$$ [3点]

ポイントアドバイス

$AD\times CD$は$\triangle ACD$の面積に，そして，$AD^2 + CD^2$は余弦定理に含まれる式であることに気づきましょう．

$\begin{cases} AD\times CD = 6 \\ AD^2 + CD^2 = 12 \end{cases}$ から $\begin{cases} AD\times CD = 6 \\ AD + CD = 2\sqrt{6} \end{cases}$ を導いて下さい．

$\begin{cases} \alpha\beta = 6 \\ \alpha + \beta = 2\sqrt{6} \end{cases}$ と同じ考え方です．$x = \alpha$，β を2解にもつxの2次方程式

$(x-\alpha)(x-\beta) = 0$，$\Longleftrightarrow$ $x^2 - (\alpha+\beta)x + \alpha\beta = 0$ と同様に，

$x^2 - (AD + CD)x + AD\times CD = 0$ を作って解けば求められるでしょう．

余弦定理と２次方程式の問題

問　題

第 10 問 （配点　20 点） 解答の目安 12 分 　　（2003 年度 本試験改題）

$\triangle$ABC において，AB $= 5$，BC $= 2\sqrt{3}$，CA $= 4 + \sqrt{3}$ とする。

このとき

$$\cos\angle \mathrm{BAC} = \frac{\boxed{ア}}{\boxed{イ}}, \qquad \angle \mathrm{ACB} = \boxed{ウエ}^\circ$$

である。$\triangle$ABC の面積は

$$\frac{\boxed{オカ} + \boxed{キ}\sqrt{\boxed{ク}}}{2}$$

である。

▼

解　答・解　説

第10問 （配点　20点）

三角形ABCで余弦定理より，

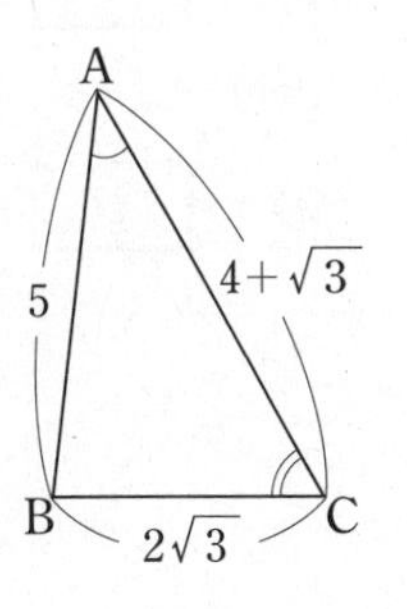

$$\cos\angle BAC = \frac{5^2+(4+\sqrt{3})^2-(2\sqrt{3})^2}{2\times5\times(4+\sqrt{3})}$$

$$= \frac{32+8\sqrt{3}}{10(4+\sqrt{3})}$$

$$= \frac{\boxed{4}_{ア}}{\boxed{5}_{イ}}.$$

［3点］

このとき，

$$\sin\angle BAC = \sqrt{1-\left(\frac{4}{5}\right)^2} = \sqrt{\frac{9}{25}} = \frac{3}{5}$$ となる．

$$\cos\angle ACB = \frac{(2\sqrt{3})^2+(4+\sqrt{3})^2-5^2}{2\times2\sqrt{3}\times(4+\sqrt{3})}$$

$$= \frac{6+8\sqrt{3}}{4\sqrt{3}(4+\sqrt{3})}$$

$$= \frac{2(3+4\sqrt{3})}{4(3+4\sqrt{3})}$$

$$= \frac{1}{2}. \qquad \therefore\ \angle ACB = \boxed{60}_{ウエ}^{\circ}.$$

［3点］

$$\triangle ABC = \frac{1}{2}\times2\sqrt{3}\times(4+\sqrt{3})\times\sin60^{\circ}$$

$$=(4\sqrt{3}+3)\times\frac{\sqrt{3}}{2}$$

$$= \frac{\boxed{12}_{オカ}+\boxed{3}_{キ}\sqrt{\boxed{3}_{ク}}}{2}.$$

［3点］

Bを通りCAに平行な直線と△ABCの外接円Oとの交点のうち，Bと異なる方をDとするとき

$$\mathrm{AD} = \boxed{\text{ケ}}\sqrt{\boxed{\text{コ}}}, \qquad \angle\mathrm{ADB} = \boxed{\text{サシス}}^\circ$$

より，$\mathrm{BD} = \boxed{\text{セ}} - \sqrt{\boxed{\text{ソ}}}$ であり，台形ADBCの面積は $\boxed{\text{タチ}}$ である。

■

四角形 BDAC は BC＝DA の等脚台形より，

$$\mathrm{AD}=\boxed{2}\sqrt{\boxed{3}}.$$ （ケ，コ）　［3 点］

また，$\angle\mathrm{ADB}+\angle\mathrm{ACB}=180^\circ$　より，

$$\angle\mathrm{ADB}=180^\circ-60^\circ=\boxed{120}^\circ.$$ （サシス）　［2 点］

BD $=x$ として，三角形 ADB で余弦定理より，

$$x^2+(2\sqrt{3})^2-2\times x\times 2\sqrt{3}\times\cos 120^\circ=5^2,$$

$$\iff x^2+2\sqrt{3}\,x-13=0.\qquad\therefore\ x=-\sqrt{3}+\sqrt{16}>0.$$

$$\therefore\ \mathrm{BD}=\boxed{4}-\sqrt{\boxed{3}}.$$ （セ，ソ）　［3 点］

これより，

$$\begin{aligned}(\text{台形 ADBC の面積})&=\triangle\mathrm{ABC}+\triangle\mathrm{ADB}\\&=\frac{12+3\sqrt{3}}{2}+\frac{1}{2}\times 2\sqrt{3}\times(4-\sqrt{3})\times\sin 120^\circ\\&=6+\frac{3\sqrt{3}}{2}+(4\sqrt{3}-3)\times\frac{\sqrt{3}}{2}\\&=6+\frac{3\sqrt{3}}{2}+6-\frac{3\sqrt{3}}{2}\\&=\boxed{12}.\end{aligned}$$ （タチ）　［3 点］

■

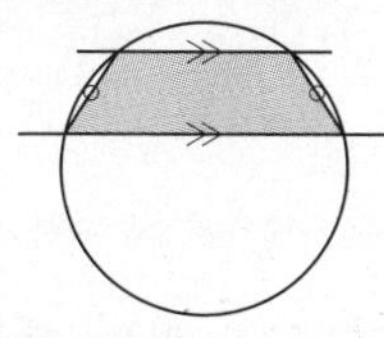

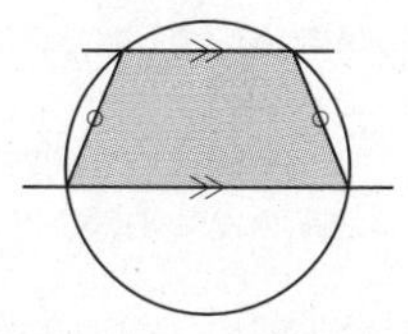

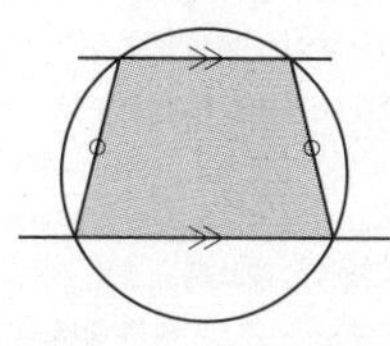

円に平行な 2 直線が交わり，4 つの交点を結ぶと必ず等脚台形ができます．当たり前に見えるかも知れませんが，円や平行線の描き方によってはずいぶんと形の違ったものに映ることでしょう．“円と平行な 2 直線” というキーワードは，ぜひ頭に入れておいて下さい．

共通テストはここに注意！

② 共通テスト「受験上の注意」（令和４年度）より

「試験時間中の注意事項」（抜粋）です。「受験案内」（出願書類）にも同様の内容が記されています。注目すべきポイントを示しておきました。よく読んで，事前の準備と確認を行い，試験に臨みましょう。

7　試験時間中の注意事項

⑴　所持品の取扱い

①　**受験票，写真票**（最初に受験する時間の試験時間中に回収します。）は，必ず机の上に置いてください。

②　受験票，写真票のほかに試験時間中，机の上に置けるものは，次のとおりです。

注意！

- **黒鉛筆**（H，F，HB に限る。和歌・格言等が印刷されているものは不可。），**鉛筆キャップ**
- **シャープペンシル**（メモや計算に使用する場合のみ可，黒い芯に限る。）
- **プラスチック製の消しゴム**
- **鉛筆削り**（電動式・大型のもの・ナイフ類は不可。）
- **時計**（辞書，電卓，端末等の機能があるものや，それらの機能の有無が判別しづらいもの・秒針音のするもの・キッチンタイマー・大型のものは不可。）
- **眼鏡**，**ハンカチ**，**目薬**，**ティッシュペーパー**（袋又は箱から中身だけ取り出したもの。）

これ以外の所持品を使用又は置いている場合には，解答を一時中断させて，試験終了まで預かることがあります。

③　試験時間中に，次のものを**使用してはいけません**。

- **定規**（定規の機能を備えた鉛筆等を含む。），**コンパス**，**電卓**，**そろばん**，**グラフ用紙等の補助具**
- **携帯電話**，**スマートフォン**，**ウェアラブル端末**，**電子辞書**，**IC レコーダー等の電子機器類**

これらの補助具や電子機器類をかばん等にしまわず，**身に付けていたり手に持っていると不正行為となることがあります。**

⑵　不正行為

①　次のことをすると**不正行為となります。**不正行為を行った場合は，その場で受験の中止と退室を指示され，**それ以後の受験はできなくなります。**

また，受験した大学入学共通テストの**全ての教科・科目の成績を無効とします。**

ア　志願票，受験票・写真票，解答用紙へ**故意に虚偽の記入**（受験票・写真票に本人以外の写真を貼ることや解答用紙に本人以外の氏名・受験番号を記入するなど。）をすること。

イ　**カンニング**（試験の教科・科目に関係するメモやコピーなどを机上等に置いたり見たりすること，教科書，参考書，辞書等の書籍類の内容を見ること，他の受験者の答案等を見ること，他の人から答えを教わることなど。）をすること。

ウ　他の受験者に**答えを教えたりカンニングの手助け**をすること。

エ　**配付された問題冊子を，その試験時間が終了する前に試験室から持ち出す**こと。

オ　**解答用紙を試験室から持ち出す**こと。

カ　「解答はじめ。」の指示の前に，**問題冊子を開いたり解答を始める**こと。

キ　試験時間中に，**定規**（定規の機能を備えた鉛筆等を含む。），**コンパス**，**電卓**，**そろばん**，**グラフ用紙等の補助具**を使用すること。

ク　試験時間中に，**携帯電話**，**スマートフォン**，**ウェアラブル端末**，**電子辞書**，**IC レコーダー等の電子機器類**を使用すること。

ケ　「解答やめ。鉛筆や消しゴムを置いて問題冊子を閉じてください。」の指示に従わず，**鉛筆や消しゴムを持っていたり解答を続ける**こと。

数学Ⅰ　Part 3

2次関数

この「2次関数」も従来のセンター試験の問題から，共通テストで大きく変化した単元である。これまでは与えられた2次関数を使い平行移動，最大値や最小値，直線を切り取る線分の長さなどの問題が主流で，解きやすい問題であったといえるだろう。それが試行調査の問題からコンピュータでのグラフ表示ソフトで表示された画像上の動きが出題されたり，日常生活と数学との関わりを意識したような物品販売と利益の関係を考える問題などが出題されたりしている。また，記述試験レベルでしばしば出題されるような2つの2次方程式の共通解を考える問題など，素材そのものが記述寄りと感じる出題もある。配点は15点で配点空欄数は6～8個である。

グラフ表示ソフトを使った問題

問　題

第1問　（配点　15点）　解答の目安 07分　　（2018年度 試行調査改題）

関数 $f(x) = a(x-p)^2 + q$ について，$y = f(x)$ のグラフをコンピュータのグラフ表示ソフトを用いて表示させる。

このソフトでは，a，p，q の値を入力すると，その値に応じたグラフが表示される。さらに，それぞれの □ の下にある●を左に動かすと値が減少し，右に動かすと値が増加するようになっており，値の変化に応じて関数のグラフが画面上で変化する仕組みになっている。

最初に，a，p，q をある値に定めたところ，図1のように，x 軸の負の部分と2点で交わる下に凸の放物線が表示された。

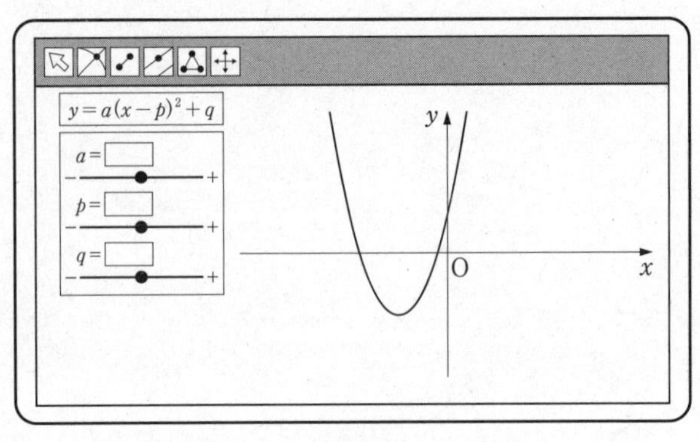

図1

(1)　図1の放物線を表示させる a，p，q の値に対して，方程式 $f(x) = 0$ の解について正しく記述したものは，「 **ア** 」である。

ア の解答群

⓪　方程式 $f(x) = 0$ は異なる二つの正の解をもつ。
①　方程式 $f(x) = 0$ は異なる二つの負の解をもつ。
②　方程式 $f(x) = 0$ は正の解と負の解をもつ。
③　方程式 $f(x) = 0$ は重解をもつ。
④　方程式 $f(x) = 0$ は実数解をもたない。

▼

解 答・解 説

第1問 (配点 15点)

(1)

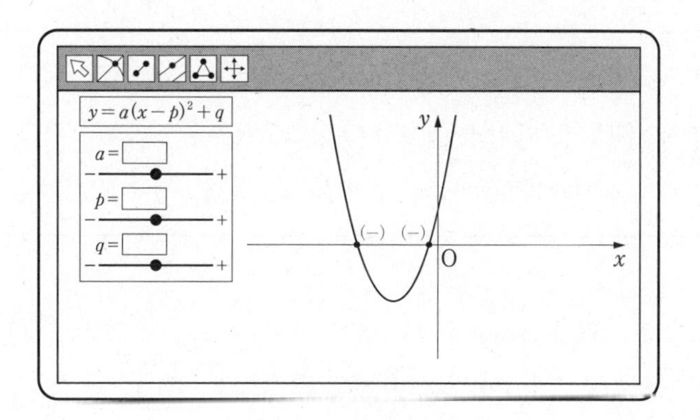

$f(x)=0$ の解は，上図のグラフと x 軸との共有点から判断すると，

「方程式 $f(x)=0$ は異なる二つの負の解をもつ。」となる．（ア ①） [5点]

(2) 次の操作A，操作P，操作Qのうち，いずれか一つの操作を行い，不等式 $f(x)>0$ の解を考える。

操作A：図1の状態から p，q の値は変えず，a の値だけを変化させる。
操作P：図1の状態から a，q の値は変えず，p の値だけを変化させる。
操作Q：図1の状態から a，p の値は変えず，q の値だけを変化させる。

このとき，操作A，操作P，操作Qのうち，「不等式 $f(x)>0$ の解がすべての実数となること」が起こり得る操作は **イ** 。また，「不等式 $f(x)>0$ の解がないこと」が起こり得る操作は **ウ** 。

イ，ウ の解答群（同じものを繰り返し選んでもよい。）

⓪ ない
① 操作Aだけである
② 操作Pだけである
③ 操作Qだけである
④ 操作Aと操作Pだけである
⑤ 操作Aと操作Qだけである
⑥ 操作Pと操作Qだけである
⑦ 操作Aと操作Pと操作Qのすべてである

■

(2) $f(x)=a(x-p)^2+q$ において，$f(x)>0$ の解をすべての実数にさせるのは，q の値だけ増加させる操作Qだけである．（イ ③）

[5 点]

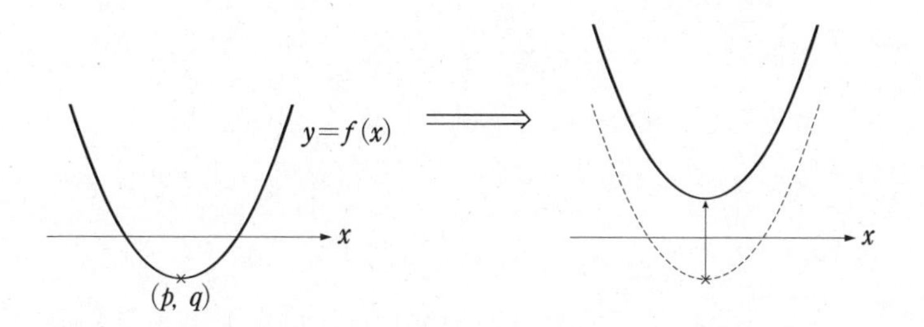

$f(x)=a(x-p)^2+q$ の $a=0$，$a<0$ にすることで，$f(x)>0$ をみたす実数 x は存在しないとわかる．よって，操作Aだけである．（ウ ①）

[5 点]

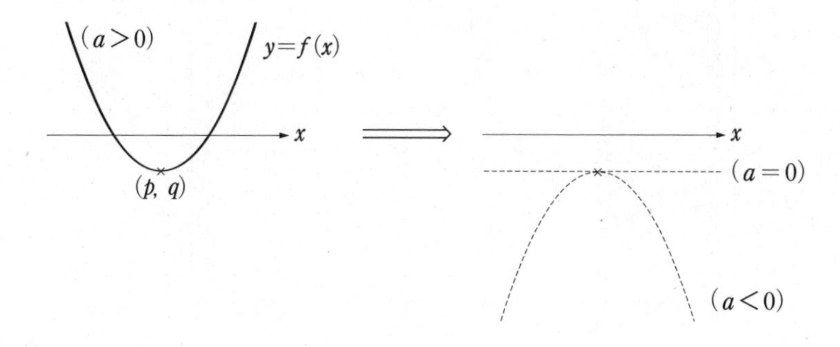

■

ポイントアドバイス

グラフ表示ソフトの問題とは，$f(x)=a(x-p)^2+q$ または $f(x)=ax^2+bx+c$ において，a，p，q または a，b，c を変化させた際に表示されるグラフの移動を観察する問題となっています．そのため，表示されているグラフの

- 1 頂点の座標
- 2 軸の符号
- 3 y 切片の符号
- 4 x 切片の値（個数）

の4点を注視して下さい．

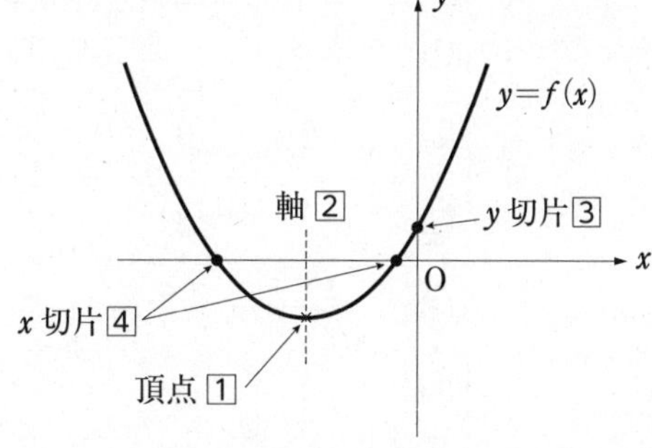

グラフ表示ソフトを使った問題

問　題

第2問 （配点　15点） 解答の目安 10分 （2017年度 試行調査改題）

数学の授業で，2次関数 $y = ax^2 + bx + c$ についてコンピュータのグラフ表示ソフトを用いて考察している。

このソフトでは，図1の画面上の A ， B ， C にそれぞれ係数 a，b，c の値を入力すると，その値に応じたグラフが表示される。さらに， A ， B ， C それぞれの下にある●を左に動かすと係数の値が減少し，右に動かすと係数の値が増加するようになっており，値の変化に応じて2次関数のグラフが座標平面上を動く仕組みになっている。

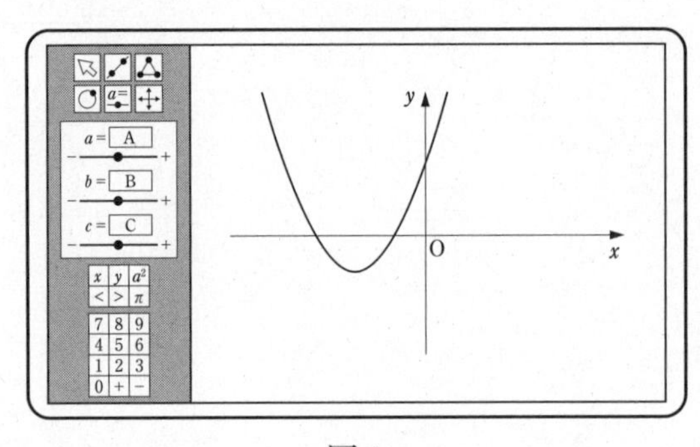

図1

(1)　はじめに，図1の画面のように，頂点が第3象限にあるグラフが表示された。このときの a，b，c の値の組合せとして最も適当なものは **ア** である。

ア の解答群

	a	b	c
⓪	2	1	3
①	2	− 1	3
②	− 2	3	− 3
③	$\frac{1}{2}$	3	3
④	$\frac{1}{2}$	− 3	3
⑤	$-\frac{1}{2}$	3	− 3

▼

解 答・解 説

第 2 問 （配点　15 点）

(1)

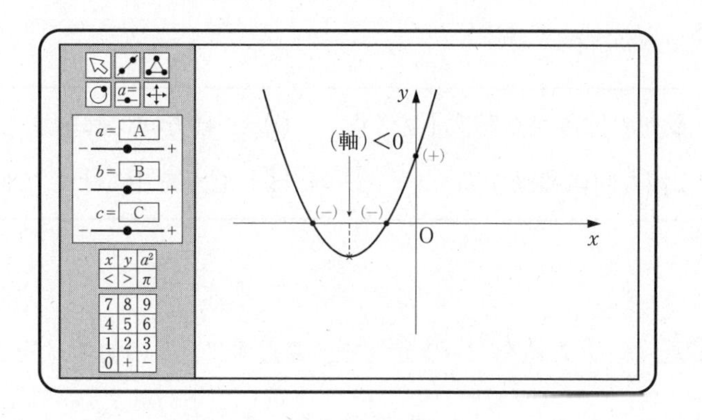

$f(x) = ax^2 + bx + c$ とすると，下に凸の放物線より，$a > 0$.

y 切片の符号から，$c = f(0) > 0$．次に，$y = f(x)$ の　(軸) < 0 より，

a，b は同符号とわかり，$b > 0$．つまり，a，b，c は全て正．

	a	b	c
⓪	2	1	3
③	$\frac{1}{2}$	3	3

(全て正の選択肢は ⓪ と ③ の 2 つのみ)

⓪ → $f(x) = 2x^2 + x + 3$

$= 2\left(x + \frac{1}{4}\right)^2 + \frac{23}{8}$ （不適）.

③ → $f(x) = \frac{1}{2}x^2 + 3x + 3$

$= \frac{1}{2}(x+3)^2 - \frac{3}{2}$ （適）.

（ア ③）　[4 点]

▼

(2) 次に，a，b の値を(1)の値のまま変えずに，c の値だけを変化させた。このときの頂点の移動について正しく述べたものは [イ] である。

[イ] の解答群

⓪ 最初の位置から移動しない　① x 軸方向に移動する
② y 軸方向に移動する　③ 原点を中心として回転移動する

(3) また，b，c の値を(1)の値のまま変えずに，a の値だけをグラフが下に凸の状態を維持するように変化させた。このとき，頂点は $a=\dfrac{b^2}{4c}$ のときは [ウ] にあり，それ以外のときは [エ] を移動した。

[ウ]，[エ] の解答群（同じものを繰り返し選んでもよい。）

⓪ 原点　① x 軸上　② y 軸上
③ 第3象限のみ　④ 第1象限と第3象限
⑤ 第2象限と第3象限　⑥ 第3象限と第4象限

■

(2) (1)より，$a=\dfrac{1}{2}$，$b=3$ のみ代入して，

$$y=\frac{1}{2}x^2+3x+c=\frac{1}{2}(x+3)^2+c-\frac{9}{2} \longrightarrow \text{頂点座標}\left(-3,\ c-\frac{9}{2}\right)$$

（c の値だけ変化）　（y 軸方向に移動する）

（イ ②）　[3点]

(3) (1)より，$b=3$，$c=3$ のみを代入して，

$$y=ax^2+3x+3=a\left(x+\frac{3}{2a}\right)^2+3-\frac{9}{4a} \quad （ただし，a>0 で変化）$$

ここで，$a=\dfrac{b^2}{4c}=\dfrac{3^2}{4\times3}=\dfrac{3}{4}$ のとき，$y=\dfrac{3}{4}(x+2)^2$

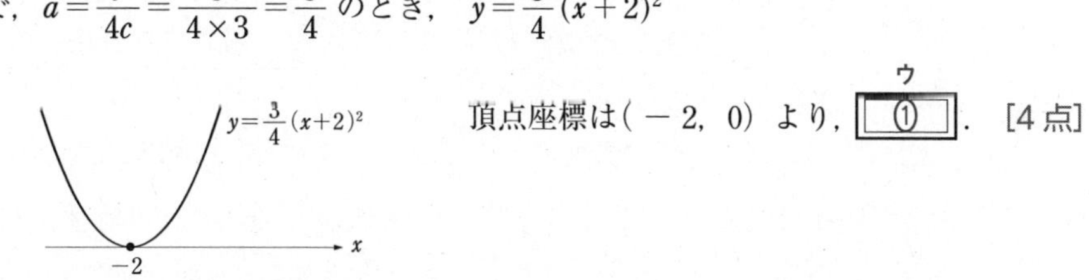

頂点座標は（-2，0）より，ウ ①．　[4点]

$a \neq \dfrac{3}{4}$ では，
$$\begin{cases}(\text{頂点の } x \text{ 座標})=-\dfrac{3}{2a}<0 \\ (\text{頂点の } y \text{ 座標})=3-\dfrac{9}{4a}<3\end{cases}$$

より，頂点は第2象限と第3象限を移動する．（エ ⑤）　[4点]

■

ポイントアドバイス

もし仮に右図のようなグラフを表示していたら，
ここから a，b，c の符号を読み取ってみます．

(上に凸) …… $a<0$
(y 切片が負) …… $c<0$
(軸が正) …… $b>0$

とわかります．符号を絞り込んだうえで，個々の (a，b，c) について
詳しく調べた方がよいでしょう．

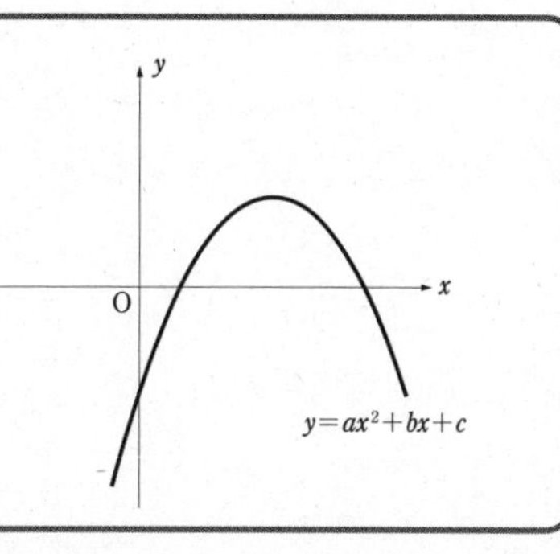

文章問題

問　題

第3問 （配点　15点） 解答の目安 11分 （2021年度 本試験〔第2日程〕改題）

花子さんと太郎さんのクラスでは，文化祭でたこ焼き店を出店することになった。二人は1皿あたりの価格をいくらにするかを検討している。次の表は，過去の文化祭でのたこ焼き店の売り上げデータから，1皿あたりの価格と売り上げ枚数(皿数)の関係をまとめたものである。

1皿あたりの価格（円）	200	250	300
売り上げ枚数（枚）	200	150	100

(1)　まず，二人は，上の表から，1皿あたりの価格が50円上がると売り上げ枚数が50枚減ると考えて，売り上げ枚数が1皿あたりの価格の1次関数で表されると仮定した。このとき，1皿あたりの価格をx円とおくと，売り上げ枚数は

$$\boxed{\text{アイウ}} - x \qquad \cdots\cdots\cdots\cdots\cdots ①$$

と表される。

▼

解答・解説

第3問 （配点　15点）

(1)

1皿あたりの価格（円）	200	250	300
売り上げ枚数（枚）	200	150	100

（和）はつねに400

1皿あたりの価格 x(円)に対し，売り上げ枚数は アイウ [400] $-x$（枚）．　[3点]

▼

(2) 次に，二人は利益の求め方について考えた。

花子：利益は，売り上げ金額から必要な経費を引けば求められるよ。
太郎：売り上げ金額は，1皿あたりの価格と売り上げ枚数の積で求まるね。
花子：必要な経費は，たこ焼き用器具のレンタル料と材料費の合計だね。
材料費は，売り上げ枚数と1皿あたりの材料費の積になるね。

二人は，次の三つの条件のもとで，1皿あたりの価格xを用いて利益を表すことにした。

(条件1) 1皿あたりの価格がx円のときの売り上げ枚数として①を用いる。
(条件2) 材料は，①により得られる売り上げ枚数に必要な分量だけ仕入れる。
(条件3) 1皿あたりの材料費は160円である。たこ焼き用器具のレンタル料は6000円である。材料費とたこ焼き用器具のレンタル料以外の経費はない。

利益をy円とおく。yをxの式で表すと

$$y = -x^2 + \boxed{エオカ}\,x - \boxed{キ} \times 10000 \qquad \cdots\cdots\cdots\cdots②$$

である。

(3) 太郎さんは利益を最大にしたいと考えた。②を用いて考えると，利益が最大になるのは1皿あたりの価格が **クケコ** 円のときであり，そのときの利益は **サシスセ** 円である。

(4) 花子さんは，利益を7500円以上となるようにしつつ，できるだけ安い価格で提供したいと考えた。②を用いて考えると，利益が7500円以上となる1皿あたりの価格のうち，最も安い価格は **ソタチ** 円となる。

■

(2) $y = \underset{(\text{売り上げ金額})}{x(400-x)} - \underset{(\text{材料費})}{160(400-x)} - \underset{(\text{レンタル料})}{6000}$

$= -x^2 + \boxed{560}\,x - \boxed{7} \times 10000$ （エオカ，キ）　[3 点]

$= -(x-280)^2 + 8400.$

(3) (2) より，$x = \boxed{280}$ (円)のとき，(最大の利益) $= \boxed{8400}$ (円).（クケコ，サシスセ）　[3 点] [3 点]

(4) $y \geqq 7500,\ \Longleftrightarrow -x^2 + 560x - 70000 \geqq 7500,$

$\Longleftrightarrow x^2 - 560x + 77500 \leqq 0,$

$\Longleftrightarrow (x-250)(x-310) \leqq 0.$　　　$\therefore\ 250 \leqq x \leqq 310.$

(最も安い価格) $= \boxed{250}$ (円)（ソタチ）　[3 点]

■

ポイントアドバイス

(1) で，売り上げ枚数 (枚) (Y) が 1 皿あたりの価格 (円) (x) の 1 次関数と書かれていることから，

2 つの実数定数 a，b を用いて，$Y = ax + b$　と表現できます．

$(x,\ Y) = (200,\ 200),\ (250,\ 150),\ (300,\ 100)$ を代入すれば，

$$\begin{cases} 200a + b = 200 \\ 250a + b = 150 \\ 300a + b = 100 \end{cases}$$

これを解くと，$(a,\ b) = (-1,\ 400)$，つまり，$Y = -x + 400\ (= 400 - x)$

とわかります．

やはり，$x + Y = 400$ (一定)　に気付くのが上手な方法です．

文章問題

問　題

第4問 （配点　15点） 解答の目安 11分 （2021年度 本試験〔第1日程〕改題）

陸上競技の短距離100 m走では，100 mを走るのにかかる時間（以下，タイムと呼ぶ）は，1歩あたりの進む距離（以下，ストライドと呼ぶ）と1秒あたりの歩数（以下，ピッチと呼ぶ）に関係がある。ストライドとピッチはそれぞれ以下の式で与えられる。

$$\text{ストライド(m/歩)} = \frac{100\text{(m)}}{100\text{ mを走るのにかかった歩数(歩)}}$$

$$\text{ピッチ(歩/秒)} = \frac{100\text{ mを走るのにかかった歩数(歩)}}{\text{タイム(秒)}}$$

なお，小数の形で解答する場合は，指定された桁数の一つ下の桁を四捨五入して答えよ。また，必要に応じて，指定された桁まで ⓪ にマークせよ。

(1) ストライドを x，ピッチを z とおく。ピッチは1秒あたりの歩数，ストライドは1歩あたりの進む距離なので，1秒あたりの進む距離すなわち平均速度は，x と z を用いて **ア** (m/秒) と表される。

これより，タイムと，ストライド，ピッチとの関係は

$$\text{タイム} = \frac{100}{\boxed{\text{ア}}} \quad \cdots\cdots\cdots\cdots ①$$

と表されるので， ア が最大になるときにタイムが最もよくなる。ただし，タイムがよくなるとは，タイムの値が小さくなることである。

ア の解答群

⓪ $x+z$	① $z-x$	② xz
③ $\frac{x+z}{2}$	④ $\frac{z-x}{2}$	⑤ $\frac{xz}{2}$

▼

解答・解説

第4問 （配点　15点）

(1) $\begin{cases} \text{ストライド} \cdots\cdots x \text{（m/歩）} \\ \text{ピッチ} \cdots\cdots z \text{（歩/秒）} \end{cases}$ より，（平均速度）$= x$（m/歩）$\times z$（歩/秒）

$= xz$（m/秒）．（ア ②）［3点］

これより，　（タイム）$= \dfrac{100}{xz}$．　……………………………①

▼

(2) 男子短距離100 m走の選手である太郎さんは，①に着目して，タイムが最もよくなるストライドとピッチを考えることにした。

次の表は，太郎さんが練習で100 mを3回走ったときのストライドとピッチのデータである。

	1回目	2回目	3回目
ストライド（m/歩）	2.05	2.10	2.15
ピッチ（歩/秒）	4.70	4.60	4.50

また，ストライドとピッチにはそれぞれ限界がある。太郎さんの場合，ストライドの最大値は2.40，ピッチの最大値は4.80である。

太郎さんは，上の表から，ストライドが0.05大きくなるとピッチが0.1小さくなるという関係があると考えて，ピッチがストライドの1次関数として表されると仮定した。このとき，ピッチzはストライドxを用いて

$$z = \boxed{\text{イウ}}\,x + \frac{\boxed{\text{エオ}}}{5} \qquad \cdots\cdots ②$$

と表される。

②が太郎さんのストライドの最大値2.40とピッチの最大値4.80まで成り立つと仮定すると，xの値の範囲は次のようになる。

$$\boxed{\text{カ}}.\boxed{\text{キク}} \leqq x \leqq 2.40$$

$y = \boxed{\text{ア}}$ とおく。②を$y = \boxed{\text{ア}}$ に代入することにより，yをxの関数として表すことができる。太郎さんのタイムが最もよくなるストライドとピッチを求めるためには，$\boxed{\text{カ}}.\boxed{\text{キク}} \leqq x \leqq 2.40$ の範囲でyの値を最大にするxの値を見つければよい。このとき，yの値が最大になるのは，
$x = \boxed{\text{ケ}}.\boxed{\text{コサ}}$ のときである。

よって，太郎さんのタイムが最もよくなるのは，ストライドが
$\boxed{\text{ケ}}.\boxed{\text{コサ}}$ のときであり，このとき，ピッチは $\boxed{\text{シ}}.\boxed{\text{スセ}}$ である。

■

(2)

	1回目	2回目	3回目	
ストライド (m/歩)	2.05	2.10	2.15	← x
ピッチ (歩/秒)	4.70	4.60	4.50	← z

実数定数a, bを用いて, $z=ax+b$ と表せる.

$$\begin{cases} 2.05a+b=4.70, \\ 2.10a+b=4.60, \\ 2.15a+b=4.50. \end{cases} \quad \therefore\ (a,\ b)=(-2,\ \underline{8.80}).\ \left(8.80=\frac{44}{5}\right)$$

よって, $z=\boxed{-2}^{\text{イウ}}x+\dfrac{\boxed{44}^{\text{エオ}}}{5}$. ……………………………② [3点]

ここで, $x\leqq 2.40$, $z\leqq 4.80$ より, $-2x+8.80\leqq 4.80$,

$\iff \quad \boxed{2}^{\text{カ}}.\boxed{00}^{\text{キク}}\leqq x\ (\leqq 2.40)$. [3点]

次に, $y=xz$とおき, ②を代入すると,

$$\begin{aligned} y &= x\left(-2x+\frac{44}{5}\right) \\ &= -2x^2+\frac{44}{5}x \\ &= -2\left(x-\frac{11}{5}\right)^2+\frac{242}{25} \qquad (2.00\leqq x\leqq 2.40). \end{aligned}$$

$x=\boxed{2}^{\text{ケ}}.\boxed{20}^{\text{コサ}}$ のとき, yは最大値 $\dfrac{242}{25}$ となり, [3点]

$\dfrac{242}{25}=2.20\times z$ $(y=xz)$ から,

$$\begin{aligned} z &= \frac{242}{25}\times\frac{5}{11} \\ &= \frac{242}{55} \\ &= \boxed{4}^{\text{シ}}.\boxed{40}^{\text{スセ}}. \end{aligned}$$

[3点]

■

ポイントアドバイス

$\boxed{\text{カ}}.\boxed{\text{キク}}\leqq x\leqq 2.40$ の直後の, $y=\boxed{\boxed{\text{ア}}}$ とおく. ……ここに注意が必要です.

ここで, ア$=2$, つまり, $y=2$とおく. ……と解釈すると意味を間違えてしまいます.

この$\boxed{\boxed{\text{ア}}}$は選択肢から②($=xz$)を選んだ意味だから, $y=xz$とおく. と解釈しなければなりません.

そのための二重枠$\boxed{\boxed{}}$なのです.

図形と 2 次関数の問題

問　題

第5問（配点　15点）解答の目安 10分　（2011年度 追試験改題）

a を $0 < a < 4$ を満たす定数とする。$0 < t \leqq a$ のとき，O を原点とする座標平面上に 2 点

$$\mathrm{P}(t,\ 0),\quad \mathrm{Q}(0,\ 4-t)$$

をとる。

次に，点 P を通る傾き 1 の直線上の点で，その x 座標が a であるような点 R をとる。点 Q，R を通る直線の傾きは

$$\frac{a - \boxed{\text{ア}}}{a}$$

である。線分 QR 上の点でその x 座標が $\dfrac{t}{4}$ であるものを T とすれば，T の y 座標は

$$\boxed{\text{イ}} - \frac{\boxed{\text{ウ}}\,a + 4}{\boxed{\text{エ}}\,a}t$$

である。

y 軸上に点 $\mathrm{H}\left(0,\ \boxed{\text{イ}} - \dfrac{\boxed{\text{ウ}}\,a + 4}{\boxed{\text{エ}}\,a}t\right)$ をとる。台形 OPTH の面積を S とすれば

$$S = \frac{\boxed{\text{オ}}}{\boxed{\text{カ}}}t\left(\boxed{\text{イ}} - \frac{\boxed{\text{ウ}}\,a + 4}{\boxed{\text{エ}}\,a}t\right)$$

であり，t の 2 次関数となる。

▼

解　答・解　説

第5問 (配点　15点)

点Pを通り，傾き1の直線は，$y=1\times(x-t)$，$\iff y=x-t$.

これより，点Rの座標は，点R$(a,\ a-t)$.

$$（2点Q, Rを通る直線の傾き）=\frac{(a-t)-(4-t)}{a-0}$$

$$=\frac{a-\boxed{4}^{ア}}{a}.$$ [2点]

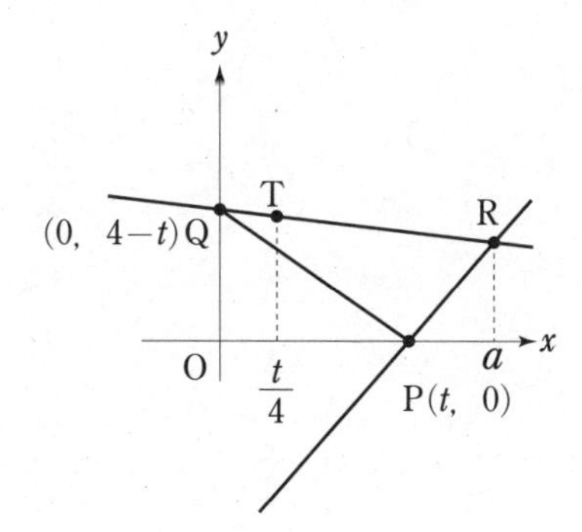

直線QRの方程式は，$y=\dfrac{a-4}{a}x+4-t$ より，

$$（点Tのy座標）=\frac{a-4}{a}\times\frac{t}{4}+4-t$$

$$=\boxed{4}^{イ}-\frac{\boxed{3}^{ウ}a+4}{\boxed{4}^{エ}a}t.$$ [3点]

$$S=\frac{1}{2}\left(\frac{t}{4}+t\right)\times\left(4-\frac{3a+4}{4a}t\right)$$

$$=\frac{\boxed{5}^{オ}}{\boxed{8}^{カ}}t\left(\boxed{4}^{イ}-\frac{\boxed{3}^{ウ}a+4}{\boxed{4}^{エ}a}t\right).$$ [3点]

（tの2次関数）

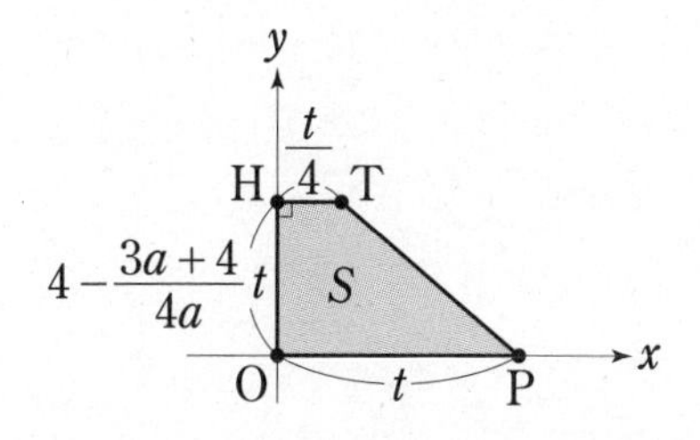

$a = 2$ とする。

$0 < t \leqq 2$ において，S は $t = \dfrac{\boxed{\text{キ}}}{\boxed{\text{ク}}}$ で最大値 $\boxed{\text{ケ}}$ をとり，

$S \geqq \dfrac{15}{8}$ を満たす t の値の範囲は $\dfrac{\boxed{\text{コ}}}{\boxed{\text{サ}}} \leqq t \leqq \boxed{\text{シ}}$ である。

■

$a=2$とする．

$$S=\frac{5}{8}t\left(4-\frac{10}{8}t\right)$$
$$=-\frac{25}{32}\left(t^2-\frac{16}{5}t\right)$$
$$=-\frac{25}{32}\left\{\left(t-\frac{8}{5}\right)^2-\frac{64}{25}\right\}.$$

ここで，$0<t\leqq 2$におけるSの最大値は，$t=\dfrac{\boxed{8}_{\text{キ}}}{\boxed{5}_{\text{ク}}}$ のときで，(最大値)＝$\boxed{2}_{\text{ケ}}$.

[2点] [2点]

次に，$S\geqq\dfrac{15}{8}$，$\iff$ $\dfrac{5}{8}t\left(4-\dfrac{5}{4}t\right)\geqq\dfrac{15}{8}$，$\iff$ $t\left(4-\dfrac{5}{4}t\right)\geqq 3$,

$\iff$ $16t-5t^2\geqq 12$，$\iff$ $(5t-6)(t-2)\leqq 0$. $\therefore$ $\dfrac{\boxed{6}_{\text{コ}}}{\boxed{5}_{\text{サ}}}\leqq t\leqq\boxed{2}_{\text{シ}}$.

[3点]

■

ポイントアドバイス

台形OPTHの面積Sがtの2次関数(上に凸)になる問題です．t^2の係数のためか，簡単なはずの問題が煩雑に感じてしまいます．出題率の高い平行移動，軸の場合分けによる最大・最小，軸を切り取る線分の長さの問題タイプと比べ，問題そのものはシンプルです．

図形と2次関数の問題

問　題

第6問 （配点　15点） 解答の目安 11分　　(2007年度 追試験)

a，b，cを定数とし，$a>0$とする。xの2次関数

$$y=ax^2+bx+c$$

のグラフをGとし，グラフGはx軸より上側にあるものとする。

(1)　x軸上に3点

$$P_1(2,\ 0),\ P_2(4,\ 0),\ P_3(6,\ 0)$$

をとり，グラフG上に3点Q_1，Q_2，Q_3を点Q_1のx座標は2，点Q_2のx座標は4，点Q_3のx座標は6であるようにとる。

台形$P_1P_2Q_2Q_1$の面積をS_1，台形$P_1P_3Q_3Q_1$の面積をS_2とするとき

$$S_1=2\left(\boxed{\text{アイ}}\,a+\boxed{\text{ウ}}\,b+c\right)$$

$$S_2=4\left(\boxed{\text{エオ}}\,a+\boxed{\text{カ}}\,b+c\right)$$

である。

三角形$Q_1Q_2Q_3$の面積が16であるとき

$$a=\boxed{\text{キ}}$$

である。

▼

解答・解説

第6問 （配点 15点）

(1) $f(x) = ax^2 + bx + c \quad (a > 0)$ とする．

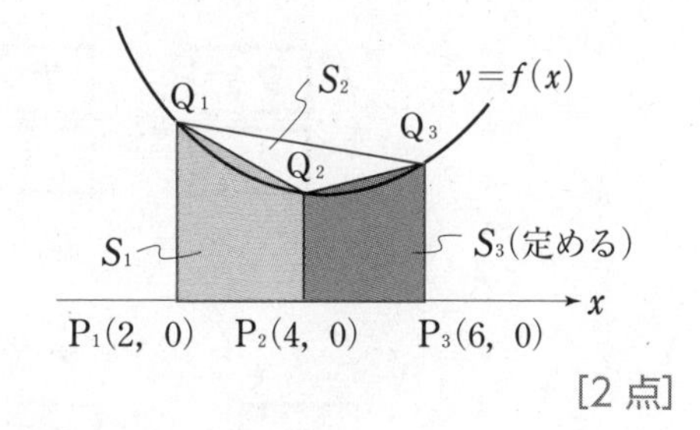

$$S_1 = \frac{1}{2}\{f(2)+f(4)\}\times 2$$
$$= 4a + 2b + c + 16a + 4b + c$$
$$= 20a + 6b + 2c.$$

$\therefore \quad S_1 = 2\left(\boxed{10}\,a + \boxed{3}\,b + c\right).$ （アイ，ウ） [2点]

$$S_2 = \frac{1}{2}\{f(2)+f(6)\}\times 4$$
$$= 2(4a + 2b + c + 36a + 6b + c)$$
$$= 2(40a + 8b + 2c).$$

$\therefore \quad S_2 = 4\left(\boxed{20}\,a + \boxed{4}\,b + c\right).$ （エオ，カ） [2点]

台形 $P_2P_3Q_3Q_2 = S_3$ とすれば，

$$S_3 = \frac{1}{2}\{f(4)+f(6)\}\times 2$$
$$= 16a + 4b + c + 36a + 6b + c$$
$$= 52a + 10b + 2c.$$

これより，

$$\triangle Q_1Q_2Q_3 = S_2 - (S_1 + S_3)$$
$$= 80a + 16b + 4c - (20a + 6b + 2c + 52a + 10b + 2c)$$
$$= 8a = 16. \qquad \therefore \quad a = \boxed{2}.$$ （キ） [1点]

▼

(2)　$a=$ [キ] であり，グラフ G が点（-2，2）を通るとする。グラフ G が表す放物線の頂点の座標を b を用いて表すと

$$\left(\frac{\boxed{クケ}}{\boxed{コ}}b,\ \frac{\boxed{サシ}}{\boxed{ス}}b^2+\boxed{セ}\,b-\boxed{ソ}\right)$$

となる。グラフ G が x 軸より上側にあるので，b の値の範囲は

$\boxed{タ} < b < \boxed{チツ}$

である。

さらに，関数 $y=$ [キ] x^2 のグラフを x 軸方向に -2，y 軸方向に k だけ平行移動したグラフを H とする。グラフ H がグラフ G に重なるのは

$b=\boxed{テ}$，$c=\boxed{トナ}$，$k=\boxed{ニ}$

のときである。

■

(2) $a = \boxed{2}$ (キ) の条件で考える．

$f(x) = 2x^2 + bx + c$ が $(-2,\ 2)$ を通るから，

$$f(-2) = 8 - 2b + c = 2, \iff c = 2b - 6.$$

よって，

$$f(x) = 2x^2 + bx + 2b - 6$$

$$= 2\left(x + \frac{b}{4}\right)^2 - \frac{1}{8}b^2 + 2b - 6.$$

$$\therefore \quad \text{頂点}\left(\frac{\boxed{-1}}{\boxed{4}}b,\ \frac{\boxed{-1}}{\boxed{8}}b^2 + \boxed{2}b - \boxed{6}\right).$$ (クケ, コ, サシ, ス, セ, ソ) [1 点] [1 点]

$y = f(x)$ は x 軸より上にあるから，

$y = f(x)$ (+) x

$$-\frac{1}{8}b^2 + 2b - 6 > 0,$$

$$\iff b^2 - 16b + 48 < 0,$$

$$\iff (b - 4)(b - 12) < 0. \qquad \therefore \quad \boxed{4} < b < \boxed{12}.$$ (タ, チツ) [1 点] [1 点]

さらに，

関数 $y = \boxed{2}x^2$ (キ) $\xrightarrow{\text{(平行移動)}}$ (x 軸方向に -2，y 軸方向に k) $H : y = 2(x + 2)^2 + k$

$$= 2x^2 + 8x + k + 8.$$

⇕ (一致)

$$G : y = 2x^2 + bx + 2b - 6.$$

$$\begin{cases} b = 8, \\ 2b - 6 = k + 8. \end{cases}$$

$$\therefore \quad b = \boxed{8},\ c = \boxed{10},\ k = \boxed{2}.$$ (テ, トナ, ニ) [2 点] [2 点] [2 点]

$c = 2b - 6$

■

ポイントアドバイス

今回は台形，三角形の面積から問題がスタートしています．(1) までは 2 次関数の特徴らしさを感じることはなかったでしょう．2 次関数に入るのは (2) からです．
(頂点) → (絶対不等式) → (平行移動) という見慣れた設問です．(1) の台形や三角形の面積で “煙にまかれた”……と感じたことでしょう．(2) の最初の 1 問目にある頂点座標でようやく落ち着くことができたはずです．

最大値・最小値の問題

問　題

第7問 （配点　15点） 解答の目安 11分 （2002年度 本試験改題）

aを定数とし，2次関数

$$y = -4x^2 + 4(a-1)x - a^2$$

のグラフをCとする。

(1)　Cが点$(1, -4)$を通るとき，$a =$ [ア] である。

(2)　Cの頂点の座標は

$$\left(\frac{a-1}{\boxed{イ}},\ \boxed{ウエ}\,a + \boxed{オ} \right)$$

である。

▼

解答・解説

第7問 （配点　15点）

$y = f(x) = -4x^2 + 4(a-1)x - a^2$　とおく．

(1)　$(1,\ -4)$　を通るから，

$$f(1) = -4 + 4(a-1) - a^2 = -4,$$

$$\iff a^2 - 4a + 4 = 0, \iff (a-2)^2 = 0. \quad \therefore \quad a = \overset{ア}{\boxed{2}}.$$

[1点]

(2)　$f(x) = -4\left(x - \dfrac{a-1}{2}\right)^2 - 2a + 1$　より，

頂点の座標は，$\left(\dfrac{a-1}{\underset{イ}{\boxed{2}}},\ \overset{ウエ}{\boxed{-2}}\,a + \overset{オ}{\boxed{1}} \right)$.

[2点] [2点]

▼

(3)　$a>1$ とする。x が $-1 \leqq x \leqq 1$ の範囲にあるとき，この 2 次関数の最大値，最小値を調べる。最大値は

$1<a \leqq$ [カ] のとき　$-2a+$ [キ]

$a>$ [カ] 　のとき　$-a^2+4a-$ [ク]

である。また，最小値は

$-a^2-$ [ケ] a

である。最大値と最小値の差が 12 になるのは

$a=-1+$ [コ] $\sqrt{\text{[サ]}}$

のときである。

■

(3) $a > 1$ より，（軸） $x = \dfrac{a-1}{2} > 0$ に注意して，

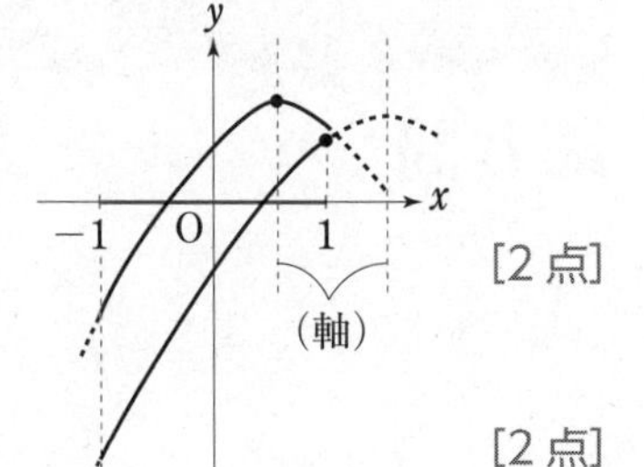

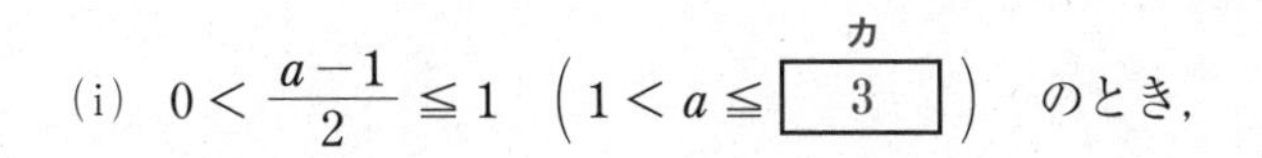

(i) $0 < \dfrac{a-1}{2} \leqq 1$ $\left(1 < a \leqq \boxed{3}^{\text{カ}}\right)$ のとき， ［2 点］

（最大値）$= -2a + \boxed{1}^{\text{キ}}$． ［2 点］

(ii) $\dfrac{a-1}{2} > 1$ $\left(a > \boxed{3}^{\text{カ}}\right)$ のとき，

（最大値）$= f(1) = -a^2 + 4a - \boxed{8}^{\text{ク}}$． ［2 点］

また，（最小値）$= f(-1) = -a^2 - \boxed{4}^{\text{ケ}} a$ ［2 点］

(i) の $1 < a \leqq 3$ のとき，

（最大値）−（最小値）$= -2a + 1 - (-a^2 - 4a) = 12$，

$\Longleftrightarrow a^2 + 2a - 11 = 0$． $\therefore\ a = -1 \pm \sqrt{12}$．

$\therefore\ a = -1 + \boxed{2}^{\text{コ}}\sqrt{\boxed{3}^{\text{サ}}}$． ［2 点］

(ii) の $a > 3$ のとき，

（最大値）−（最小値）$= -a^2 + 4a - 8 - (-a^2 - 4a) = 12$，

$\Longleftrightarrow 8a = 20$． $\therefore\ a = \dfrac{5}{2}$ （不適）．

■

ポイントアドバイス

（最大値）$\left\langle \begin{array}{l} -2a+1 \\ \text{or} \\ -a^2+4a-8 \end{array} \right.$ から，（最小値）$= -a^2 - 4a$ を引いて，それが 12 となればよいのです．

実は，

$(-2a+1) - (-a^2-4a) = 12$ のケースと $(-a^2+4a-8) - (-a^2-4a) = 12$

のケースの 2 通りありましたが，前者だけで大丈夫だと見破れる場所がありました．

それは，最後の空欄の，$a = -1 + \boxed{\text{コ}}\sqrt{\boxed{\text{サ}}}$ の形です．これは（有理係数）2 次方程式の解の特有の形だと気づけば，後者には a^2 の項は相殺されて表れないため，前者だけでよいとわかるのです．可能性の高い方から計算することが大切です．

最大値・最小値の問題

問　題

第8問 （配点　15点） 解答の目安 11分 （2011年度 本試験改題）

a，b，cを定数とし，$a \neq 0$，$b \neq 0$とする。xの2次関数

$$y = ax^2 + bx + c \qquad \cdots\cdots\cdots\cdots ①$$

のグラフをGとする。Gが$y = -3x^2 + 12bx$のグラフと同じ軸をもつとき

$$a = \frac{\boxed{アイ}}{\boxed{ウ}} \qquad \cdots\cdots\cdots\cdots ②$$

となる。さらに，Gが点$(1,\ 2b-1)$を通るとき

$$c = b - \frac{\boxed{エ}}{\boxed{オ}} \qquad \cdots\cdots\cdots\cdots ③$$

が成り立つ。

以下，②，③のとき，2次関数①とそのグラフGを考える。

▼

解 答・解 説

第 8 問 （配点　15 点）

① より，　$y = ax^2 + bx + c$

$$= a\left(x + \frac{b}{2a}\right)^2 + c - \frac{b^2}{4a}.$$

(軸)の方程式は，$x = -\dfrac{b}{2a}$.

さらに，　$y = -3x^2 + 12bx$

$$= -3(x - 2b)^2 + 12b^2.$$

(軸)の方程式は，　$x = 2b$.

条件より，　$-\dfrac{b}{2a} = 2b$.　　$\therefore\ a = \dfrac{\boxed{-1}_{\text{アイ}}}{\boxed{4}_{\text{ウ}}}$　…………②.　　[1 点]

これより G は次のように表せる．　$y = -\dfrac{1}{4}x^2 + bx + c$.

点$(1,\ 2b - 1)$を代入して，

$$2b - 1 = -\frac{1}{4} + b + c,$$

$$\iff\quad c = b - \frac{\boxed{3}_{\text{エ}}}{\boxed{4}_{\text{オ}}}$$　…………③.　　[2 点]

②，③ より G は，次のように表せる．

$$f(x) = -\frac{1}{4}x^2 + bx + b - \frac{3}{4}$$

$$= -\frac{1}{4}(x - 2b)^2 + b^2 + b - \frac{3}{4}.$$

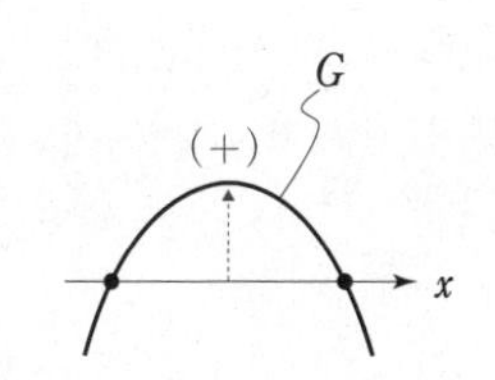

▼

(1)　G と x 軸が異なる2点で交わるような b の値の範囲は

$$b < \frac{\boxed{\text{カキ}}}{\boxed{\text{ク}}}, \quad \frac{\boxed{\text{ケ}}}{\boxed{\text{コ}}} < b$$

である。さらに，G と x 軸の正の部分が異なる2点で交わるような b の値の範囲は

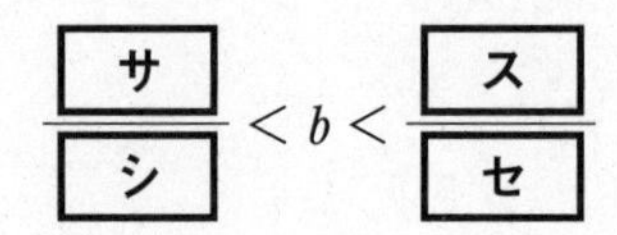

である。

(2)　$b > 0$ とする。

$0 \leqq x \leqq b$ における2次関数①の最小値が $-\dfrac{1}{4}$ であるとき，

$b = \dfrac{\boxed{\text{ソ}}}{\boxed{\text{タ}}}$ である。

一方，$x \geqq b$ における2次関数①の最大値が3であるとき，$b = \dfrac{\boxed{\text{チ}}}{\boxed{\text{ツ}}}$ である。

■

(1) $b^2+b-\frac{3}{4}>0, \iff \left(b+\frac{3}{2}\right)\left(b-\frac{1}{2}\right)>0.$

$$\therefore\quad b<\frac{\boxed{-3}}{\boxed{2}}\ (\text{カキ}/\text{ク}),\quad \frac{\boxed{1}}{\boxed{2}}\ (\text{ケ}/\text{コ})<b.$$

[2点] [2点]

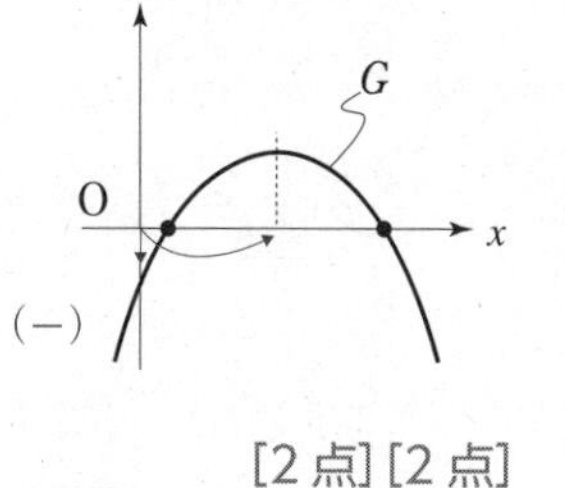

さらに，$f(0)=b-\frac{3}{4}<0$ と（軸）$2b>0$ より，

$$\begin{cases} b<-\frac{3}{2},\ \frac{1}{2}<b, \\ b<\frac{3}{4}, \\ 0<b. \end{cases}\qquad \therefore\quad \frac{\boxed{1}}{\boxed{2}}\ (\text{サ}/\text{シ})<b<\frac{\boxed{3}}{\boxed{4}}\ (\text{ス}/\text{セ}).$$

[2点] [2点]

(2) $0\leqq x\leqq b$ において，

(最小値) $=f(0)=b-\frac{3}{4}=-\frac{1}{4}$

より，$b=\frac{\boxed{1}}{\boxed{2}}$ (ソ/タ).

[2点]

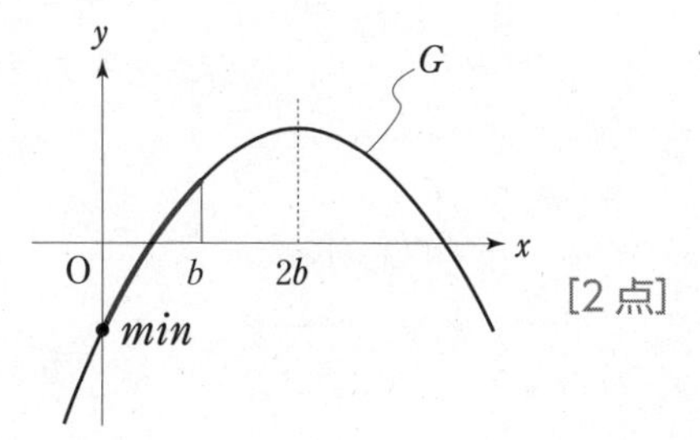

次に，$x\geqq b$ での

(最大値) $=b^2+b-\frac{3}{4}=3,$

$\iff\quad b^2+b-\frac{15}{4}=0,$

$\iff\quad \left(b+\frac{5}{2}\right)\left(b-\frac{3}{2}\right)=0.$

ここで，$b>0$ より，$b=\frac{\boxed{3}}{\boxed{2}}$ (チ/ツ).

[2点]

■

ポイントアドバイス

普段から見られる頂点座標（◌，◌）を聞いてからの問題展開とは違っていますが，それはグラフ G に文字 a，b，c を多く含むためでしょう．x 軸との共有点の数，結果的に固定軸タイプと変わらない最大値・最小値など，いつもの素材を混ぜ合わせた問題であったと言えます．少し見慣れないように感じるのは，全体を文字 b に絞って表している点です．文字 a で表すのがよく見る形でしょうから，違和感を抱いたかもしれませんね．

平行移動の問題

問　題

第 9 問（配点　15 点）解答の目安 11 分　　（2003 年度 本試験改題）

2 次関数

$$y = -2x^2 + ax + b$$

のグラフを C とする。C は頂点の座標が

$$\left(\frac{a}{\boxed{\text{ア}}},\ \frac{a^2}{\boxed{\text{イ}}} + b \right)$$

の放物線である。C が点 $(3,\ -8)$ を通るとき

$$b = \boxed{\text{ウエ}}\, a + \boxed{\text{オカ}}$$

が成り立つ。このときのグラフ C を考える。

(1)　C が x 軸と接するとき，$a = \boxed{\text{キ}}$ または $a = \boxed{\text{クケ}}$ である。

$a = \boxed{\text{クケ}}$ のときの放物線は，$a = \boxed{\text{キ}}$ のときの放物線を x 軸方向に $\boxed{\text{コ}}$ だけ平行移動したものである。

▼

解答・解説

第9問（配点　15点）

$y = -2x^2 + ax + b$

$= -2\left(x - \dfrac{a}{4}\right)^2 + \dfrac{a^2}{8} + b$　より，頂点座標は $\left(\dfrac{a}{\boxed{4}}, \dfrac{a^2}{\boxed{8}} + b\right)$.
　　　　ア　　イ　　[2点] [2点]

また，点(3，−8)を通るから，

$-8 = -18 + 3a + b$, $\iff$ $b = \boxed{-3}\,a + \boxed{10}$.　　ウエ　オカ　　[2点]

これより，

$C : y = -2x^2 + ax - 3a + 10$

$= -2\left(x - \dfrac{a}{4}\right)^2 + \dfrac{a^2}{8} - 3a + 10.$

(1)　x 軸と接するとき，(頂点 y 座標) = 0　だから，

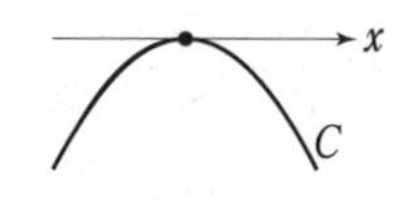

$\dfrac{a^2}{8} - 3a + 10 = 0$, $\iff$ $a^2 - 24a + 80 = 0$,

$\iff$ $(a-4)(a-20) = 0$.　∴　$a = \boxed{4}, \boxed{20}$.　　キ　クケ　　[2点]

($a = 4$ のとき)　　　　($a = 20$ のとき)
頂点(1，0) ⟶ 頂点(5，0)となり，x 軸方向に $\boxed{4}$ だけ平行移動したもの.　　コ　　[2点]

▼

(2)　C と x 軸が異なる2点P，Qで交わるとき，a の値の範囲は

$$a < \boxed{\text{サ}},\quad \boxed{\text{シス}} < a$$

であり，さらに，$\mathrm{PQ} = \dfrac{\sqrt{17}}{2}$ となるのは

$$a = \boxed{\text{セ}},\ \boxed{\text{ソタ}}$$

である。

■

(2) (頂点 y 座標) > 0,

$\iff \ (a-4)(a-20) > 0 \quad (\because (1))$.

サ　シス

$\therefore \ a <$ 4 , 20 $< a$.

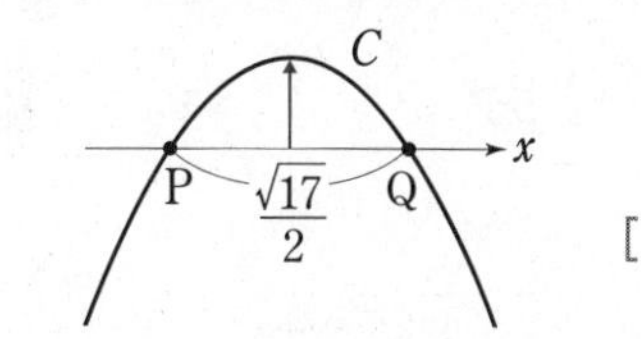

[2点]

この下で，方程式

$$-2x^2 + ax - 3a + 10 = 0,$$

$$\iff \ 2x^2 - ax + 3a - 10 = 0$$

の異なる2実解が各々点P，Qの x 座標となる.

$$\therefore \ x = \frac{a \pm \sqrt{a^2 - 24a + 80}}{4}.$$

ここで，

$$\mathrm{PQ} = \frac{a + \sqrt{a^2 - 24a + 80}}{4} - \frac{a - \sqrt{a^2 - 24a + 80}}{4}$$

$$= \frac{1}{2}\sqrt{a^2 - 24a + 80} = \frac{\sqrt{17}}{2}$$

とおく.

$$a^2 - 24a + 80 = 17, \iff \ a^2 - 24a + 63 = 0,$$

セ　ソタ

$\iff \ (a-3)(a-21) = 0. \qquad \therefore \ a =$ 3 , 21 .

[3点]

■

ポイントアドバイス

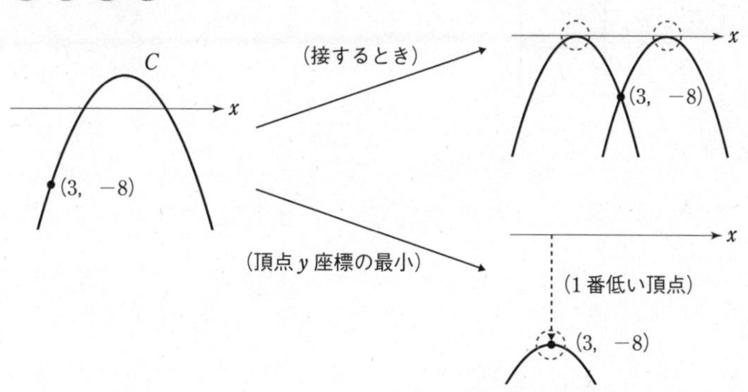

前文に書かれている条件，すなわち，グラフ C が点 $(3, -8)$ を通ることは，(1)，(2)の全ての問いにかかっていきます．接するときや頂点の y 座標の値など，グラフ C の頂点座標 $\left(\frac{a}{4}, \ \frac{a^2}{8} - 3a + 10\right)$ を上手に使えば，求められるものが多くあります．

逆に，x 軸などを切り取る線分の長さの問題では $y = 0$ とした x 軸との交点座標を求めて，直に（線分の長さ）＝（大）－（小）を求める方が上手な方法です．

平行移動の問題

問　題

第 10 問 （配点　15 点） 解答の目安 10分　　（2012 年度 本試験改題）

a, b を定数として 2 次関数

$$y = -x^2 + (2a + 4)x + b \qquad \cdots\cdots\cdots\cdots ①$$

について考える。関数 ① のグラフ G の頂点の座標は

$$\left(a + \boxed{\text{ア}},\ a^2 + \boxed{\text{イ}}\,a + b + \boxed{\text{ウ}}\right)$$

である。以下，この頂点が直線 $y = -4x - 1$ 上にあるとする。このとき

$$b = -a^2 - \boxed{\text{エ}}\,a - \boxed{\text{オカ}}$$

である。

(1)　グラフ G が x 軸と異なる 2 点で交わるような a の値の範囲は

$$a < \frac{\boxed{\text{キク}}}{\boxed{\text{ケ}}}$$

である。

▼

解 答・解 説

第10問 (配点　15点)

$$y=f(x)=-x^2+(2a+4)x+b$$
$$=-\{x^2-2(a+2)x\}+b$$
$$=-\{x-(a+2)\}^2+a^2+4a+b+4 \quad \cdots\cdots\cdots\cdots ①.$$

グラフ G の頂点は，$(a+$ [ア: 2] $,\ a^2+$ [イ: 4] $a+b+$ [ウ: 4] $)$.　[3点]

以下，この頂点が直線 $y=-4x-1$ 上にあるから，

$$a^2+4a+b+4=-4(a+2)-1,\ \Longleftrightarrow\ b=-a^2-\boxed{8}\,a-\boxed{13}.$$
(エ: 8, オカ: 13)

[2点]

これより，$f(x)=-x^2+(2a+4)x-a^2-8a-13$
$$=-\{x-(a+2)\}^2-4a-9.$$

グラフ G の頂点は，$(a+2,\ -4a-9)$ として考える．

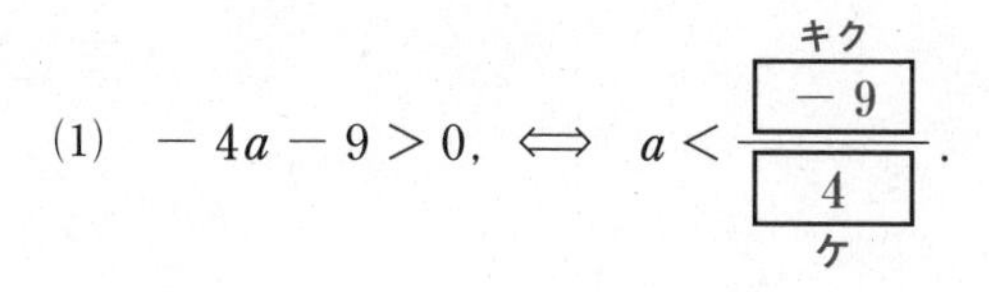

(1)　$-4a-9>0,\ \Longleftrightarrow\ a<\dfrac{\boxed{-9}}{\boxed{4}}.$ (キク: -9, ケ: 4)

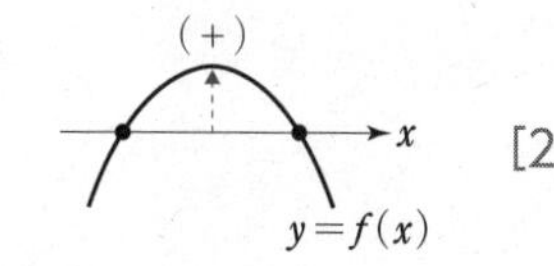

[2点]

▼

(2) 関数 ① の $0 \leqq x \leqq 4$ における最小値が -22 となるのは

$a=$ **コサ** または $a=$ **シ**

のときである。また，$a=$ コサ のときの ① のグラフを x 軸方向に **ス**，y 軸方向に **セソタ** だけ平行移動すると，$a=$ シ のときのグラフと一致する。

■

(2) • $a+2 \leqq 2 \quad (a \leqq 0)$ のとき，

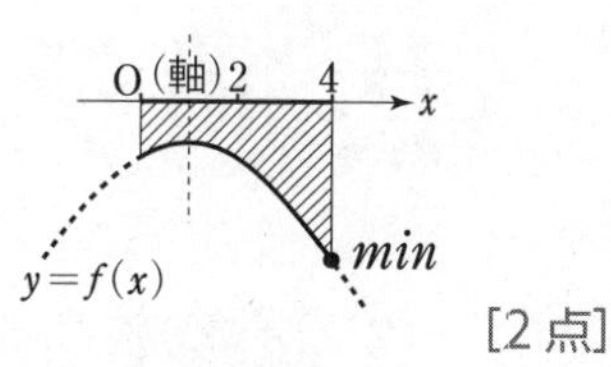

(最小値) $= f(4) = -a^2 - 13 = -22$,

$\Longleftrightarrow \quad a^2 = 9. \qquad \therefore \quad a =$ コサ $\boxed{-3}$ $(\leqq 0)$. [2 点]

• $a+2 \geqq 2 \quad (a \geqq 0)$ のとき，

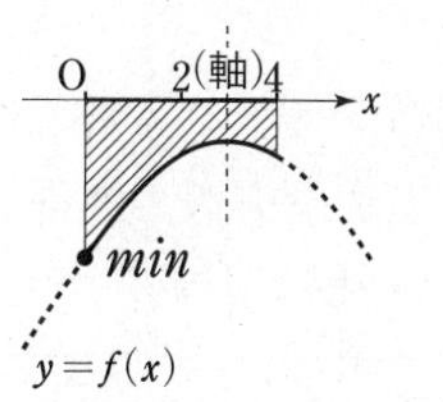

(最小値) $= f(0) = -a^2 - 8a - 13 = -22$,

$\Longleftrightarrow \quad a^2 + 8a - 9 = 0$,

$\Longleftrightarrow \quad (a+9)(a-1) = 0. \qquad \therefore \quad a =$ シ $\boxed{1}$ $(\geqq 0)$. [2 点]

$a =$ コサ $\boxed{-3}$ のときの頂点を T_1 とすると，$T_1(-1,\ 3)$ → x 軸方向に ス $\boxed{4}$ [2 点]

$a =$ シ $\boxed{1}$ のときの頂点を T_2 とすると，$T_2(3,\ -13)$ ← y 軸方向に セソタ $\boxed{-16}$ [2 点]

だけ平行移動.

■

ポイントアドバイス

(2) の最小値 -22 のところでは，定義域 $0 \leqq x \leqq 4$ の真ん中 $(x=2)$ より左に (軸) がある場合と，右に (軸) がある場合に分けて考えるべきです．結果的には，両端の $x=0$ と $x=4$ で最小値をとるしかないのですが，符号違いの a の値も同時に求められるため十分性のチェックが必要となります．
また，最後の問題はグラフそのものを平行移動するのではなく，上手に頂点のみを見比べて x 軸方向，y 軸方向の移動量を調べるのがベストでしょう．

共通テストはここに注意！

③ 試験本番のマークシートで気をつけるべきこと

共通テストで実際に使用するマークシート（数学①＝数学Ⅰまたは数学Ⅰ・数学A）は，模試や市販の問題集などのものとは異なる点がいくつかあります。マークを誤ると「0点」となります。十分に注意してください。試験中の見直しも大切ですね。

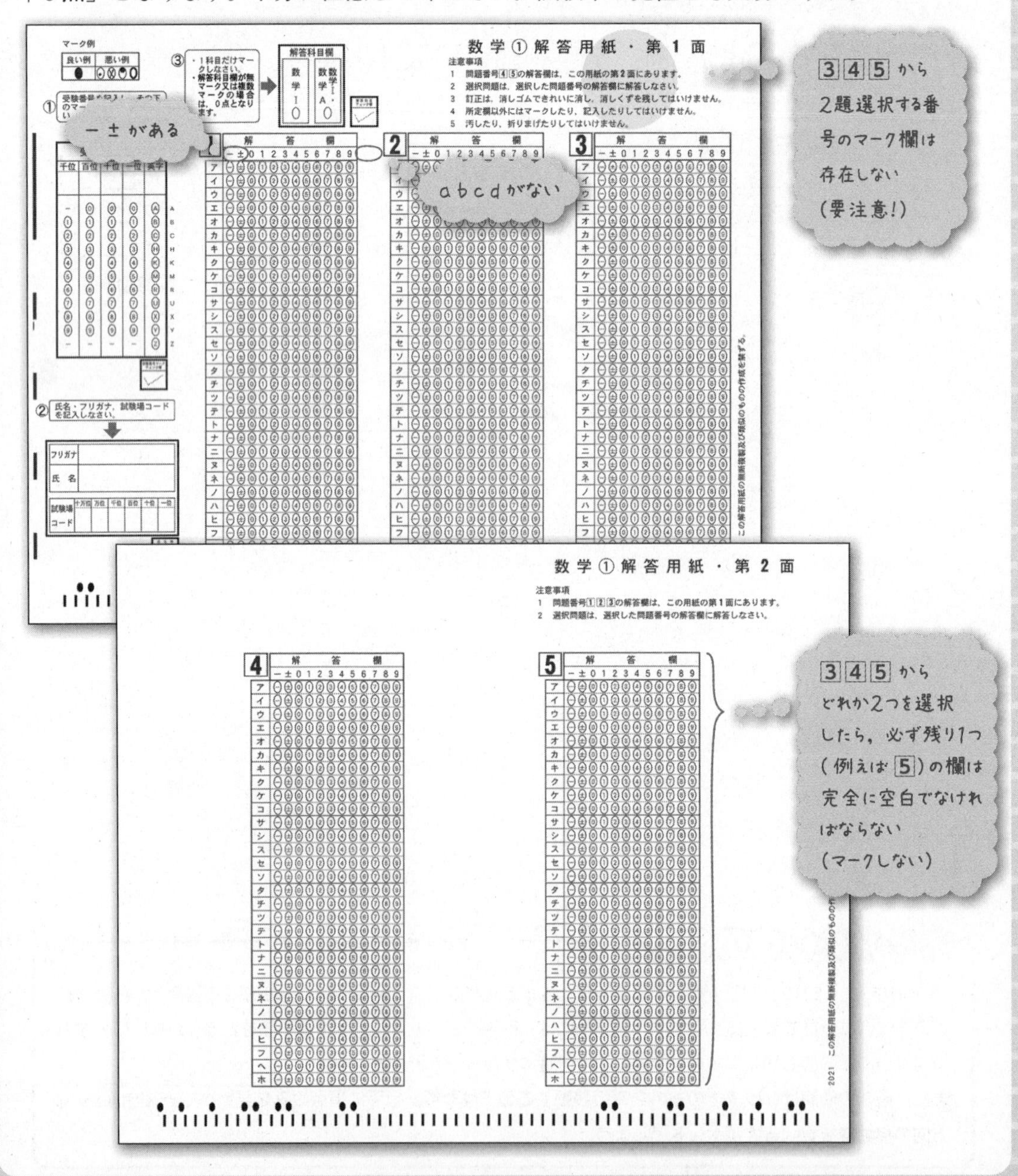

数学Ⅰ　Part 4

データの分析

1
2
3
4
5
6
7

「データの分析」は，従来までのセンター試験の問題とほとんど変化はない。平均値，分散，標準偏差，共分散，相関係数などの計算より，表の読み取りに重点を置いた問題が出題されている。配点 15 点で配点空欄数 5 ～ 6 個の割には箱ひげ図，ヒストグラムや散布図，さらに選択肢の多い選択問題のため 6 ～ 9 ページの分量となり，時間のやり繰りが大切となる。理想の時間配分は 10 ～ 11 分間であり，ここまでが「数学Ⅰ」の出題となる。

箱ひげ図・ヒストグラムの読み取り問題

問題

第1問 （配点　15点） 解答の目安 10分 （2020年度 本試験改題）

(1) ある県は20の市区町村からなる。図1はその県の男性の市区町村別平均寿命のヒストグラムである。なお，ヒストグラムの各階級の区間は，左側の数値を含み，右側の数値を含まない。

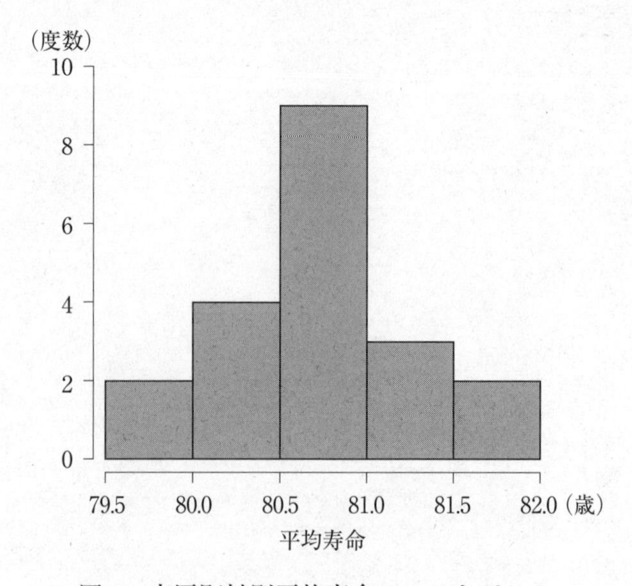

図1　市区町村別平均寿命のヒストグラム

図1のヒストグラムより，ある県の20の市区町村の平均寿命の平均値Eは **ア** である。

ア の解答群

⓪ $E < 80.75$	① $E = 80.75$	② $E > 80.75$

▼

解 答・解 説

第1問 (配点　15点)

(1)　ヒストグラムより，

平均寿命(歳)	階級値(歳)	度数	階級値×度数
以上　未満 79.5 ～ 80.0	79.75	2	159.50
80.0 ～ 80.5	80.25	4	321.00
80.5 ～ 81.0	80.75	9	726.75
81.0 ～ 81.5	81.25	3	243.75
81.5 ～ 82.0	81.75	2	163.50
	合計	20	1614.50

$$(\text{平均値 E}) = \frac{1614.50}{20} = 80.725 < 80.75.$$
(E < 80.75)　(ア ⓪)　[5点]

▼

ポイントアドバイス

平均値，分散，標準偏差，共分散(本書では変量 x と y の共分散を S_{xy} と表します)，相関係数の計算に用いられる和の記号(Σ シグマ記号)が未履修範囲の知識となります。
本書では「問題文」，「解答・解説」には和の記号(Σ シグマ記号)を使わない形で表記しました。ただし，「ポイントアドバイス」には和の記号(Σ シグマ記号)を用いてある部分もあります。

[Σ 記号の性質]

① $\displaystyle\sum_{k=1}^{n} a_k = a_1 + a_2 + a_3 + \cdots\cdots + a_n$

② $\displaystyle\sum_{k=1}^{n} \ell a_k = \ell a_1 + \ell a_2 + \cdots\cdots + \ell a_n$

$\displaystyle = \ell\sum_{k=1}^{n} a_k$　(ℓ は定数)

③ $\displaystyle\sum_{k=1}^{n} (\ell a_k + m b_k) = \ell\sum_{k=1}^{n} a_k + m\sum_{k=1}^{n} b_k$　(ℓ と m は定数)

また，図1のヒストグラムに対応する箱ひげ図は [イ] である。

[イ] については，最も適当なものを，下の ⓪ ～ ⑤ のうちから一つ選べ。

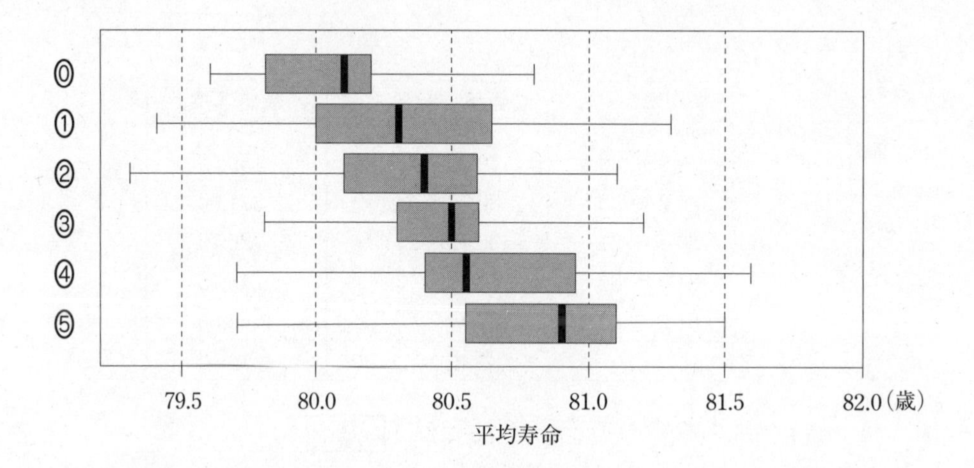

(2)　図2は，平成27年の男性の47都道府県別平均寿命と女性の都道府県別平均寿命の散布図である。2個の点が重なって区別できない所は黒丸にしてある。図には補助的に切片が5.5から7.5まで0.5刻みで傾き1の直線を5本付加してある。

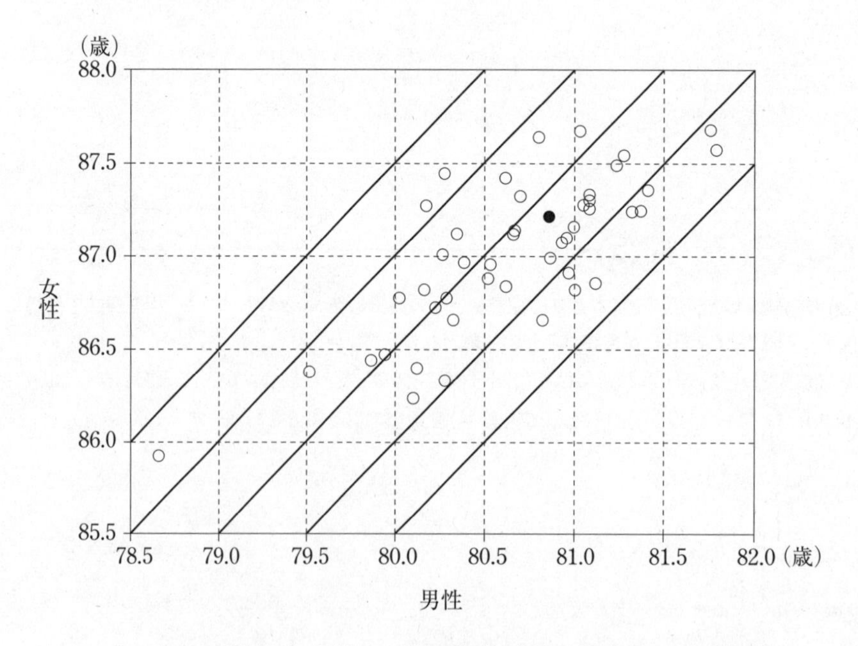

図2　男性と女性の47都道府県別平均寿命の散布図

▼

（最小値） 79.5 以上～80.0 未満
（最大値） 81.5 以上～82.0 未満
（中央値） 80.5 以上～81.0 未満
⟹ ④ または ⑤ ⟹ 第 1 四分位数（25％ライン）80.0 以上～80.5 未満より ④.

（イ ④）　[5 点]

都道府県ごとに男女の平均寿命の差をとったデータに対するヒストグラムは **ウ** である。なお，ヒストグラムの各階級の区間は，左側の数値を含み，右側の数値を含まない。

ウ については，最も適当なものを，下の ⓪ ～ ③ のうちから一つ選べ。

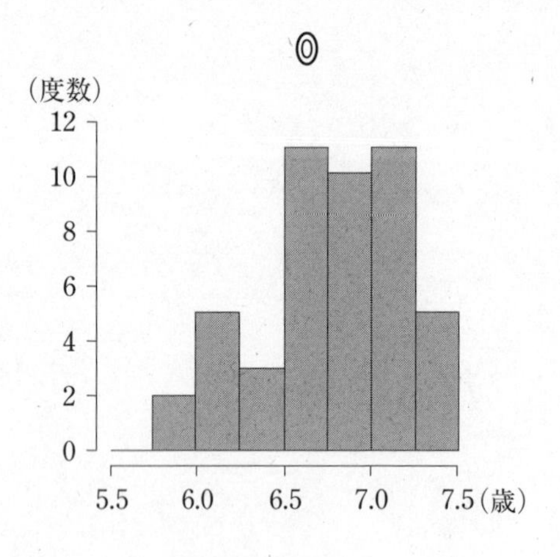

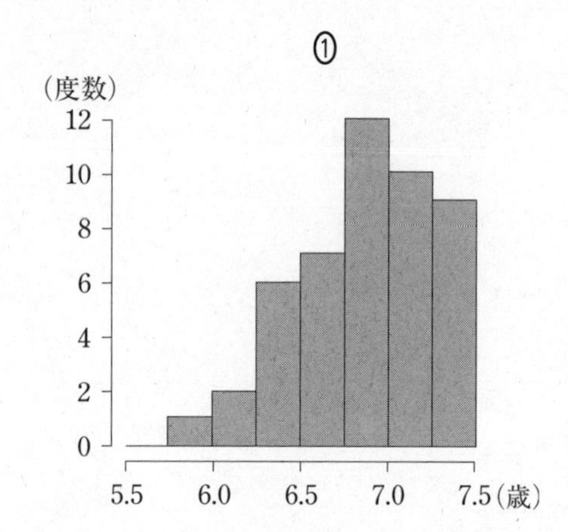

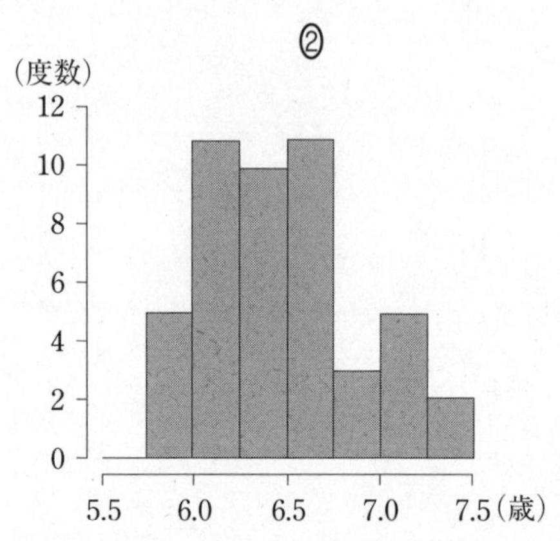

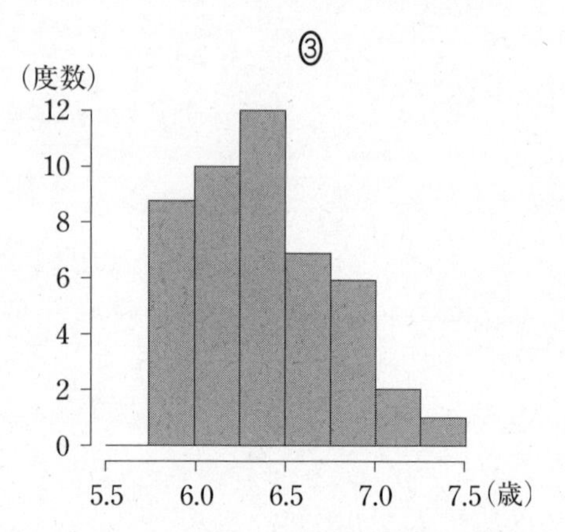

■

(2)

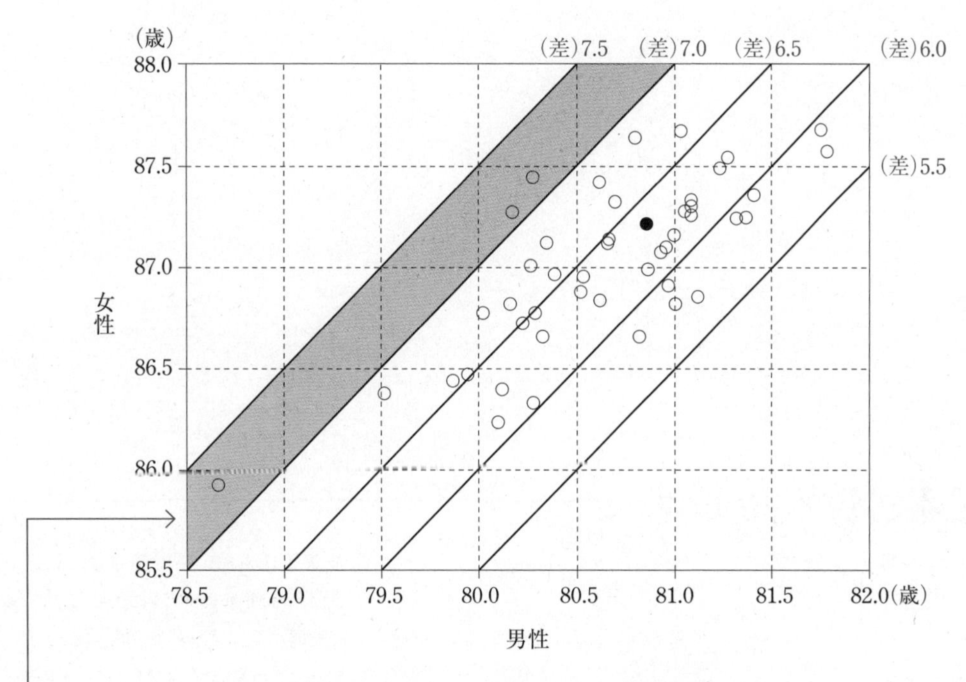

図2　男性と女性の47都道府県別平均寿命の散布図

(女性の平均寿命)－(男性の平均寿命)＝7.0～7.5(歳)←度数は3より，③のヒストグラム.

ウ
(③)　[5点]

■

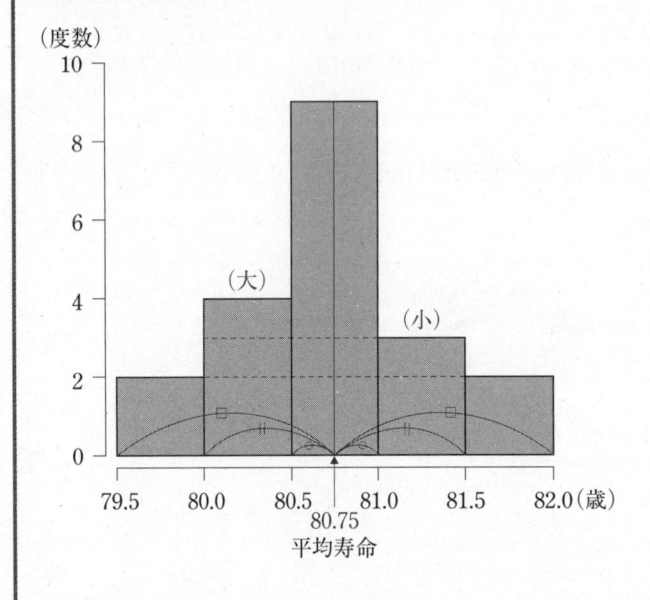

(1) の平均寿命の平均値 E は，ヒストグラムを使った平均寿命 80.75 からの左右のバランスからも判断可能です．

80.0 以上～80.5 未満（度数 4）

81.0 以上～81.5 未満（度数 3）

より，80.75(歳)より平均値 E が前へズレていることが理解できれば，

$E < 80.75$ を選ぶことができたでしょう．(⓪)

(2) の散布図において，横軸に x（男性の平均寿命），縦軸に y（女性の平均寿命）とすると，あらかじめ描かれている 5 本の補助線がヒントとなっています．上から順に，

$y - x = 7.5$ （$y = x + 7.5$）← (注目)

$y - x = 7.0$ （$y = x + 7.0$）←

$y - x = 6.5$ （$y = x + 6.5$）

$y - x = 6.0$ （$y = x + 6.0$）

$y - x = 5.5$ （$y = x + 5.5$）

上 2 つの直線の間には都道府県の度数が "3" しか存在していないのです．

これに気付けば，正しいヒストグラムを選べます．

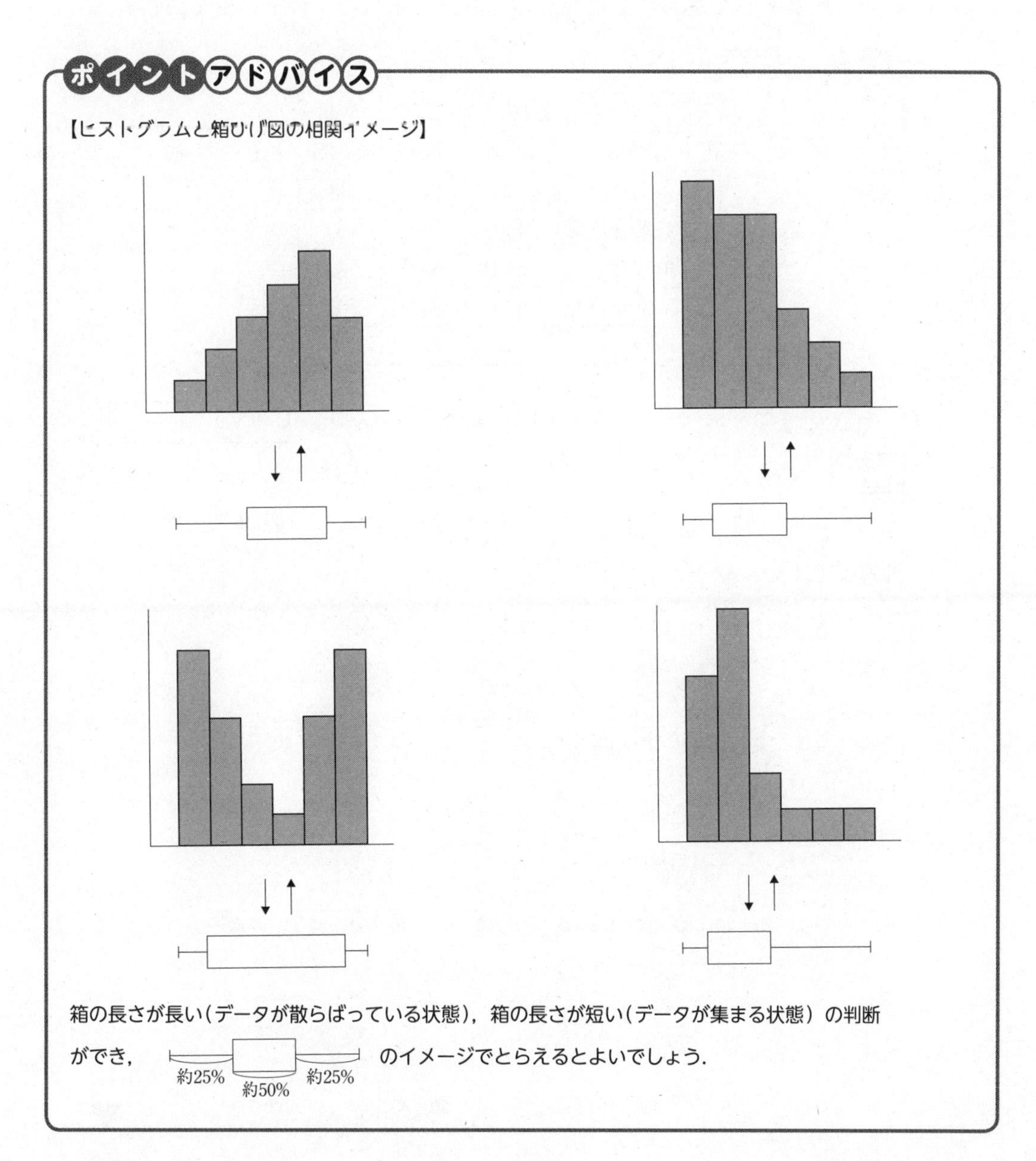
ポイントアドバイス
【ヒストグラムと箱ひげ図の相関イメージ】
箱の長さが長い(データが散らばっている状態)，箱の長さが短い(データが集まる状態) の判断ができ，
約25%
約50%
約25%
のイメージでとらえるとよいでしょう.

箱ひげ図・ヒストグラムの読み取り問題

問　題

第2問 (配点　15点)

解答の目安 11分

(2015年度用 試作問題改題)

20人の生徒に対して，100点満点で行った国語，数学，英語の3教科のテストの得点のデータについて，それぞれの平均値，最小値，第1四分位数，中央値，第3四分位数，最大値を調べたところ，次の表のようになった。ここで表の数値は四捨五入されていない正確な値である。

以下，小数の形で解答する場合，指定された桁(けた)数の1つ下の桁を四捨五入し解答せよ。途中で割り切れた場合，指定された桁まで ⓪ にマークすること。

	国語	数学	英語
平均値	57.25	69.40	57.25
最小値	33	33	33
第1四分位数	44.0	58.5	46.5
中央値	54.0	68.0	54.5
第3四分位数	64.5	84.0	70.5
最大値	98	98	98

(1)　国語，数学，英語の得点の箱ひげ図は，それぞれ，**ア**，**イ**，**ウ**である。ア，イ，ウについては，最も適当なものを，それぞれ次の⓪～⑤のうちから1つずつ選べ。ただし，同じものを繰り返し選んでもよい。

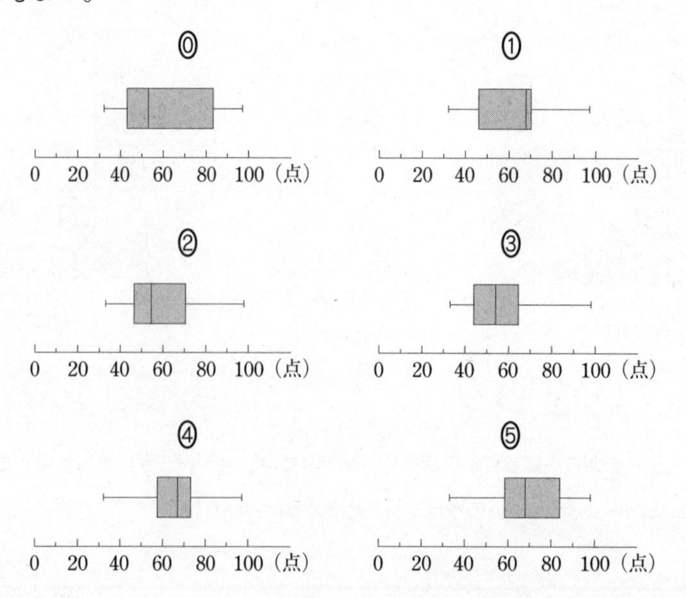

解 答・解 説

第2問 （配点　15点）

(1)　国語の箱ひげ図 [ア] ③ .　[2点]

数学の箱ひげ図 [イ] ⑤ .　[2点]

英語の箱ひげ図 [ウ] ② .　[2点]

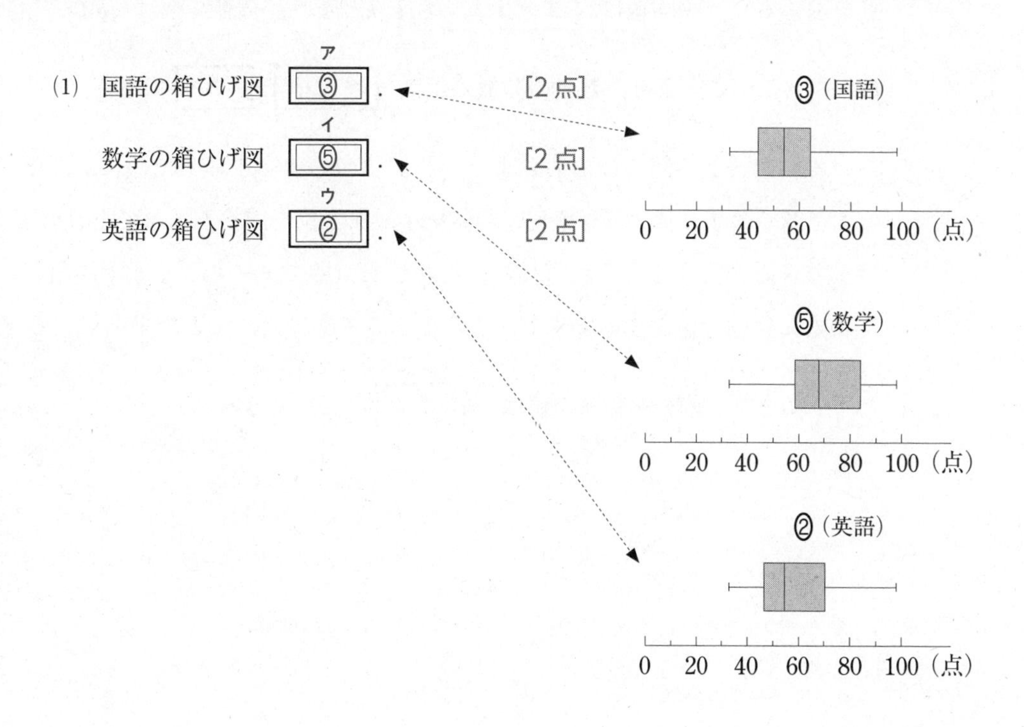

▼

(2) この 20 人の生徒における数学の各得点を 0.5 倍して，さらに各得点に 50 点を加えると，平均値は，**エオ**．**カ** 点となり，分散の値は，82.8 となった。このことより，数学の分散の値は，**キクケ**．**コ** である。

いま，国語と英語の間のおおよその相関係数の値を求めるために，国語の標準偏差の値と英語の標準偏差の値を小数第 2 位を四捨五入して小数第 1 位まで求めたところ，それぞれ，18.0 点と 17.0 点であった。また，国語と英語の共分散の値を 1 の位まで求めると 205 であった。この結果を用いると，国語と英語の相関係数の値は，0.**サシ** と計算できる。

▼

(2) 国語，数学，英語の各得点を，

x_k，y_k，z_k（$k=1,\ 2,\ 3,\ \cdots,\ 20$）とする．

$$\bar{y}=\frac{1}{20}(y_1+y_2+y_3+\cdots+y_{20})\,(=69.40).$$

ここで，
$$\bar{y}'=\frac{1}{20}\left\{\left(\frac{1}{2}y_1+50\right)+\left(\frac{1}{2}y_2+50\right)+\cdots+\left(\frac{1}{2}y_{20}+50\right)\right\}$$
$$=\frac{1}{2}\times\frac{1}{20}(y_1+y_2+y_3+\cdots+y_{20})+\frac{50\times20}{20}$$
$$=\frac{1}{2}\times69.40+50$$
$$=\underset{\text{エオ}}{\boxed{84}}.\underset{\text{カ}}{\boxed{7}}\ (\text{点}).$$
[2点]

$$s_y{}^2=\frac{1}{20}\left\{(y_1-\bar{y})^2+(y_2-\bar{y})^2+\cdots+(y_{20}-\bar{y})^2\right\}$$
$$=\frac{1}{20}\left\{(y_1-69.40)^2+(y_2-69.40)^2+\cdots+(y_{20}-69.40)^2\right\}.$$

ここで，
$$s_{y'}{}^2=\frac{1}{20}\left\{(y'_1-\bar{y}')^2+(y'_2-\bar{y}')^2+\cdots+(y'_{20}-\bar{y}')^2\right\}$$
$$=\frac{1}{20}\left\{\left(\frac{1}{2}y_1-34.7\right)^2+\left(\frac{1}{2}y_2-34.7\right)^2+\cdots+\left(\frac{1}{2}y_{20}-34.7\right)^2\right\}$$
$$=\frac{1}{4}s_y{}^2=82.8.$$
$$\therefore\quad s_y{}^2=\underset{\text{キクケ}}{\boxed{331}}.\underset{\text{コ}}{\boxed{2}}.$$
[2点]

$$s_x=\sqrt{s_x{}^2}=\sqrt{\frac{1}{20}\left\{(x_1-\bar{x})^2+(x_2-\bar{x})^2+\cdots+(x_{20}-\bar{x})^2\right\}}$$
$$=\sqrt{\frac{1}{20}\left\{(x_1-57.25)^2+(x_2-57.25)^2+\cdots+(x_{20}-57.25)^2\right\}}$$
$$=18.0.$$

$$s_z=\sqrt{s_z{}^2}=\sqrt{\frac{1}{20}\left\{(z_1-\bar{z})^2+(z_2-\bar{z})^2+\cdots+(z_{20}-\bar{z})^2\right\}}$$
$$=\sqrt{\frac{1}{20}\left\{(z_1-57.25)^2+(z_2-57.25)^2+\cdots+(z_{20}-57.25)^2\right\}}$$
$$=17.0.$$

さらに，

$$s_{xz}=\frac{1}{20}\left\{(x_1-\bar{x})(z_1-\bar{z})+(x_2-\bar{x})(z_2-\bar{z})+\cdots+(x_{20}-\bar{x})(z_{20}-\bar{z})\right\}=205.$$

$$\therefore\quad r=\frac{s_{xz}}{s_x\cdot s_z}=\frac{205}{18.0\times17.0}=0.66\overset{7}{9}\cdots$$
$$\fallingdotseq0.\underset{\text{サシ}}{\boxed{67}}.$$
[3点]

▼

(3) 相関係数の一般的な性質に関する次の［A］から［C］の説明について，

ス ということが言える。

［A］ 相関係数 r は，常に $-1 \leqq r \leqq 1$ であり，全てのデータが1つの曲線上に存在するときには，いつでも $r=1$ または $r=-1$ である。

［B］ もとのデータを正の定数倍しても，相関係数の値は変わらない。

［C］ 2つの変量間の相関係数の値が $0.8 \leqq r \leqq 1$ のときのみ，これらの2つの変量には因果関係があると言える。

ス の解答群

⓪ ［A］だけが正しい	① ［B］だけが正しい
② ［C］だけが正しい	③ ［A］だけが間違っている
④ ⓪～③のどれでもない	

■

(3) もとのデータを正の定数倍しても，相関係数の値は変わらない．

ス (①) ◀ポイントアドバイス参照 [2 点]

■

ポイントアドバイス

変量 x_k，y_k について相関係数は，

$$r=\frac{s_{xy}}{s_x\cdot s_y}=\frac{\frac{1}{N}\sum_{k=1}^{N}(x_k-\bar{x})(y_k-\bar{y})}{\sqrt{\frac{1}{N}\sum_{k=1}^{N}(x_k-\bar{x})^2}\cdot\sqrt{\frac{1}{N}\sum_{k=1}^{N}(y_k-\bar{y})^2}}.$$

ここで，$x_k\to\alpha x_k$，$y_k\to\beta y_k$（$\alpha>0$，$\beta>0$ とする）に変えると，

$$r'=\frac{\frac{1}{N}\sum_{k=1}^{N}(\alpha x_k-\alpha\bar{x})(\beta y_k-\beta\bar{y})}{\sqrt{\frac{1}{N}\sum_{k=1}^{N}(\alpha x_k-\alpha\bar{x})^2}\cdot\sqrt{\frac{1}{N}\sum_{k=1}^{N}(\beta y_k-\beta\bar{y})^2}}$$

$$=\frac{\alpha\beta\cdot\frac{1}{N}\sum_{k=1}^{N}(x_k-\bar{x})(y_k-\bar{y})}{\alpha\sqrt{\frac{1}{N}\sum_{k=1}^{N}(x_k-\bar{x})^2}\cdot\beta\sqrt{\frac{1}{N}\sum_{k=1}^{N}(y_k-\bar{y})^2}}$$

$$=r.$$

つまり，もとのデータを正の定数倍しても，相関係数の値には変化がないとわかるのです．

散布図と相関係数の問題

問　題

第3問 （配点　15点） 解答の目安 08分　　（2006年度 本試験〔数学Ⅱ・B〕改題）

変量pと変量qを観測した資料に対して，散布図を作ったところ，次のようになった。ただし，散布図中の点は，度数1を表す。

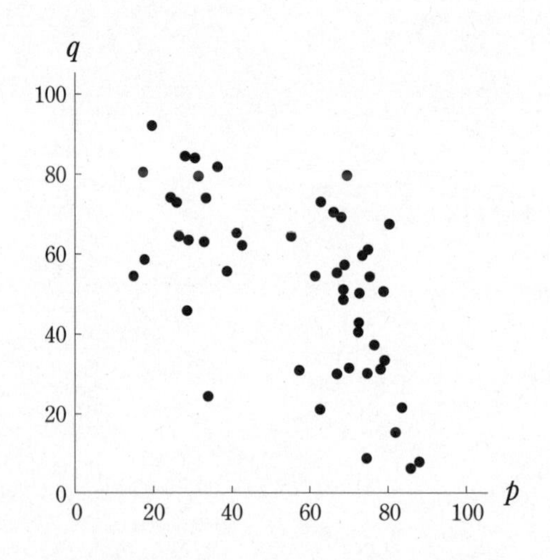

(1)　2つの変量pとqの相関係数に最も近い値は ア である。

ア の解答群

⓪　−1.5	①　−0.9	②　−0.6	③　0.0
④　0.6	⑤　0.9	⑥　1.5	

▼

Learn from yesterday, live for today, hope for tomorrow.

The important thing is not to stop questioning.

——昨日から学び，今日のために生き，明日に対して希望を持とう．

大切なことは，疑問を持つのをやめないことだ．

The more I learn, the more I realize I don't know.

The more I realize I don't know, the more I want to learn.

——学べば学ぶほど，自分がどれだけ無知であるか思い知らされる．

自分の無知に気がつけば気がつくほど，もっと学びたくなる．

Albert Einstein（アルベルト＝アインシュタイン）

（1879〜1955）

Illustration by SK（from Pixabay）

きみに贈る！

読んだらきっと前向きになる「Proverb 格言」

解　答・解　説

第3問 （配点　15点）

(1) p と q は弱い負の相関関係より，② の -0.6．（ア ②）　[7点]

(2) 同じ資料に対して度数をまとめた相関表を作ったところ，次のようになった。例えば，相関表中の7の7という数字は，変量 p の値が60以上80未満で変量 q の値が20以上40未満の度数が7であることを表している。

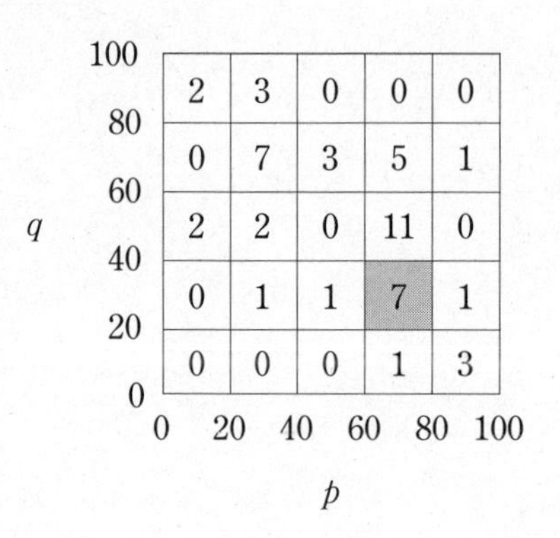

q \ p	0–20	20–40	40–60	60–80	80–100
80–100	2	3	0	0	0
60–80	0	7	3	5	1
40–60	2	2	0	11	0
20–40	0	1	1	7	1
0–20	0	0	0	1	3

このとき，変量 p のヒストグラムは **イ** であり，変量 q のヒストグラムは **ウ** である。

イ，**ウ** については，最も適当なものを，次の⓪～⑤のうちから1つずつ選べ。

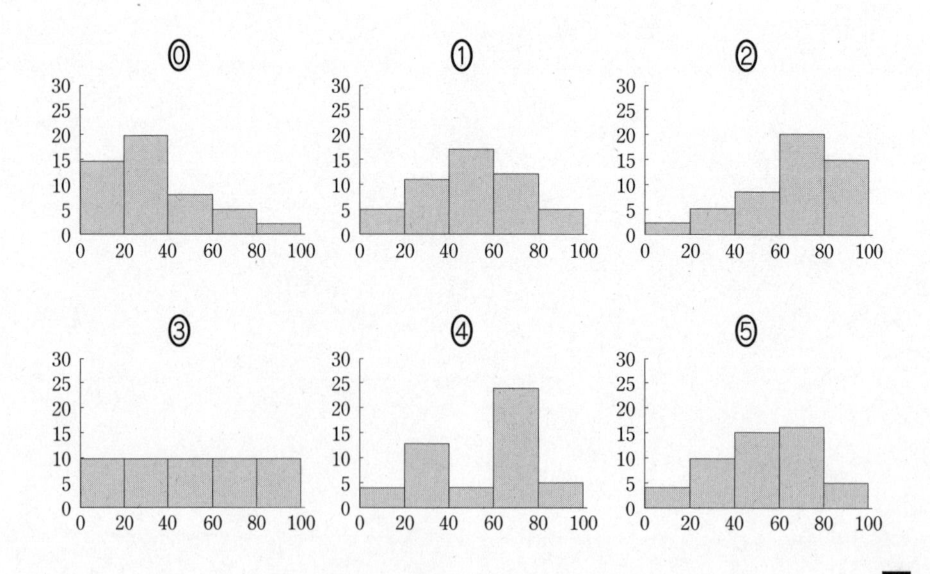

(2)　(p の度数分布表)

階級 以上　未満	度数
0〜20	4
20〜40	13
40〜60	4
60〜80	24
80〜100	5
合計	50

(q の度数分布表)

階級 以上　未満	度数
0〜20	4
20〜40	10
40〜60	15
60〜80	16
80〜100	5
合計	50

より，イ ④．　より，ウ ⑤．　[4 点] [4 点]

■

ポイントアドバイス

散布図(相関図)より決定する相関係数は，次の値を参考にしましょう．

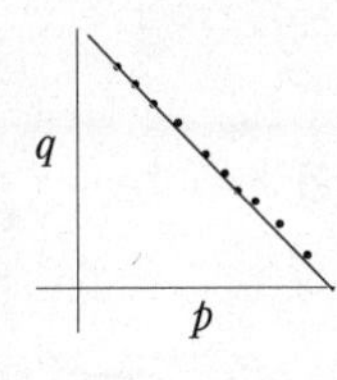

$r = -1$

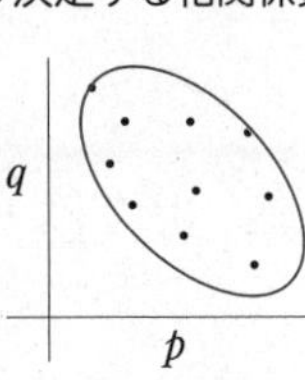

$r = -0.5$

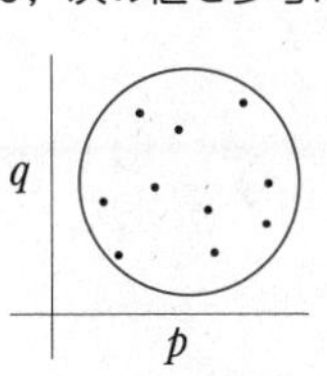

$r = 0$

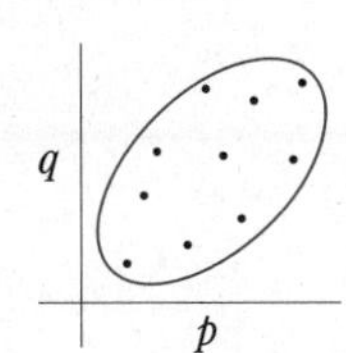

$r = 0.5$

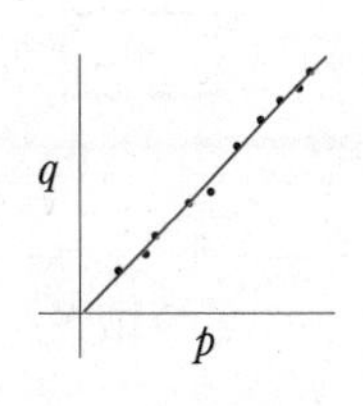

$r = 1$

ちなみに，下記に様々な　$r = 1$　と　$r = -1$　の正または負の強い相関関係のケースを示しておきます．

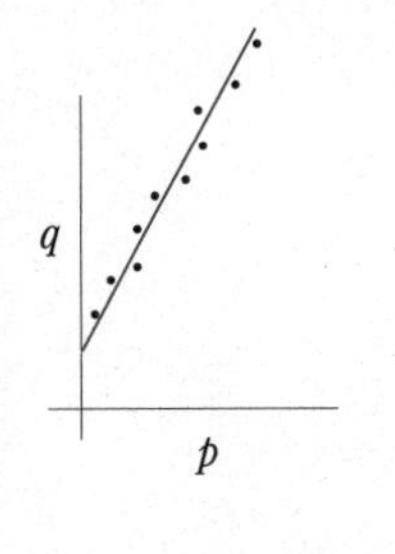

$r = 1$

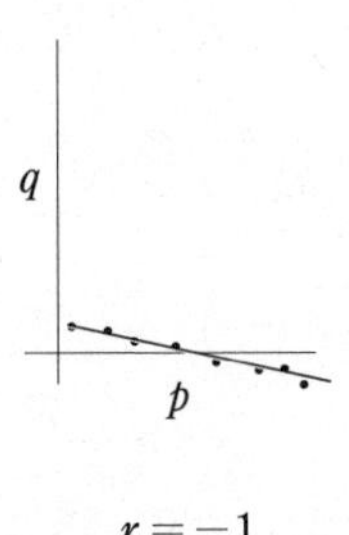

$r = -1$

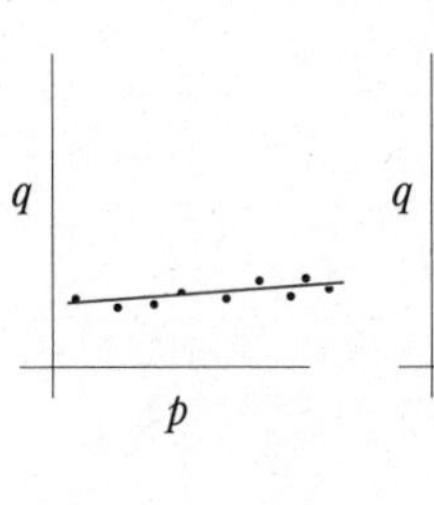

$r = 1$

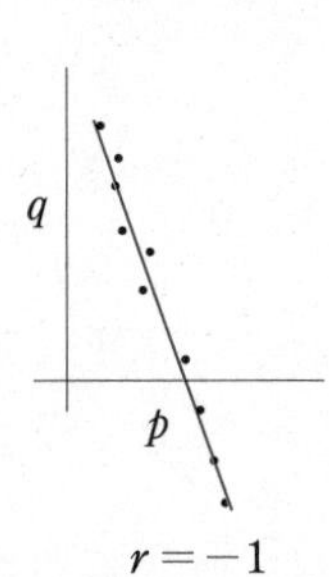

$r = -1$

問　題

第4問 （配点　15点） 解答の目安 11分 （2008年度 追試験〔数学Ⅱ・B〕改題）

4つの組で同じ100点満点のテストを行ったところ，各組の成績は次のような結果となった。ただし，表の数値は全て正確な値であり，四捨五入されていないものとする。

組	人数	平均値	中央値	標準偏差
A	20	54.0	49.0	20.0
B	30	64.0	70.0	15.0
C	30	70.0	72.0	10.0
D	20	60.0	63.0	24.0

以下，小数の形で解答する場合は，指定された桁(けた)数の1つ下の桁を四捨五入し，解答せよ。途中で割り切れた場合は，指定された桁まで⓪にマークすること。

(1) 各組の点数に基づいて，0点以上10点未満，10点以上20点未満というように階級の幅10点のヒストグラムを作ったところ，A～Dの各組のヒストグラムが，それぞれ138ページの4つのうちのどれか1つとなった。ただし，満点は最後の階級に含めることとする。このとき，C組は［ア］，D組は［イ］である。

［ア］，［イ］については，最も適当なものを，次の⓪～③のうちから1つずつ選べ。

▼

解　答・解　説

第４問（配点　15 点）

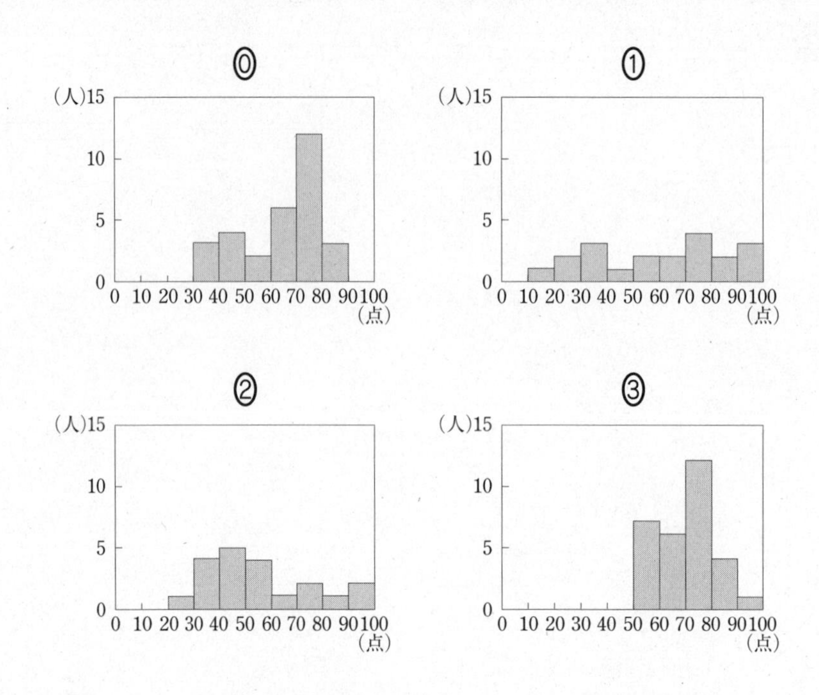

(2) A組には40点未満の生徒が5人いて，その点数は29，30，33，36，38であった。この5人にそれぞれに対応した課題を与え，その結果を加味してこの5人全員について，最終的な評価を40点にした。そのほかの15人はそのままテストの点数を最終評価とした。このときA組の最終評価の点数の平均値は，**ウエ**．**オ** 点となる。

(3) A組のテストの点数を高い方から並べると，第10位と第11位の点数の差は4点であった。さて，この組には欠席していた生徒が1人いたので，この生徒に後日同じテストを行ったところ，テストの点数は75点であった。この生徒を含めたA組の21人のテストの点数の中央値は **カキ** 点となる。

(1) C組…… ア ③，D組…… イ ①． [3点] [3点]

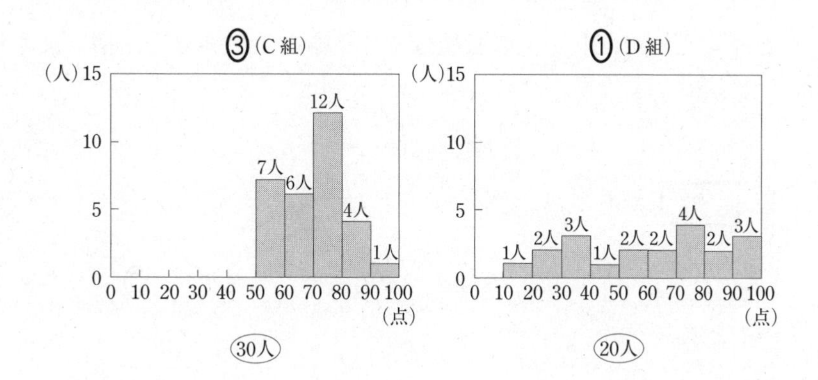

(2) $\dfrac{54.0\times20-(29+30+33+36+38)+40\times5}{20}=\dfrac{1114}{20}=$ ウエ $\boxed{55}$．オ $\boxed{7}$． [3点]

(3) （A組の小さい順に a_1，a_2，…，a_{20}）

a_1，a_2，…，a_{10}，a_{11}，a_{12}，…，a_{20}

$$\frac{a_{10}+a_{11}}{2}=49.0,$$

$$\iff a_{10}+a_{11}=98.0 \quad \cdots\cdots\cdots\cdots①.$$

さらに，$a_{11}-a_{10}=4$ …………②.

①，②より， $a_{10}=47.0$，$a_{11}=51.0$.

ここで，75点の1人を加えると，中央値は $a_{11}=$ カキ $\boxed{51}$． [3点]

(4) B組にもう一度テストを行ったところ，2回目のテストの結果は

平均値：78.0点，中央値：79.0点，標準偏差：5.0点

となった。ただし，上の数値は全て正確な値であり，四捨五入されていないものとする。

1回目のテストの点数と2回目のテストの点数の散布図として適当なものは **ク** である。

ク については，最も適当なものを，次の⓪～③のうちから1つ選べ。

⓪

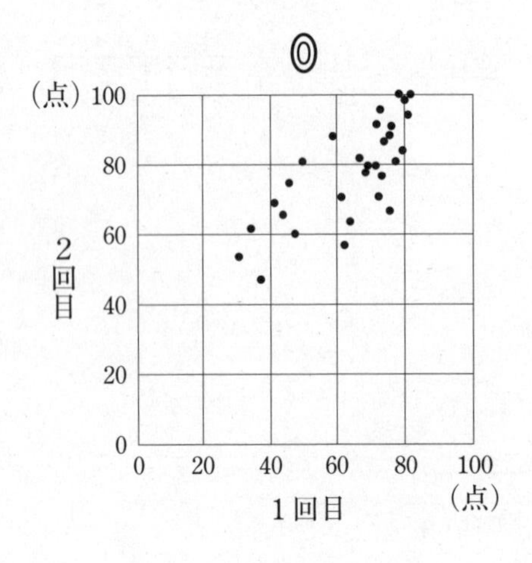

①

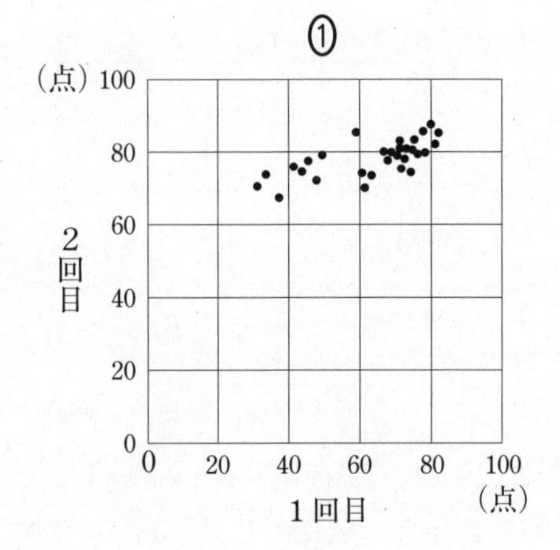

②

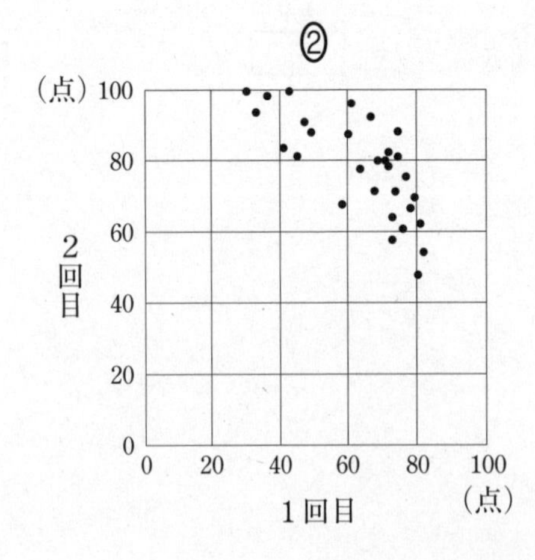

③

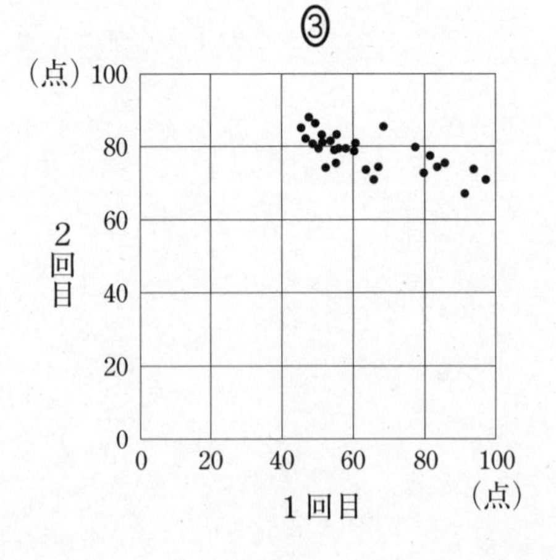

(4)　B組の1回目のテストの点数を表したヒストグラムは(1)の⓪.

1回目のテストで40点未満の人数が3であることと，2回目の平均点が64.0→78.0に大幅にアップしているから，相関図は①．（クの答え ①）◀ポイントアドバイス参照

[3点]

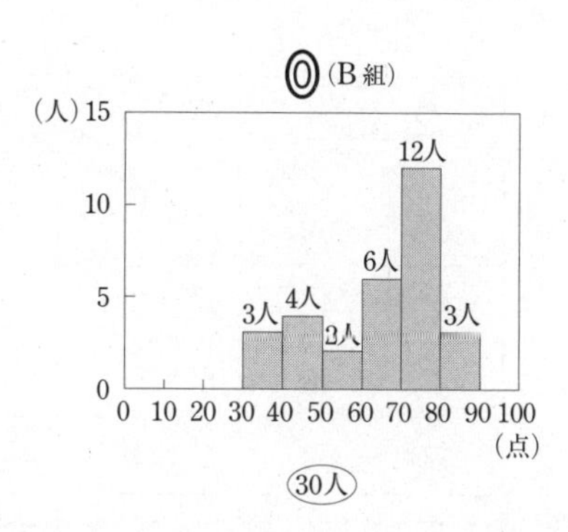

■

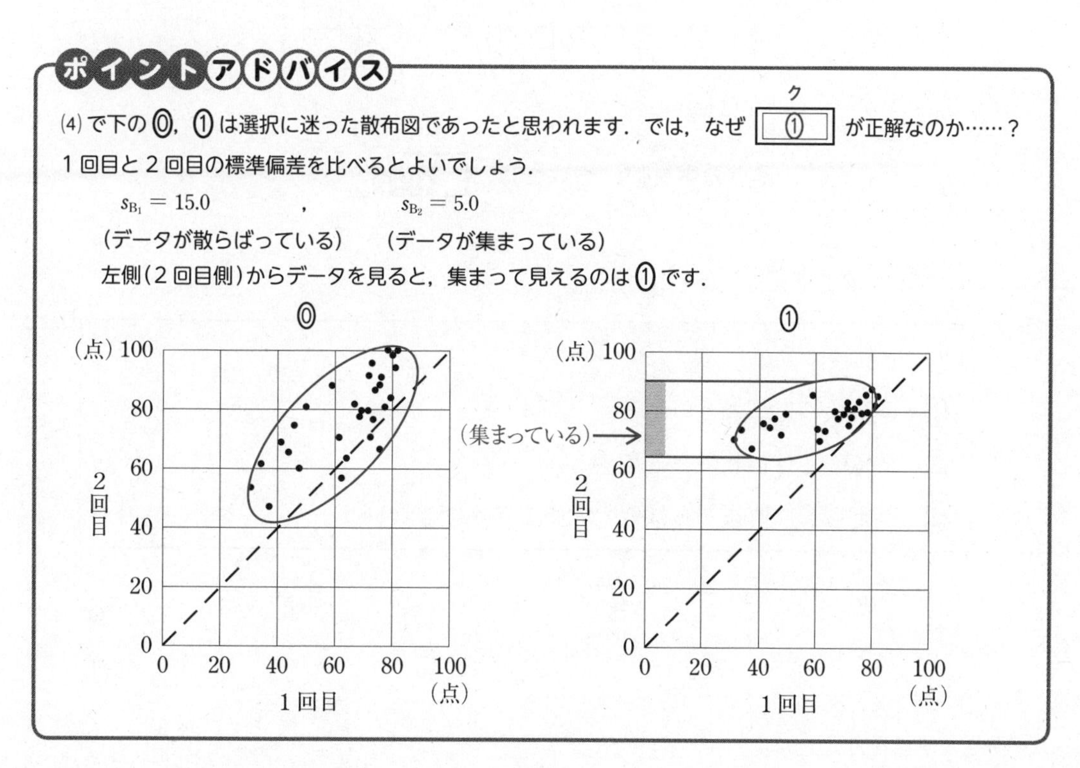

ポイントアドバイス

(4)で下の⓪，①は選択に迷った散布図であったと思われます．では，なぜ クの答え ① が正解なのか……？
1回目と2回目の標準偏差を比べるとよいでしょう．

$s_{B_1} = 15.0$　　　，　　$s_{B_2} = 5.0$

(データが散らばっている)　　(データが集まっている)

左側(2回目側)からデータを見ると，集まって見えるのは①です．

度数分布表と平均値の問題

問　題

第5問 (配点　15点) 解答の目安 09分　(2007年度 本試験〔数学Ⅱ・B〕改題)

P高校のあるクラス20人の数学の得点とQ高校のあるクラス25人の数学の得点を比較するために，それぞれの度数分布表を作ったところ，次のようになった。

階　級	P高校	Q高校
以上　以下 35 ～ 39	0	5
40 ～ 44	0	5
45 ～ 49	3	0
50 ～ 54	4	0
55 ～ 59	6	0
60 ～ 64	3	10
65 ～ 69	1	2
70 ～ 74	0	2
75 ～ 79	3	1
計	20	25

(1)　2つの高校の得点の中央値については，［ア］。

［ア］の解答群

⓪　P高校の方が大きい
①　Q高校の方が大きい
②　P高校とQ高校で等しい
③　与えられた情報からはその大小を判定できない

▼

解　答・解　説

第5問（配点　15点）

⑴（P高校の中央値）＜（Q高校の中央値）より，①．（ア ①）　［4点］

　（55～59）　　（60～64）

(2) 度数分布表からわかるQ高校の得点の平均値のとり得る範囲は

イウ . **エ** 以上 **オカ** . **キ** 以下である。また，P高校の得点の平均値は59.0とすると，2つの高校の得点の平均値については，**ク** 。

ク の解答群

⓪ P高校の方が大きい
① Q高校の方が大きい
② P高校とQ高校で等しい
③ 与えられた情報からはその大小を判定できない

(3) 次の記述のうち，誤っているものは **ケ** である。

ケ の解答群

⓪ 40点未満の生徒の割合は，Q高校の方が大きい。
① 54点以下の生徒の割合は，Q高校の方が大きい。
② 65点以上の生徒の割合は，Q高校の方が大きい。
③ 70点以上の生徒の割合は，P高校の方が大きい。

■

(2) P 高校の平均値 $\overline{p}$，Q 高校の平均値 $\overline{q}$ とする．

$$\frac{35\times5+40\times5+60\times10+65\times2+70\times2+75\times1}{25} \leqq \overline{q} \leqq \frac{39\times5+44\times5+64\times10+69\times2+74\times2+79\times1}{25},$$

$$\iff \frac{1320}{25} \leqq \overline{q} \leqq \frac{1420}{25},$$

$$\iff \boxed{52}_{イウ}.\boxed{8}_{エ} \leqq \overline{q} \leqq \boxed{56}_{オカ}.\boxed{8}_{キ}$$ [2 点] [2 点]

$\overline{p}=59.0$ より，$\overline{q}<\overline{p}$.

(ク ⓪) [3 点]

(3) ケ ② ◀ポイントアドバイス参照 [4 点]

■

ポイントアドバイス

		(P 高校)	(大小)	(Q 高校)
⓪	40 点未満の生徒の割合	0/20 = 0	<	5/25 = 0.2
①	54 点以下の生徒の割合	7/20 = 0.35	<	10/25 = 0.4
②	65 点以上の生徒の割合	4/20 = 0.2	=	5/25 = 0.2
③	70 点以上の生徒の割合	3/20 = 0.15	>	3/25 = 0.12

これより，② が誤っていると判断できます．

問題

第6問 (配点 15点) 解答の目安 11分 (2009年度 追試験〔数学Ⅱ・B〕改題)

下の表は，30名のクラスの英文法と英会話の，100点満点で実施したテストの得点をまとめたものである。ただし，表では英文法の得点の低いものから高いものへと並べ，下位の10名をA群，中位の10名をB群，上位の10名をC群としている。また，表中の平均値および分散はそれぞれの群の平均値と分散を表す。

A群			B群			C群		
番号	英文法	英会話	番号	英文法	英会話	番号	英文法	英会話
1	25	45	11	61	73	21	81	90
2	35	43	12	64	77	22	81	85
3	44	65	13	66	78	23	84	88
4	51	50	14	66	78	24	85	98
5	52	59	15	68	71	25	86	78
6	53	69	16	72	82	26	91	80
7	54	65	17	72	87	27	92	80
8	55	58	18	74	88	28	92	85
9	55	66	19	76	77	29	94	96
10	58	65	20	77	93	30	94	90
平均値	E_1	58.5	平均値	69.6	80.4	平均値	E_2	87.0
分　散	99.76	78.85	分　散	26.04	44.04	分　散	V	40.80

以下，小数の形で解答する場合は，指定された桁(けた)数の1つ下の桁を四捨五入し，解答せよ。途中で割り切れた場合は，指定された桁まで⓪にマークすること。

(1) クラス全体の英文法の得点の中央値は アイ . ウ 点であり，E_1 の値は エオ . カ 点である。

▼

解答・解説

第6問 （配点　15点）

(1)　中央値(英文法) $= \dfrac{68+72}{2} = \boxed{70}.\boxed{0}$.（アイ，ウ）　[1点]

$$E_1 = \frac{25+35+44+51+52+53+54+55+55+58}{10}$$

$$= \frac{482}{10}$$

$$= \boxed{48}.\boxed{2}.$$（エオ，カ）　[2点]

▼

(2) C 群における英文法の各得点から 87 点を引いた値の平均値は

[キ].[ク] 点であるから，E_2 の値は [ケコ].[サ] 点であり，V

の値は [シス].[セソ] である。

さらに，B 群の平均値は 69.6 点であるから，クラス全体の英文法の得点

の平均値は [タチ].[ツ] 点である。

▼

(2) $\dfrac{-6-6-3-2-1+4+5+5+7+7}{10}$

$=\dfrac{10}{10}=\boxed{1}.\boxed{0}$.（キ，ク） [2点]

$$E_2=\frac{(87-6)+(87-6)+(87-3)+(87-2)+(87-1)+(87+4)+(87+5)+(87+5)+(87+7)+(87+7)}{10}$$

$$=\frac{87\times10}{10}+\frac{-6-6-3-2-1+4+5+5+7+7}{10}$$

$$=87+1.0$$

$=\boxed{88}.\boxed{0}$.（ケコ，サ） [2点]

$$V=\frac{1}{10}\{(81-88)^2+(81-88)^2+(84-88)^2+(85-88)^2+(86-88)^2+(91-88)^2+(92-88)^2+(92-88)^2+(94-88)^2+(94-88)^2\}$$

$$=\frac{1}{10}(49+49+16+9+4+9+16+16+36+36)$$

$$=\frac{240}{10}$$

$=\boxed{24}.\boxed{00}$.（シス，セソ） [2点]

（クラス全体の英文法の得点の平均点E）$=\dfrac{48.2\times10+69.6\times10+88.0\times10}{30}$

$=\dfrac{2058}{30}$

$=\boxed{68}.\boxed{6}$.（タチ，ツ） [2点]

（C群）

番号	英文法	（英文法の得点 −87）
21	81	−6
22	81	−6
23	84	−3
24	85	−2
25	86	−1
26	91	4
27	92	5
28	92	5
29	94	7
30	94	7

▼

(3) クラス全体の英文法の得点に対して次の度数分布表を作成した。

階級(点) 以上　未満	階級値 (点)	度数 (人)
0〜20	10	0
20〜40	30	2
40〜60	50	I
60〜80	70	J
80〜100	90	K
計		30

Iの値は テ である。また，クラス全体の英文法の得点の平均値について，度数分布表の階級値から計算した値と得点表から計算した値との差は ト . ナ 点である。

■

(3) $\mathrm{I} = \overset{\text{テ}}{\boxed{8}}$. [2点]

$$\mathrm{E}' = \frac{30 \times 2 + 50 \times 8 + 70 \times 10 + 90 \times 10}{30}$$

$$= \frac{2060}{30}$$

$$= 68.\overset{7}{66}\cdots$$

$\mathrm{E} = 68.6.$

（英文法）

階級(点) 以上　未満	階級値 (点)	度数 (人)
0〜20	10	0
20〜40	30	2
40〜60	50	8
60〜80	70	10
80〜100	90	10
計		30

これより,

$|\mathrm{E}' - \mathrm{E}| = 68.7 - 68.6$

$= \overset{\text{ト}}{\boxed{0}}.\overset{\text{ナ}}{\boxed{1}}.$ [2点]

■

ポイントアドバイス

(2)の E_2 を求める際，数学Bの「確率分布」で学習する確率変数の変換を使えば，今回の解答より簡単に求められます．確率変数Xを定数 a，b に対して，$\mathrm{Y} = a\mathrm{X} + b$ とすると，

$$\mathrm{E}(\mathrm{Y}) = \mathrm{E}(a\mathrm{X} + b) = a\mathrm{E}(\mathrm{X}) + b$$

今回のケースでは，C群の英文法の各得点を x_k とすると，

$y_k = x_k - 87$，$\Longleftrightarrow$ $x_k = y_k + 87$.

$\therefore$ $\mathrm{E}(x_k) = \mathrm{E}(y_k + 87) = \mathrm{E}(y_k) + 87 = \overset{\text{キ}}{\boxed{1}}.\overset{\text{ク}}{\boxed{0}} + 87 = \overset{\text{ケコ}}{\boxed{88}}.\overset{\text{サ}}{\boxed{0}}.$

問　題

第7問 (配点　15点) 解答の目安 10分　(2013年度 本試験〔数学Ⅱ・B〕改題)

次の表は，あるクラスの生徒10人に対して行われた国語と英語の小テスト(各10点満点)の得点をまとめたものである。ただし，小テストの得点は整数値をとり，C＞Dである。また，表の数値は全て正確な値であり，四捨五入されていない。

番　号	国　語	英　語
生徒1	9	9
生徒2	10	9
生徒3	4	8
生徒4	7	6
生徒5	10	8
生徒6	5	C
生徒7	5	8
生徒8	7	9
生徒9	6	D
生徒10	7	7
平均値	A	8.0
分　散	B	1.00

以下，小数の形で解答する場合，指定された桁(けた)数の1つ下の桁を四捨五入し，解答せよ。途中で割り切れた場合，指定された桁まで⓪にマークすること。

(1)　10人の国語の得点の平均値Aは［ア］.［イ］点である。また，国語の得点の分散Bの値は［ウ］.［エオ］である。さらに，国語の得点の中央値は［カ］.［キ］点である。

▼

解 答・解 説

第7問 （配点　15点）

(1) $\mathsf{A}=\dfrac{9+10+4+7+10+5+5+7+6+7}{10}$

$=\boxed{7}.\boxed{0}$（点）．（ア：7，イ：0）　[2点]

$\mathsf{B}=\dfrac{1}{10}\left\{(9-7)^2+(10-7)^2+(4-7)^2+(7-7)^2+(10-7)^2+(5-7)^2+(5-7)^2+(7-7)^2+(6-7)^2+(7-7)^2\right\}$

$=\dfrac{1}{10}(4+9+9+0+9+4+4+0+1+0)$

$=\dfrac{40}{10}$

$=\boxed{4}.\boxed{00}$．（ウ：4，エオ：00）　[3点]

国語の得点を小さい順に並べると，

(1)	(2)	(3)	(4)	(5)	(6)	(7)	(8)	(9)	(10)
4,	5,	5,	6,	7,	7,	7,	9,	10,	10

より，中央値は $\dfrac{7+7}{2}=\boxed{7}.\boxed{0}$．（カ：7，キ：0）　[2点]

▼

(2) 10人の英語の得点の平均値が8.0点，分散が1.00であることから，

CとDの間には関係式

C＋D＝ クケ

(C－8)^2＋(D－8)^2＝ コ

が成り立つ。上の連立方程式と条件 C＞D により，C，Dの値は，それぞれ

サ 点， シ 点であることがわかる。

■

(2) $$\frac{9+9+8+6+8+\mathsf{C}+8+9+\mathsf{D}+7}{10}=8.0.$$

$$\iff \mathsf{C}+\mathsf{D}=\boxed{16}_{\text{クケ}}.$$ [2 点]

$$\frac{1}{10}\{(9-8)^2+(9-8)^2+(8-8)^2+(6-8)^2+(8-8)^2+(\mathsf{C}-8)^2+(8-8)^2+(9-8)^2+(\mathsf{D}-8)^2+(7-8)^2\}=1.00.$$

$$\iff 1+1+0+4+0+(\mathsf{C}-8)^2+0+1+(\mathsf{D}-8)^2+1=10,$$

$$\iff (\mathsf{C}-8)^2+(\mathsf{D}-8)^2=\boxed{2}_{\text{コ}}.$$ [2 点]

ここで，$X=\mathsf{C}-8$，$Y=\mathsf{D}-8$ とおくと，

$$\begin{cases} X+Y=0, \\ X>Y, \\ X^2+Y^2=2. \end{cases} \quad \therefore \quad X=1, \quad Y=-1.$$

$$\therefore \quad \mathsf{C}=\boxed{9}_{\text{サ}}\,(\text{点}), \quad \mathsf{D}=\boxed{7}_{\text{シ}}\,(\text{点}).$$ [2 点] [2 点]

■

ポイントアドバイス

(2) で分散を $E(X^2)-\{E(X)\}^2$ で求めるより，素直に計算した方がよい場合があります．

$$\begin{cases} \mathsf{C}+\mathsf{D}=16, \\ (\mathsf{C}-8)^2+(\mathsf{D}-8)^2=2, \\ \mathsf{C}>\mathsf{D}, \end{cases} \iff \begin{cases} (\mathsf{C}-8)+(\mathsf{D}-8)=0, \\ (\mathsf{C}-8)^2+(\mathsf{D}-8)^2=2, \\ \mathsf{C}-8>\mathsf{D}-8. \end{cases}$$

ここで，$\begin{cases} X=\mathsf{C}-8, \\ Y=\mathsf{D}-8 \end{cases}$ と置き換えて，

$$\begin{cases} X+Y=0, \\ X^2+Y^2=2, \\ X>Y, \end{cases}$$ とすると求めやすくなります．

平均値・分散・中央値の問題

問題

第8問 (配点　15点) 解答の目安 11分　(2009年度 本試験〔数学Ⅱ・B〕改題)

下の表は，10名からなるある少人数クラスをⅠ班とⅡ班に分けて，100点満点で2回ずつ実施した数学と英語のテストの得点をまとめたものである。ただし，表中の平均値はそれぞれ1回目と2回目の数学と英語のクラス全体の平均値を表している。また，A，B，C，Dの値は全て整数とする。

		1回目		2回目	
班	番号	数学	英語	数学	英語
Ⅰ	1	40	43	60	54
	2	63	55	61	67
	3	59	B	56	60
	4	35	64	60	71
	5	43	36	C	80
Ⅱ	1	A	48	D	50
	2	51	46	54	57
	3	57	71	59	40
	4	32	65	49	42
	5	34	50	57	69
平均値		45.0	E	58.9	59.0

以下，小数の形で解答する場合は，指定された桁(けた)数の1つ下の桁を四捨五入し，解答せよ。途中で割り切れた場合は，指定された桁まで⓪にマークすること。

(1)　1回目の数学の得点について，Ⅰ班の平均値は [アイ].[ウ] 点である。また，クラス全体の平均値は45.0点であるので，Ⅱ班の1番目の生徒の数学の得点Aは [エオ] 点である。

(2)　Ⅱ班の1回目の数学と英語の得点について，数学と英語の分散はともに101.2である。したがって，相関係数は [カ].[キク] である。

▼

解 答・解 説

第8問 （配点　15点）

(1) $\dfrac{40+63+59+35+43}{5}=\dfrac{240}{5}=\boxed{48}^{\text{アイ}}.\boxed{0}^{\text{ウ}}$（点）．　[3点]

$$\frac{(240)+\mathsf{A}+51+57+32+34}{10}=45.0,$$

$\iff\ \mathsf{A}=\boxed{36}^{\text{エオ}}$（点）．　[2点]

(2)

班	k	数学(x_k)	英語(y_k)	$x_k-\bar{x}$	$y_k-\bar{y}$	$(x_k-\bar{x})^2$	$(y_k-\bar{y})^2$	$(x_k-\bar{x})(y_k-\bar{y})$
	1	36	48	-6	-8	36	64	48
	2	51	46	9	-10	81	100	-90
Ⅱ	3	57	71	15	15	225	225	225
	4	32	65	-10	9	100	81	-90
	5	34	50	-8	-6	64	36	48

$$\left(\bar{x}=\frac{36+51+57+32+34}{5}=42.0,\qquad \bar{y}=\frac{48+46+71+65+50}{5}=56.0\right)$$

$$s_x{}^2=\frac{36+81+225+100+64}{5}=101.2$$

$$s_y{}^2=\frac{64+100+225+81+36}{5}=101.2$$

$$s_{xy}=\frac{48-90+225-90+48}{5}=28.2$$

$$\therefore\quad r=\frac{28.2}{\sqrt{101.2}\times\sqrt{101.2}}=\frac{28.2}{101.2}=\frac{282}{1012}=0.2\overset{8}{\not 7}8\cdots$$

$\fallingdotseq\boxed{0}^{\text{カ}}.\boxed{28}^{\text{キク}}.$　[2点]

▼

(3) 1回目の英語の得点について，Ⅰ班の3番目の生徒の得点Bの値がわからないとき，クラス全体の得点の中央値Mの値として ケ 通りの値があり得る。

実際は，1回目の英語の得点のクラス全体の平均値Eが 54.0 点であった。したがって，Bは コサ 点と定まり，中央値Mは シス . セ 点である。

(4) 2回目の数学の得点について，Ⅰ班の平均値はⅡ班の平均値より 4.6 点大きかった。したがって，Ⅰ班の5番目の生徒の得点CからⅡ班の1番目の生徒の得点Dを引いた値は ソ 点である。

■

1回目の英語の得点を小さい順に並べると,

(3)

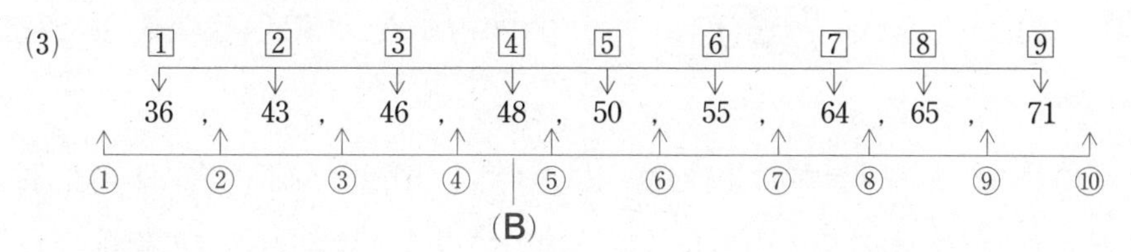

- B $\leqq$ 48 のとき, M = 49.
- 49 $\leqq$ B $\leqq$ 54 のとき, $M=\dfrac{B+50}{2}$

$= 49.5,\ 50.0,\ 50.5,\ 51.0,\ 51.5,\ 52.0.$

- 55 $\leqq$ B のとき, M = 52.5.

以上より, ケ［8］通り. [2点]

$$\frac{43+55+B+64+36+48+46+71+65+50}{10}=54.0,$$

$\Longleftrightarrow$ B = コサ［62］(点). → 中央値 M = シス［52］. セ［5］(点). [2点][2点]

(⑦に相当)

(4) $$\frac{60+61+56+60+C}{5}-\frac{D+54+59+49+57}{5}=4.6.$$

$\Longleftrightarrow$ C − D = ソ［5］(点). [2点]

■

ポイントアドバイス

平均値のまわりのデータの散らばり具合を数値にしたものが分散です.

x の分散を $s_x{}^2$ と表すと, $s_x{}^2=\dfrac{1}{N}\displaystyle\sum_{k=1}^{N}(x_k-\bar{x})^2$ となりますが,

(分散の値が大きい) $\Longleftrightarrow$ $(x_k-\bar{x})^2$ が大きい $\Longleftrightarrow$ (平均値から離れたデータ)

(分散の値が小さい) $\Longleftrightarrow$ $(x_k-\bar{x})^2$ が小さい $\Longleftrightarrow$ (平均値近くのデータ)

と考えられます. ちなみに, 中央値のまわりのデータの散らばりを調べるには四分位数を用います.

表の虫食い問題

問　題

第9問 （配点　15点） 解答の目安 09分 （2012年度 本試験〔数学Ⅱ・B〕改題）

次の表は，あるクラスの生徒60人について，国語と英語のテストの結果をまとめたものである。表中の数値は，国語の得点と英語の得点の組み合わせに対応する人数を表している。ただし，得点は0以上10以下の整数値をとるものとする。この60人について，国語の得点の平均値も英語の得点の平均値も，それぞれちょうど5.4点である。

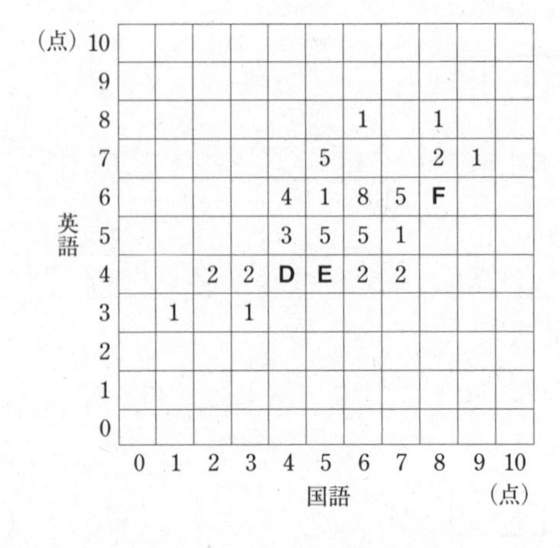

英語（点）＼国語（点）	0	1	2	3	4	5	6	7	8	9	10
10											
9											
8							1		1		
7						5			2	1	
6					4	1	8	5	F		
5					3	5	5	1			
4			2	2	D	E	2	2			
3		1		1							
2											
1											
0											

(1)　上の表でD，E，Fを除いた人数は52人である。その52人について，国語の得点の合計は **アイウ** 点であり，英語の得点の合計は288点である。したがって，連立方程式

$$\mathrm{D}+\mathrm{E}+\mathrm{F}=\boxed{\text{エ}}$$

$$4\mathrm{D}+5\mathrm{E}+8\mathrm{F}=\boxed{\text{オカ}}$$

$$4\mathrm{D}+4\mathrm{E}+6\mathrm{F}=36$$

を解くことによって，D，E，Fの値は，それぞれ， **キ** 人， **ク** 人， **ケ** 人であることがわかる。

▼

解　答・解　説

第9問 （配点　15点）

(1)　D，E，F を除いた国語の得点の合計は

$1+2\times2+3\times3+4\times7+5\times11+6\times16+7\times8+8\times3+9\times1=$ アイウ $\boxed{282}$ (点).

[2点]

$$\begin{cases} \mathsf{D}+\mathsf{E}+\mathsf{F}=\overset{エ}{\boxed{8}}, & [2点] \\ 4\mathsf{D}+5\mathsf{E}+8\mathsf{F}=60\times5.4-282 & \\ \qquad\qquad=\overset{オカ}{\boxed{42}}, & [3点] \\ 4\mathsf{D}+4\mathsf{E}+6\mathsf{F}=36. & \end{cases}$$

これより，D $=$ キ $\boxed{4}$ (人)，　E $=$ ク $\boxed{2}$ (人)，　F $=$ ケ $\boxed{2}$ (人).

[1点] [1点] [1点]

(2) 60人のうち，国語の得点がx点である生徒について，英語の得点の平均値 $M(x)$ と英語の得点の中央値 $N(x)$ を考える。ただし，xは1以上9以下の整数とする。このとき，$M(x) \neq N(x)$ となるxは **コ** 個ある。一方，$M(x) < x$ かつ $N(x) < x$ となるxは **サ** 個ある。

■

(2)

x	$M(x)$	$N(x)$
1	3	3
2	4	4
3	3.67	4
4	5	5
5	5.69	5
6	5.56	6
7	5.38	6
8	6.8	7
9	7	7

$M(x) \neq N(x)$ …… コ 5 (個).　　[2 点]

$\begin{cases} M(x) < x \\ N(x) < x \end{cases}$ …… サ 3 (個).　　[3 点]

■

ポイントアドバイス

今回は表をもとにデータを読み取っていく問題です．D，E，F の 3 ヶ所が目隠しされ，そこを関係式より求めていく流れとなっています．

(ただ人数に注目して)……D + E + F = 60 − 52 = 8.（52：表に出ている人数(度数)の和）

(国語の得点に注目して)……4(点) × D(人) + 5(点) × E(人) + 8(点) × F(人) = 60 × 5.4 − 282 = 42.

（60 × 5.4：平均点の人数倍）（282：D，E，F 以外の得点の和）

(英語の得点に注目して)……4D + 4E + 6F = 36.

（最初から書かれています）

この 3 式 $\begin{cases} D + E + F = 8, \\ 4D + 5E + 8F = 42, \\ 4D + 4E + 6F = 36 \end{cases}$ から D，E，F を求めればよいでしょう．

問　題

第10問（配点　15点）解答の目安 11分　　（2011年度 追試験〔数学Ⅱ・B〕改題）

異なる町に住むAさんとBさんは，それぞれの住む町の一日の最低気温と最高気温について，公表されている観測データを8月1日から8月10日まで調べて資料を作成した。Aさんは最低気温の低い順に観測日ごとに最低気温と最高気温を並べた資料を作成したのに対して，Bさんは最低気温と最高気温をそれぞれ低い順に並べた資料を作成した。その際，Bさんの資料では最高気温と最低気温の観測日の対応は完全にわからなくなった。

公表されている観測データは全て小数第1位まで与えられている。また，最低気温を変量x，最高気温を変量yで表すものとする。

Aさんの資料

最低気温x(℃)	最高気温y(℃)
22.3	D
22.5	34.8
22.7	32.6
23.0	28.4
23.3	33.6
23.5	31.0
23.6	31.4
23.7	33.1
24.1	29.2
24.3	E

Bさんの資料

最低気温x(℃)	最高気温y(℃)
22.3	27.0
22.5	28.4
22.6	30.6
23.2	30.8
23.3	31.0
23.4	31.4
23.5	32.2
23.7	32.6
24.2	33.0
24.3	33.4

以下，小数の形で解答する場合，指定された桁(けた)数の1つ下の桁を四捨五入し，解答せよ。途中で割り切れた場合，指定された桁まで⓪にマークすること。

(1)　$u = x - 22.0$により定義される変量uを考えるとき，Aさんの資料について変量uの平均値は［ア］.［イウ］である。したがって，Aさんの資料の最低気温の平均値は［エオ］.［カキ］℃である。

▼

解　答・解　説

第10問 （配点　15点）

(1) $\dfrac{0.3+0.5+0.7+1.0+1.3+1.5+1.6+1.7+2.1+2.3}{10}$

$= \dfrac{13.0}{10} = \boxed{1}\,.\,\boxed{30}$.（ア．イウ）　[2点]

$u = x - 22.0, \iff x = 22.0 + u$

より，

$\{(22.0+0.3)+(22.0+0.5)+(22.0+0.7)+(22.0+1.0)+(22.0+1.3)+$
$(22.0+1.5)+(22.0+1.6)+(22.0+1.7)+(22.0+2.1)+(22.0+2.3)\}\times\dfrac{1}{10}$

$= \dfrac{22.0\times10}{10}+\dfrac{0.3+0.5+0.7+1.0+1.3+1.5+1.6+1.7+2.1+2.3}{10}$

$= 22.0 + 1.30$

$= \boxed{23}\,.\,\boxed{30}$.（エオ．カキ）　[2点]

x	u
22.3	0.3
22.5	0.5
22.7	0.7
23.0	1.0
23.3	1.3
23.5	1.5
23.6	1.6
23.7	1.7
24.1	2.1
24.3	2.3

▼

(2) Aさんの資料とBさんの資料は同一の数値を多く含んでおり，最低気温には [ク] 組の同一の数値が含まれている。

Bさんの資料の最低気温の平均値は，Aさんの資料の最低気温の平均値 [エオ].[カキ] ℃に等しく，Aさんの資料の最低気温の分散はBさんの資料の最低気温の分散 [ケ]。

[ケ] の解答群

⓪ より小さい	① と等しい	② より大きい

(3) Aさんの資料において，最高気温の平均値は31.2℃であり，最低気温と最高気温の相関係数はちょうど0であった。このとき，DとEの値を求めよう。

まず，平均値の関係からD＋E＝[コサ].[シ] が得られ，さらに相関係数の関係からE－D＝[ス].[セ] が得られる。したがって，DとEの値はそれぞれ [ソタ].[チ] ℃と [ツテ].[ト] ℃となる。

■

ポイントアドバイス

(2)でAさん，Bさんの最低気温に [ク: 6] 組の同一の数値が存在することを確認したあとに，Aさん，Bさん2人の資料の分散の値を比較しています．

Aさんの分散を $s_A{}^2$，Bさんの分散を $s_B{}^2$ とすると，

$$s_A{}^2=\frac{1}{10}\{\underset{①}{\underline{(22.3-23.3)^2}}+\underset{②}{\underline{(22.5-23.3)^2}}+(22.7-23.3)^2+(23.0-23.3)^2+\underset{③}{\underline{(23.3-23.3)^2}}$$
$$+\underset{④}{\underline{(23.5-23.3)^2}}+(23.6-23.3)^2+\underset{⑤}{\underline{(23.7-23.3)^2}}+(24.1-23.3)^2+\underset{⑥}{\underline{(24.3-23.3)^2}}\}$$

$$s_B{}^2=\frac{1}{10}\{\underset{①}{\underline{(22.3-23.3)^2}}+\underset{②}{\underline{(22.5-23.3)^2}}+(22.6-23.3)^2+(23.2-23.3)^2+\underset{③}{\underline{(23.3-23.3)^2}}$$
$$+(23.4-23.3)^2+\underset{④}{\underline{(23.5-23.3)^2}}+\underset{⑤}{\underline{(23.7-23.3)^2}}+(24.2-23.3)^2+\underset{⑥}{\underline{(24.3-23.3)^2}}\}$$

のように，①～⑥の値は同じとなるので，それ以外で比較するのが上手なやり方でしょう．

(2) Aさん，Bさんの最低気温には

ク
[6] 組（22.3，22.5，23.3，23.5，23.7，24.3） [2点]

の同一の組がある．上の6組以外で考えると，

（Aさん）

x	$x-23.3$	$(x-23.3)^2$
22.7	-0.6	0.36
23.0	-0.3	0.09
23.6	0.3	0.09
24.1	0.8	0.64
		1.18

（Bさん）

x	$x-23.3$	$(x-23.3)^2$
22.6	-0.7	0.49
23.2	-0.1	0.01
23.4	0.1	0.01
24.2	0.9	0.81
		1.32

これより，Aさんの資料の最低気温の分散は，Bさんの資料の最低気温の分散より

ケ
小さい（[⓪]）． [2点]

(3)

（Aさん）

x	y	$x-\bar{x}$	$y-\bar{y}$	$(x-\bar{x})(y-\bar{y})$
22.3	D	-1.0	D-31.2	$31.2-$D
22.5	34.8	-0.8	3.6	-2.88
22.7	32.6	-0.6	1.4	-0.84
23.0	28.4	-0.3	-2.8	0.84
23.3	33.6	0	2.4	0
23.5	31.0	0.2	-0.2	-0.04
23.6	31.4	0.3	0.2	0.06
23.7	33.1	0.4	1.9	0.76
24.1	29.2	0.8	-2.0	-1.6
24.3	E	1.0	E-31.2	E-31.2

$$\frac{\mathsf{D}+34.8+32.6+28.4+33.6+31.0+31.4+33.1+29.2+\mathsf{E}}{10}=31.2,$$

コサ　シ
$\iff$ D + E = [57].[9]． [2点]

次に，「相関係数0」 $\iff$ 「共分散0」．

$(31.2-\mathsf{D})-2.88-0.84+0.84+0-0.04+0.06+0.76-1.6+(\mathsf{E}-31.2)=0,$

ス　セ
$\iff$ E − D = [3].[7]． [1点]

ソタ　チ　ツテ　ト
∴ D = [27].[1]，　E = [30].[8]． [2点] [2点]

■

共通テストはここに注意！

④ 問題冊子で気をつけるべきこと(1)

表紙と次のページに記されていることに注意してください。注目すべきポイントを示しておきました。よく読んでから，解答を始めましょう。

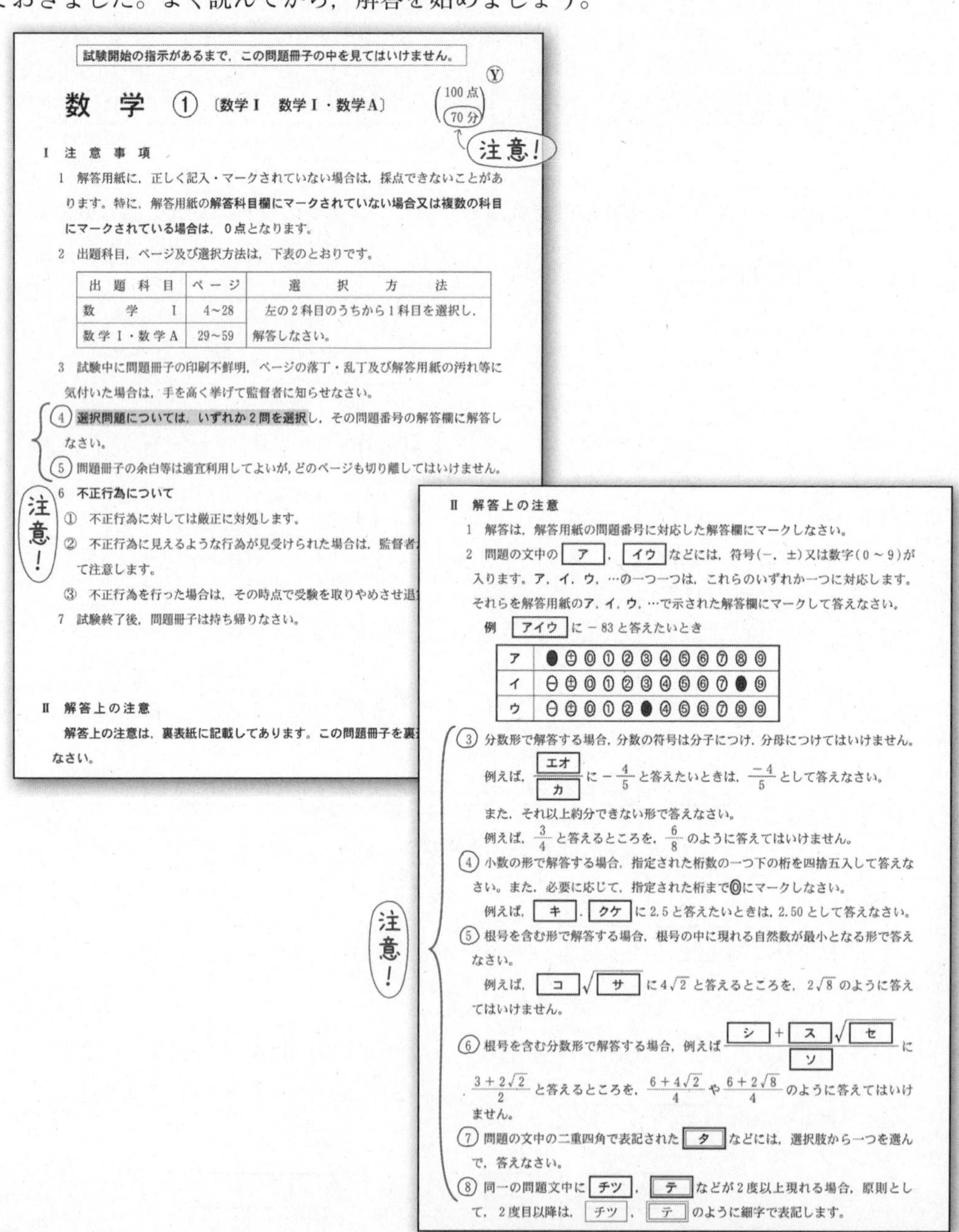

試験開始の指示があるまで，この問題冊子の中を見てはいけません。

Ⓨ

数　学　①〔数学Ⅰ　数学Ⅰ・数学A〕　（100点／70分）

Ⅰ　注　意　事　項

1　解答用紙に，正しく記入・マークされていない場合は，採点できないことがあります。特に，解答用紙の**解答科目欄にマークされていない場合又は複数の科目にマークされている場合は，0点となります。**

2　出題科目，ページ及び選択方法は，下表のとおりです。

出題科目	ページ	選択方法
数学Ⅰ	4～28	左の2科目のうちから1科目を選択し，解答しなさい。
数学Ⅰ・数学A	29～59	

3　試験中に問題冊子の印刷不鮮明，ページの落丁・乱丁及び解答用紙の汚れ等に気付いた場合は，手を高く挙げて監督者に知らせなさい。

④　選択問題については，いずれか2問を選択し，その問題番号の解答欄に解答しなさい。

⑤　問題冊子の余白等は適宜利用してよいが，どのページも切り離してはいけません。

6　**不正行為について**

①　不正行為に対しては厳正に対処します。

②　不正行為に見えるような行為が見受けられた場合は，監督者…て注意します。

③　不正行為を行った場合は，その時点で受験を取りやめさせ退…

7　試験終了後，問題冊子は持ち帰りなさい。

Ⅱ　解答上の注意

解答上の注意は，裏表紙に記載してあります。この問題冊子を裏…なさい。

Ⅱ　解答上の注意

1　解答は，解答用紙の問題番号に対応した解答欄にマークしなさい。

2　問題の文中の［ア］，［イウ］などには，符号（－，±）又は数字（0～9）が入ります。ア，イ，ウ，…の一つ一つは，これらのいずれか一つに対応します。それらを解答用紙のア，イ，ウ，…で示された解答欄にマークして答えなさい。

例　［アイウ］に－83と答えたいとき

ア	●	±	0	1	2	3	4	5	6	7	8	9
イ	－	±	0	1	2	3	4	5	6	7	●	9
ウ	－	±	0	1	2	●	4	5	6	7	8	9

③　分数形で解答する場合，分数の符号は分子につけ，分母につけてはいけません。

例えば，$\frac{［エオ］}{［カ］}$ に $-\frac{4}{5}$ と答えたいときは，$\frac{-4}{5}$ として答えなさい。

また，それ以上約分できない形で答えなさい。

例えば，$\frac{3}{4}$ と答えるところを，$\frac{6}{8}$ のように答えてはいけません。

④　小数の形で解答する場合，指定された桁数の一つ下の桁を四捨五入して答えなさい。また，必要に応じて，指定された桁まで⓪にマークしなさい。

例えば，［キ］.［クケ］に2.5と答えたいときは，2.50として答えなさい。

⑤　根号を含む形で解答する場合，根号の中に現れる自然数が最小となる形で答えなさい。

例えば，［コ］$\sqrt{［サ］}$ に $4\sqrt{2}$ と答えるところを，$2\sqrt{8}$ のように答えてはいけません。

⑥　根号を含む分数形で解答する場合，例えば $\frac{［シ］+［ス］\sqrt{［セ］}}{［ソ］}$ に $\frac{3+2\sqrt{2}}{2}$ と答えるところを，$\frac{6+4\sqrt{2}}{4}$ や $\frac{6+2\sqrt{8}}{4}$ のように答えてはいけません。

⑦　問題の文中の二重四角で表記された［タ］などには，選択肢から一つを選んで，答えなさい。

⑧　同一の問題文中に［チツ］，［テ］などが2度以上現れる場合，原則として，2度目以降は，［チツ］，［テ］のように細字で表記します。

数学A　Part 5

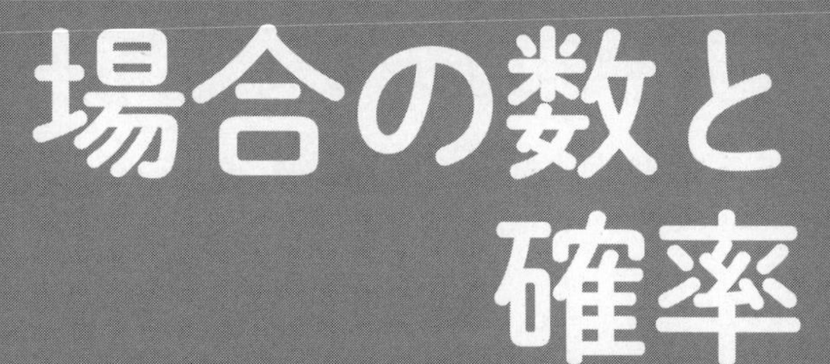

場合の数と確率

「数学A」の３つの選択問題の１つであり，第３問の位置に配置される。この単元の特徴からゲームや試行の説明的な文章になったり，太郎と花子の会話形式に展開されたりするため，２～３ページではあるものの分量の多さを実感する単元となる。全体の流れとしては（場合の数）→（確率）→（条件付き確率）の順で聞かれることが多い。また，「数学B」の「数列」の内容にあたる完全順列なども素材として持ち入れられており，数学的背景の理解の有無が得点を左右する出題もある。配点は 20 点で配点空欄数は７～ 11 個くらい，理想の時間配分は 14 分間である。

さいころ投げ問題

問　題

第1問（配点　20点）解答の目安 13分　（2009年度 本試験改題）

さいころを繰り返し投げ，出た目の数を加えていく。その合計が4以上になったところで投げることを終了する。

(1)　1の目が出たところで終了する目の出方は ア 通りである。

2の目が出たところで終了する目の出方は イ 通りである。

3の目が出たところで終了する目の出方は ウ 通りである。

4の目が出たところで終了する目の出方は エ 通りである。

▼

解 答・解 説

第1問 （配点 20点）

(1)

"1の目"で終了
- 1→1→1→① （終了）
- 1→2→① （終了）
- 2→1→① （終了）
- 3→① （終了）

以上の ア 4 通り． [2点]

"2の目"で終了
- 1→1→② （終了）
- 2→② （終了）
- 1→1→1→② （終了）
- 2→1→② （終了）
- 1→2→② （終了）
- 3→② （終了）

以上の イ 6 通り． [2点]

"3の目"で終了
- 1→③ （終了）
- 1→1→③ （終了）
- 2→③ （終了）
- 1→1→1→③ （終了）
- 2→1→③ （終了）
- 1→2→③ （終了）
- 3→③ （終了）

以上の ウ 7 通り． [2点]

"4の目"で終了
- ④ （終了）
- 1→④ （終了）
- 1→1→④ （終了）
- 2→④ （終了）
- 1→1→1→④ （終了）
- 2→1→④ （終了）
- 1→2→④ （終了）
- 3→④ （終了）

以上の エ 8 通り． [2点]

"5の目"で終了
- ⑤
- 1→⑤
- 1→1→⑤
- 2→⑤
- 1→1→1→⑤
- 2→1→⑤
- 1→2→⑤
- 3→⑤

"6の目"で終了
- ⑥
- 1→⑥
- 1→1→⑥
- 2→⑥
- 1→1→1→⑥
- 2→1→⑥
- 1→2→⑥
- 3→⑥

▼

(2) 投げる回数が1回で終了する確率は $\dfrac{\boxed{オ}}{\boxed{カ}}$ であり，2回で終了する確率は $\dfrac{\boxed{キ}}{\boxed{クケ}}$ である。終了するまでに投げる回数が最も多いのは $\boxed{コ}$ 回であり，投げる回数が $\boxed{コ}$ 回で終了する確率は $\dfrac{\boxed{サ}}{\boxed{シスセ}}$ である。

■

(1)での全事象の書き上げより3通り

(2) P(1回で終了)$= \dfrac{3}{6} = \dfrac{\boxed{1}}{\boxed{2}}$.（オ／カ） [3点]

(1)での全事象の書き上げより15通り

P(2回で終了)$= \dfrac{15}{6\times 6} = \dfrac{\boxed{5}}{\boxed{12}}$.（キ／クケ） [3点]

終了までの回数Xについて，最も多い回数は $\boxed{4}$（コ） 回. [3点]

(1)での全事象の書き上げより6通り

P(4回で終了)$= \dfrac{6}{6\times 6\times 6\times 6} = \dfrac{\boxed{1}}{\boxed{216}}$.（サ／シスセ） [3点]

■

5 場合の数と確率

ポイントアドバイス

場合の数と確率の問題の前半は場合の数の問題です．ここにある3～4題の場合の数を各1題解くのに最低限必要なことだけに留めて計算を行えば，確かに何倍も早く終わります．しかし，そのあとに続く確率で，せっかく場合の数で考えたことが活用できなくなり，結局は2度手間，3度手間を踏むことになるのです．
場合の数は，そのあとの(2)での各事象の数を考えやすくするためにあるもの．ならば，(1)の場合の数をしっかり把握することが，実は一番大切です．今回のケースでも"1の目で終了"から"4の目で終了"までは問題文中にあり，逆に見れば"5の目で終了"と"6の目で終了"が抜けています．ならば，そこまで把握できれば全ての事象をとらえられるのです．
あと，共通テストではそれと露骨にわかる余事象確率の表現は使われません．今回のケースでは不問でしたが，3回で終了する確率などが問われたら余事象確率を使うべきなのです．

さいころ投げ問題

問　題

第2問 （配点　20点） 解答の目安 12分 （2008年度 本試験改題）

さいころを3回投げ，次の規則にしたがって文字の列を作る。ただし，何も書かれていないときや文字が1つだけのときも文字の列と呼ぶことにする。

1回目は次のようにする。

・出た目の数が1，2のときは，文字Aを書く
・出た目の数が3，4のときは，文字Bを書く
・出た目の数が5，6のときは，何も書かない

2回目，3回目は次のようにする。

・出た目の数が1，2のときは，文字の列の右側に文字Aを1つ付け加える
・出た目の数が3，4のときは，文字の列の右側に文字Bを1つ付け加える
・出た目の数が5，6のときは，いちばん右側の文字を削除する。ただし，何も書かれていないときはそのままにする

以下の問いでは，さいころを3回投げ終わったときにできる文字の列について考える。

(1)　文字の列がAAAとなるさいころの目の出方は［ア］通りである。

文字の列がABとなるさいころの目の出方は［イ］通りである。

▼

解 答・解 説

第２問 （配点　20 点）

(1) $n(\mathrm{AAA}) = \overset{\mathrm{A}}{2} \times \overset{\mathrm{A}}{2} \times \overset{\mathrm{A}}{2} = \boxed{8}$ 通り.（ア）　[3 点]

（各 2 は 1 or 2）

$n(\mathrm{AB}) = \overset{\bigcirc}{2} \times \overset{\mathrm{A}}{2} \times \overset{\mathrm{B}}{2} = \boxed{8}$ 通り.（イ）　[3 点]

（5 or 6，1 or 2，3 or 4）

▼

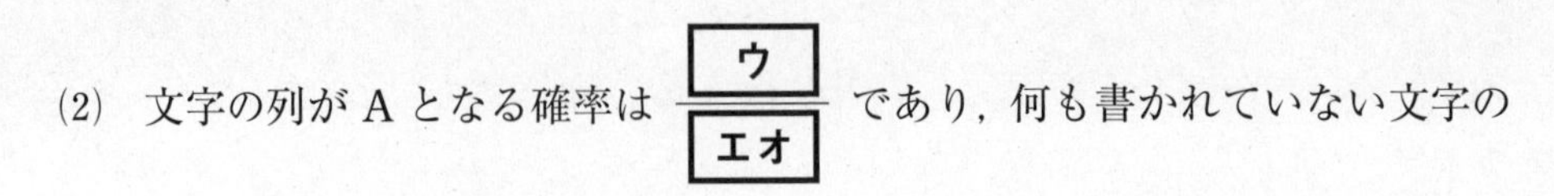

(2)　文字の列がＡとなる確率は $\dfrac{\boxed{\text{ウ}}}{\boxed{\text{エオ}}}$ であり，何も書かれていない文字の

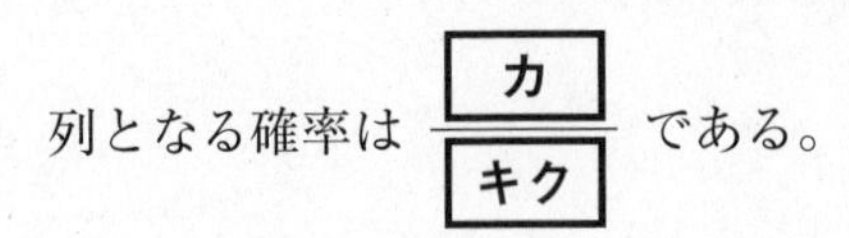

列となる確率は $\dfrac{\boxed{\text{カ}}}{\boxed{\text{キク}}}$ である。

(3)　文字の列の字数が３となる確率は $\dfrac{\boxed{\text{ケ}}}{\boxed{\text{コサ}}}$ であり，この条件下で文字の

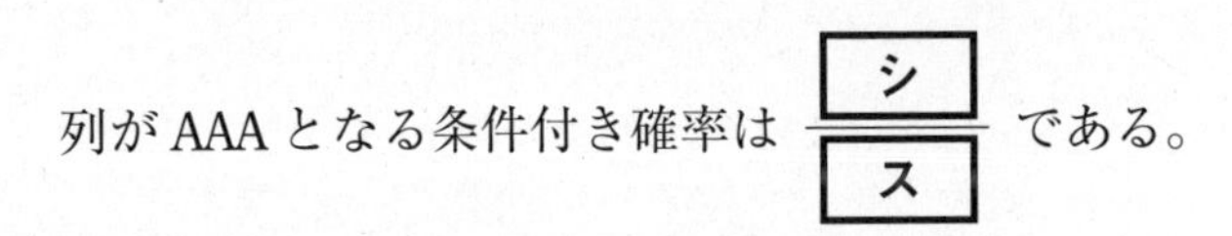

列がAAAとなる条件付き確率は $\dfrac{\boxed{\text{シ}}}{\boxed{\text{ス}}}$ である。

■

ポイントアドバイス

単純な計算がほとんどなく，
- 1or 2 → A
- 3or 4 → B
- 5or 6 →消滅

を考えながら文字列を作っていきます.

当然その文字列の様子を描きながらいくべき問題ですから，書いた痕跡を残しながらあとあとの設問に役立てるのです．(1) の簡単な場合の数を終えた直後の (2) が山場となります．単純に“A”の１文字が残る…….

4 ⟶ 消 ⟶ “A”が出る．つまり $6 \times 2 \times 2 = 24$ 通りと考えがちですが，
何か数字が出る
(5or 6 も含む)

実際には，“A” ⟶ 4 ⟶ その文字が消える　でもよいのです．こちらは
何か数字が出る
(消さないように)

$2 \times 4 \times 2 = 16$ 通りとなり，和をとって $24 + 16 = 40$ 通りが分子にきます.

あくまで解き終えて思うことは，(1) がなければ，いっそ
- 1or 2 → A $\left(\dfrac{1}{3}\right)$
- 3or 4 → B $\left(\dfrac{1}{3}\right)$
- 5or 6 → O $\left(\dfrac{1}{3}\right)$

を根元事象と

みて，$3 \times 3 \times 3 = 27$ 通りを書き上げることもできます.

AAA　(AAA)
AAB　(AAB)
AAO　(A)
ABA　(ABA)
⋮　⋮

(2) (全事象の数) $= 6 \times 6 \times 6 = 216$ 通り.

$n(\mathrm{A})$……自由 × ◯ × A, または A × △ × ◯ であり,

(自由: 1〜6, ◯: 5or6, A: 1or2; A: 1or2, △: 1〜4, ◯: 5or6)

$6 \times 2 \times 2 + 2 \times 4 \times 2 = 40$ 通り.

$$\therefore \quad P(\mathrm{A}) = \frac{40}{216} = \frac{\boxed{5}^{\,ウ}}{\boxed{27}_{\,エオ}}.$$ [3点]

$n(◯)$……

◯ × ◯ × ◯ (5or6, 5or6, 5or6) $2 \times 2 \times 2 = 8$ 通り

A/B × ◯ × ◯ (1〜4, 5or6, 5or6) $4 \times 2 \times 2 = 16$ 通り

◯ × A/B × ◯ (5or6, 1〜4, 5or6) $2 \times 4 \times 2 = 16$ 通り

} 40 通り.

$$\therefore \quad P(◯) = \frac{40}{216} = \frac{\boxed{5}^{\,カ}}{\boxed{27}_{\,キク}}.$$ [3点]

(3) n(●●●) (A/B A/B A/B)……A/B × A/B × A/B (1〜4, 1〜4, 1〜4) $4 \times 4 \times 4 = 64$ 通り.

$$\therefore \quad P(●●●) = \frac{64}{216} = \frac{\boxed{8}^{\,ケ}}{\boxed{27}_{\,コサ}}.$$ [4点]

$$\therefore \quad \frac{P(\mathrm{AAA})}{P(●●●)} = \frac{\frac{8}{216}}{\frac{64}{216}} = \frac{\boxed{1}^{\,シ}}{\boxed{8}_{\,ス}}.$$ [4点]

■

球(玉)の抽出問題

問　題

第3問 (配点　20点) 解答の目安 10分 (2010年度 本試験改題)

袋の中に赤玉5個，白玉5個，黒玉1個の合計11個の玉が入っている。赤玉と白玉にはそれぞれ1から5までの数字が1つずつ書かれており，黒玉には何も書かれていない。なお，同じ色の玉には同じ数字は書かれていない。この袋から同時に5個の玉を取り出す。

5個の玉の取り出し方は **アイウ** 通りある。

取り出した5個の中に同じ数字の赤玉と白玉の組が2組あれば得点は2点，1組だけあれば得点は1点，1組もなければ得点は0点とする。

(1) 得点が0点となる取り出し方のうち，黒玉が含まれているのは **エオ** 通りであり，黒玉が含まれていないのは **カキ** 通りである。

得点が1点となる取り出し方のうち，黒玉が含まれているのは **クケコ** 通りであり，黒玉が含まれていないのは **サシス** 通りである。

▼

解　答・解　説

第3問 （配点　20点）

11個の玉は全て区別できるから，5個の玉の取り出し方は，

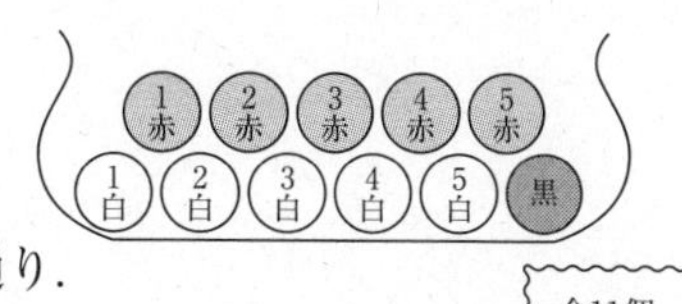

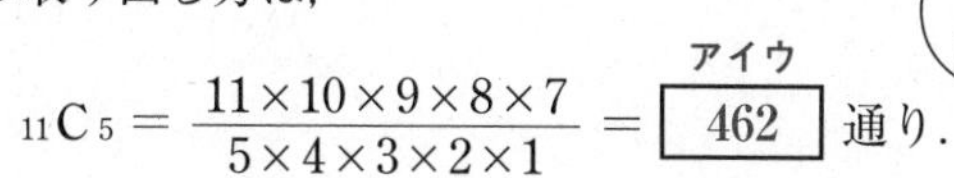

$${}_{11}C_5=\frac{11\times10\times9\times8\times7}{5\times4\times3\times2\times1}=\boxed{462}\text{ 通り.}$$ （アイウ） [3点]

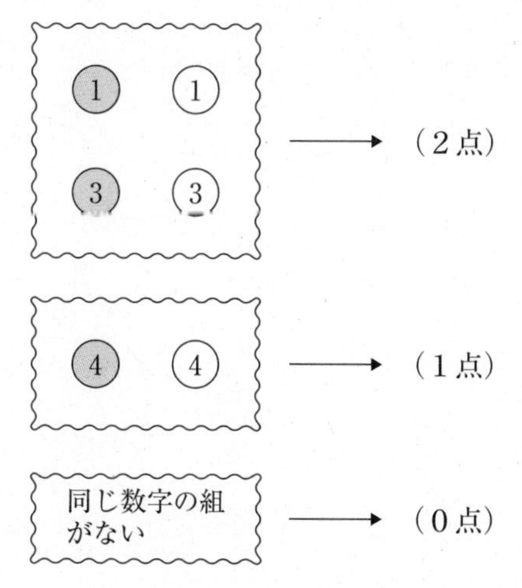

(1)

（0点）

数字を黒以外に4つを選び，あとは赤 or 白を考えて，(×2)を4回繰り返す.

このとき，番号は全て異なる.

$${}_5C_4\times2\times2\times2\times2=5\times16=\boxed{80}\text{ 通り.}$$ （エオ） [2点]

黒を含んでいないケースでは，全て赤 or 白となる.

$$2\times2\times2\times2\times2=\boxed{32}\text{ 通り.}$$ （カキ） [2点]

（1点）

数字を黒以外に3つを選び，さらに番号の一致する1つを選び，あとは赤 or 白を考える.

$${}_5C_3\times3\times2\times2=10\times3\times4=\boxed{120}\text{ 通り.}$$ （クケコ） [3点]

黒を含んでいないケースでは，数字を4つ選び，さらに番号の一致する1つを選び，あとは赤 or 白を考える.

$${}_5C_4\times4\times2\times2\times2=20\times8=\boxed{160}\text{ 通り.}$$ （サシス） [3点]

▼

(2)　得点が1点である確率は $\dfrac{\boxed{\text{セソ}}}{\boxed{\text{タチ}}}$ であり，2点である確率は $\dfrac{\boxed{\text{ツ}}}{\boxed{\text{テト}}}$ である。

■

(2) (得点)$=X$ とすると,

$$P(X=1)=\frac{120+160}{462}=\frac{280}{462}=\frac{\boxed{20}}{\boxed{33}}.$$

セソ / タチ [3点]

$$P(X=0)=\frac{80+32}{462}=\frac{112}{462}=\frac{8}{33}.$$

余事象の確率を用いて,

$$P(X=2)=1-\{P(X=0)+P(X=1)\}=1-\left(\frac{8}{33}+\frac{20}{33}\right)=\frac{\boxed{5}}{\boxed{33}}.$$

ツ / テト [4点]

■

ポイントアドバイス

(1)では,(0点)と(1点)のケースについて 黒 があるかないかに分けて考えています.
実はここで,(2点)だけをやっていないことに気づいて下さい.

(2)に入ったとき,(2点)の確率 $P(X=2)$ が問われますが,(1)でそのことに意識さえあれば,余事象の確率で上手に流れをくみ取れるでしょう.ちなみに,

$P(X=0)+P(X=1)+P(X=2)=1$ です.

球(玉)の抽出問題

問　題

第4問　(配点　20点)　解答の目安 13分　(2021年度 本試験〔第2日程〕改題)

二つの袋A，Bと一つの箱がある。Aの袋には赤球2個と白球1個が入っており，Bの袋には赤球3個と白球1個が入っている。また，箱には何も入っていない。

(1) A，Bの袋から球をそれぞれ1個ずつ同時に取り出し，球の色を調べずに箱に入れる。

(i) 箱の中の2個の球のうち少なくとも1個が赤球である確率は $\dfrac{\boxed{アイ}}{\boxed{ウエ}}$ である。

(ii) 箱の中をよくかき混ぜてから球を1個取り出すとき，取り出した球が赤球である確率は $\dfrac{\boxed{オカ}}{\boxed{キク}}$ であり，取り出した球が赤球であったときに，それがBの袋に入っていたものである条件付き確率は $\dfrac{\boxed{ケ}}{\boxed{コサ}}$ である。

▼

解 答・解 説

第4問 （配点　20点）

(1)

赤 赤 白　　赤 赤 赤 白

(A)　　(B)

(箱)

(i) $\underset{(A)\ (B)}{P(赤・白)} + \underset{(A)\ (B)}{P(白・赤)} + \underset{(A)\ (B)}{P(赤・赤)} = \frac{2}{3}\times\frac{1}{4}+\frac{1}{3}\times\frac{3}{4}+\frac{2}{3}\times\frac{3}{4}$

$= \frac{\boxed{11}\ (アイ)}{\boxed{12}\ (ウエ)}.$　　[3点]

(ii) $\left\{\underset{(A)\ (B)}{P(赤・白)} + \underset{(A)\ (B)}{P(白・赤)}\right\} \times \frac{1}{2} + \underset{(A)\ (B)}{P(赤・赤)} \times 1 = \frac{5}{12}\times\frac{1}{2}+\frac{1}{2}\times 1$

$= \frac{\boxed{17}\ (オカ)}{\boxed{24}\ (キク)}.$　　[3点]

求める条件付き確率は，$\dfrac{\left(\frac{1}{3}\times\frac{3}{4}\right)\times\frac{1}{2}+\left(\frac{2}{3}\times\frac{3}{4}\right)\times\frac{1}{2}}{\frac{17}{24}} = \frac{\boxed{9}\ (ケ)}{\boxed{17}\ (コサ)}.$　　[3点]

▼

(2) A，Bの袋から球をそれぞれ2個ずつ同時に取り出し，球の色を調べずに箱に入れる。

(i) 箱の中の4個の球のうち，ちょうど2個が赤球である確率は $\frac{\boxed{シ}}{\boxed{ス}}$ である。また，箱の中の4個の球のうち，ちょうど3個が赤球である確率は 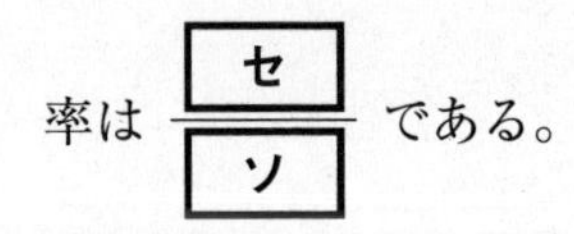 である。

(ii) 箱の中をよくかき混ぜてから球を2個同時に取り出すとき，どちらの球も赤球である確率は $\frac{\boxed{タチ}}{\boxed{ツテ}}$ である。

■

(2)

赤 赤 白 (A)　赤 赤 赤 白 (B)　(箱)

$$P((\underset{(A)}{赤・白})\cdot(\underset{(B)}{赤・白}))=\frac{{}_2C_1\times{}_1C_1}{{}_3C_2}\times\frac{{}_3C_1\times{}_1C_1}{{}_4C_2}=\frac{2}{3}\times\frac{3}{6}=\frac{\boxed{1}_{シ}}{\boxed{3}_{ス}}.$$ [3 点]

$$P((\underset{(A)}{赤・赤})\cdot(\underset{(B)}{赤・白}))+P((\underset{(A)}{赤・白})\cdot(\underset{(B)}{赤・赤}))$$

$$=\frac{{}_2C_2}{{}_3C_2}\times\frac{{}_3C_1\times{}_1C_1}{{}_4C_2}+\frac{{}_2C_1\times{}_1C_1}{{}_3C_2}\times\frac{{}_3C_2}{{}_4C_2}$$

$$=\frac{1}{3}\times\frac{3}{6}+\frac{2}{3}\times\frac{3}{6}=\frac{\boxed{1}_{セ}}{\boxed{2}_{ソ}}.$$ [4 点]

(ii) $$P((\underset{(A)}{赤・白})\cdot(\underset{(B)}{赤・白}))\times\frac{{}_2C_2}{{}_4C_2}+\left\{P((\underset{(A)}{赤・赤})\cdot(\underset{(B)}{赤・白}))+P((\underset{(A)}{赤・白})\cdot(\underset{(B)}{赤・赤}))\right\}\times\frac{{}_3C_2}{{}_4C_2}+P((\underset{(A)}{赤・赤})\cdot(\underset{(B)}{赤・赤}))\times\frac{{}_4C_2}{{}_4C_2}$$

$$=\frac{{}_2C_1\times{}_1C_1}{{}_3C_2}\times\frac{{}_3C_2\times{}_1C_1}{{}_4C_2}\times\frac{1}{6}+\left(\frac{{}_2C_2}{{}_3C_2}\times\frac{{}_3C_1\times{}_1C_1}{{}_4C_2}+\frac{{}_2C_1\times{}_1C_1}{{}_3C_2}\times\frac{{}_3C_2}{{}_4C_2}\right)\times\frac{3}{6}$$

$$+\frac{{}_2C_2}{{}_3C_2}\times\frac{{}_3C_2}{{}_4C_2}\times\frac{6}{6}=\frac{\boxed{17}_{タチ}}{\boxed{36}_{ツテ}}.$$ [4 点]

■

ポイントアドバイス

(1), (2) ともに (i) では 2 つの袋 A, B から球の取り出し方の確率が問われ, (ii) でその球を箱からさらに取り出す確率の計算となっています. (i) と (ii) のつながりがあり解きやすく見えるのですが, (i) の個々の状態に戻って考えなければなりません. 途中の式の意味をとらえながらの計算をしないと大変煩雑となってしまいます.

問　題

第5問 （配点　20点） 解答の目安 08分　　(2003年度 本試験改題)

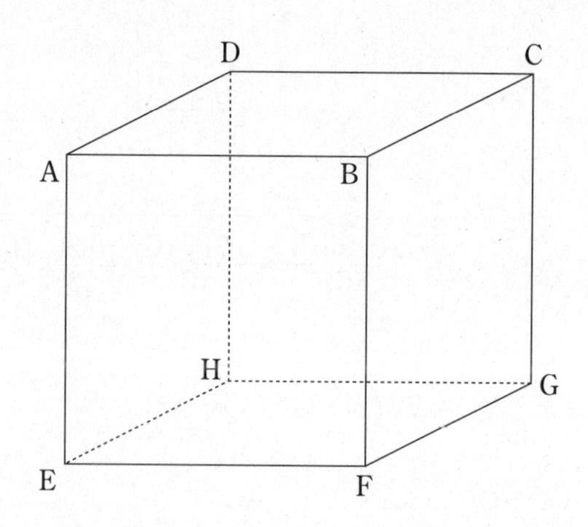

一辺の長さが1の立方体の8個の頂点A, B, C, D, E, F, G, Hが図のような位置関係にあるとする。この8個の頂点から相異なる3点を選び，それらを頂点とする三角形を作る。

(1) 三角形は全部で **アイ** 個できる。また，互いに合同でない三角形は全部で **ウ** 種類ある。

▼

解 答・解 説

第5問 (配点　20点)

(1)　三角形は全部で　$_8\mathrm{C}_3=\dfrac{8\times7\times6}{3\times2\times1}=\boxed{56}$ (アイ) 個.　[3点]

できる.

三角形の種類は,

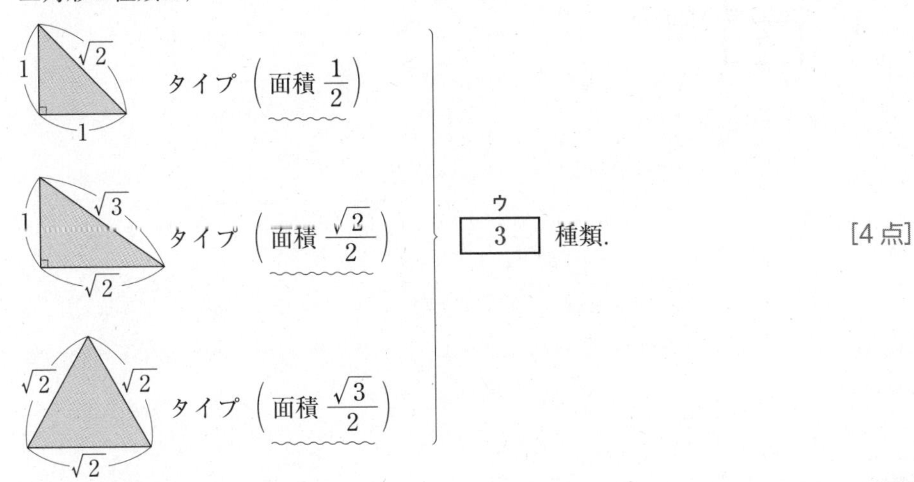

$\boxed{3}$ (ウ) 種類.　[4点]

▼

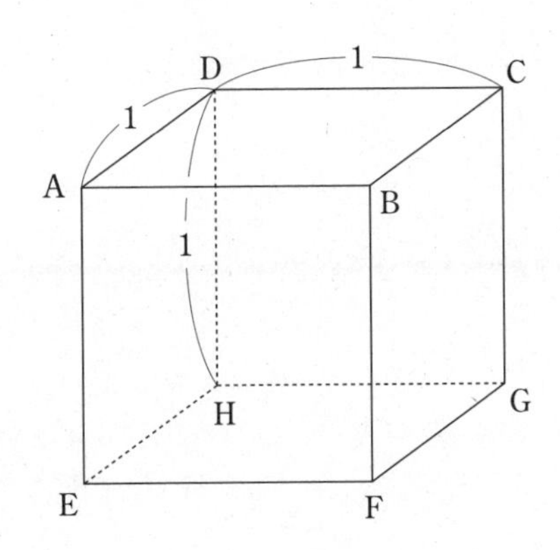

(2) △ABC と合同になる確率は $\dfrac{\boxed{エ}}{\boxed{オ}}$ であり，また，正三角形になる確率は $\dfrac{\boxed{カ}}{\boxed{キ}}$ である。さらに，面積が $\dfrac{\sqrt{2}}{2}$ の三角形となる確率は $\dfrac{\boxed{ク}}{\boxed{ケ}}$ である。

■

(2) △ABC と合同な三角形は,

1 つの頂点あたり 3 つの三角形が作れるから, 全部で　$3 \times 8 = 24$ 個.

$$\therefore\ P\left(\text{(直角二等辺三角形 1, 1)}\right) = \frac{24}{56} = \frac{\boxed{3}_{\text{エ}}}{\boxed{7}_{\text{オ}}}.$$ [4 点]

正三角形となるのは, 1 つの頂点 A に隣り合う 3 頂点 B, D, E を結んだ

△BDE が作れるように, 1 頂点あたり必ず 1 つ作れるので, 全部で 8 個.

$$\therefore\ P\left(\text{(正三角形 }\sqrt{2}, \sqrt{2}, \sqrt{2}\text{)}\right) = \frac{8}{56} = \frac{\boxed{1}_{\text{カ}}}{\boxed{7}_{\text{キ}}}.$$ [4 点]

面積が $\dfrac{\sqrt{2}}{2}$ は (1, $\sqrt{2}$, $\sqrt{3}$) の直角三角形のことだから,

$$\therefore\ P\left(\text{(直角三角形 1, }\sqrt{2}, \sqrt{3}\text{)}\right) = 1 - \left(\frac{3}{7} + \frac{1}{7}\right) = \frac{\boxed{3}_{\text{ク}}}{\boxed{7}_{\text{ケ}}}.$$ [5 点]

■

ポイントアドバイス

何種類もの三角形が作れそうに見えても, 実際には合同なものを 1 種類としたとき, 全部でわずか 3 種類しかないのです. よく見かける円周上の点を結んで三角形を作る確率問題の 3D 版となります. 3 種類の三角形を把握したら, 合同なものが何個あるかの数え上げ方を立体図を利用しながら見つけることです.

(2) において, “△ABC と合同……” “正三角形……” “面積が $\dfrac{\sqrt{2}}{2}$ の……” と異なる視点からきいてきますが, 実は上の 3 種類のことを示しているのです. 冷静に設問の流れを確認することが大切でしょう.

図形との融合問題

問　題

第6問　（配点　20点）　解答の目安 12分　（2007年度 追試験改題）

円周を12等分した点を反時計回りの順にP_1，P_2，P_3，…，P_{12}とする。このうち異なる3点を選び，それらを頂点とする三角形を作る。

(1)　このようにして作られる三角形の個数は全部で［アイウ］個である。このうち正三角形は［エ］個で，直角二等辺三角形は［オカ］個である。

(2)　このようにして作られる三角形が，正三角形でない二等辺三角形になる確率は$\dfrac{\text{キク}}{\text{ケコ}}$である。また，直角三角形になる確率は$\dfrac{\text{サ}}{\text{シス}}$である。

▼

解 答・解 説

第6問 （配点　20点）

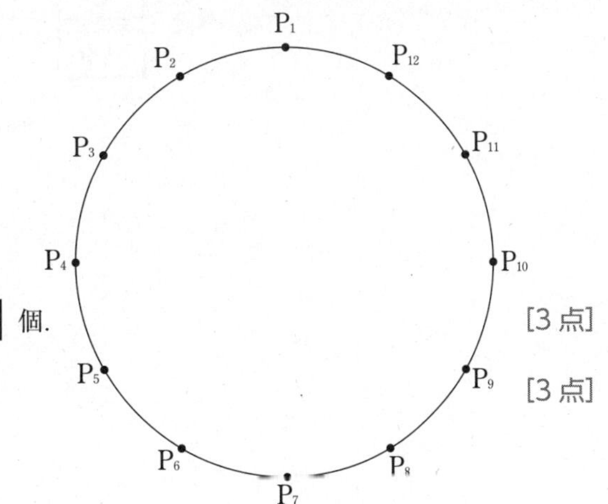

(1)　12個の各 P_i $(1 \leqq i \leqq 12)$ から，

3個の組の選び方は，

$${}_{12}C_3 = \frac{12 \times 11 \times 10}{3 \times 2 \times 1} = 220.$$

∴　三角形の個数は全部で $\boxed{220}$（アイウ）個.　[3点]

∴　正三角形は $\boxed{4}$（エ）個.　[3点]

（$\triangle P_1P_5P_9$，$\triangle P_2P_6P_{10}$，
$\triangle P_3P_7P_{11}$，$\triangle P_4P_8P_{12}$.）

∴　直角二等辺三角形は $\boxed{12}$（オカ）個.　[3点]

（直径（P_1P_7，P_2P_8，P_3P_9，P_4P_{10}，P_5P_{11}，P_6P_{12}）に対して，
各々2個ずつ作られるから，　$6 \times 2 = 12$.）

(2)　頂点 P_1 に対して，4個（正三角形は含まれていない）が作られ，他の頂点も同様だから，

$$\frac{4 \times 12}{220} = \frac{12}{55}.$$

よって，正三角形ではない二等辺三角形に

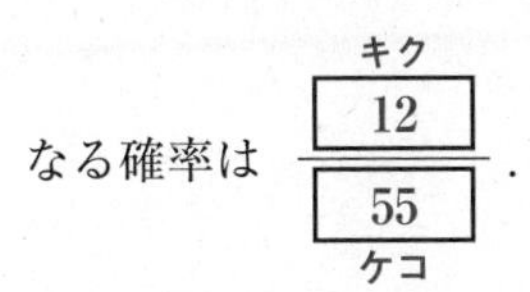

なる確率は $\dfrac{\boxed{12}}{\boxed{55}}$（キク／ケコ）.　[3点]

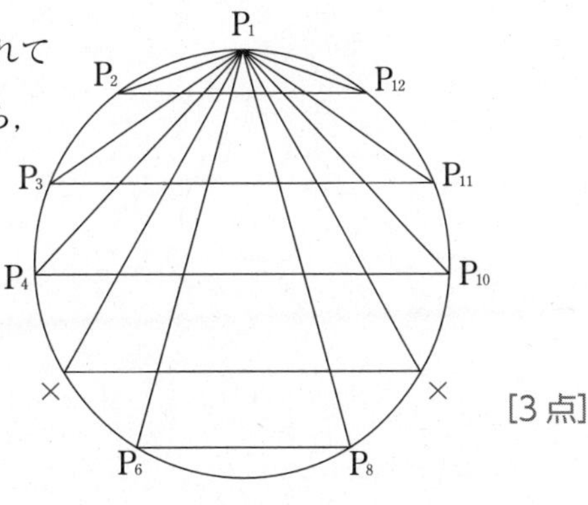

直角三角形は直径（P_1P_7，P_2P_8，P_3P_9，P_4P_{10}，P_5P_{11}，P_6P_{12}）に対して，
各々10個ずつ作られるから，　$6 \times 10 = 60$.

よって，直角三角形になる確率は，　$\dfrac{60}{220} = \dfrac{\boxed{3}}{\boxed{11}}$（サ／シス）.　[4点]

▼

(3) このようにして作られる三角形の形が二等辺三角形である条件下で，それが正三角形になる確率は $\dfrac{\boxed{セ}}{\boxed{ソタ}}$ である。

■

(3) 事象A＝「二等辺三角形となる」

事象B＝「正三角形となる」

$$P(A)=\frac{4\times 12+4}{220}=\frac{52}{220}.$$

$$P(A\cap B)=P(B)=\frac{4}{220}.$$

求める条件付き確率 $P_A(B)$ は,

$$P_A(B)=\frac{P(A\cap B)}{P(A)}=\frac{\frac{4}{220}}{\frac{52}{220}}=\frac{\boxed{1}}{\boxed{13}}.$$

セ　ソタ

[4点]

■

ポイントアドバイス

二等辺三角形は，まず1頂点 (P_1) を固定して，底辺に相当する残りの2頂点の位置 (組) の数を調べましょう．途中に正三角形や直角二等辺三角形も含まれているので要注意です．

次に，直角三角形を作るときは，斜辺となる円の直径 (P_1P_7) を固定して考えましょう．残りの1頂点は直径から見て左右対称に存在しているので，左側に5個あれば，もちろん右側にも5個存在するのです．途中，直角二等辺三角形になるケースも左右に各々1つずつ存在しています．

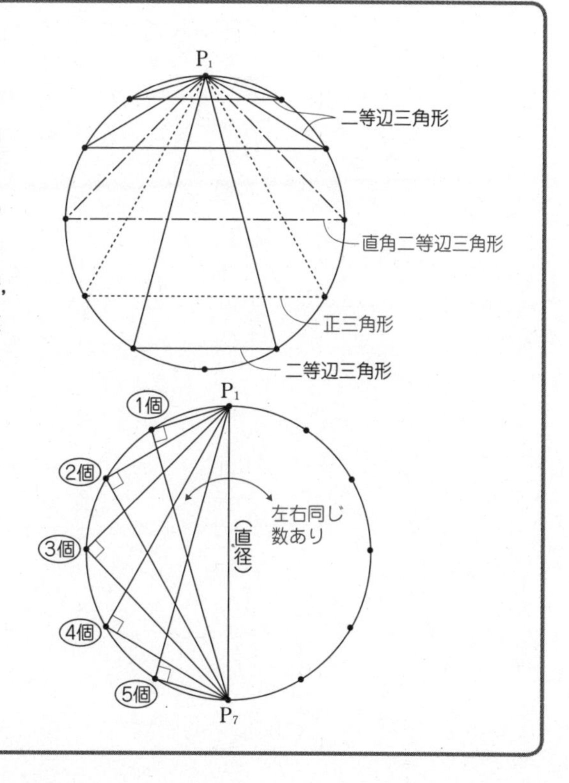

問　題

第7問 （配点　20点） 解答の目安 □□分　　（2002年度 本試験改題）

二つの箱A，Bがある。

Aの箱には，次のように6枚のカードが入っている。

0の数字が書かれたカードが1枚

1の数字が書かれたカードが2枚

2の数字が書かれたカードが3枚

Bの箱には，次のように7枚のカードが入っている。

0の数字が書かれたカードが4枚

1の数字が書かれたカードが1枚

2の数字が書かれたカードが2枚

Aの箱から1枚，Bの箱から2枚，あわせて3枚のカードを取り出す。

(1) 3枚のカードに書かれた数の積は全部で [ア] 種類であり，そのうち積の最大値は [イ] である。

▼

解答・解説

第7問 （配点　20点）

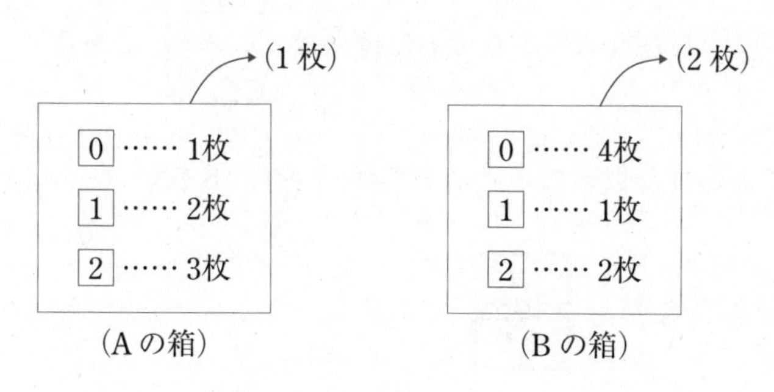

(1)　3枚のカードの積は小さい順に　……　0，2，4，8の［ア: 4］種類．　[3点]

積の最大値は［イ: 8］．　[3点]

▼

(2)　3枚のカードに書かれた数の積が4である確率は $\dfrac{\boxed{\text{ウ}}}{\boxed{\text{エオ}}}$ である。

(3)　3枚のカードに書かれた数の積が0である確率は $\dfrac{\boxed{\text{カキ}}}{\boxed{\text{クケ}}}$ である。

(4)　3枚のカードに書かれた数の積が0である条件下で，3枚のカードに書かれた数が全て0である確率は $\dfrac{\boxed{\text{コ}}}{\boxed{\text{サシ}}}$ である。

■

(2) 取り出し方は　${}_6C_1 \times {}_7C_2 = 6 \times 21 = 126$ 通り．

3 枚のカードの積を X とおく．

$$P(X=4)=\frac{{}_2C_1\times{}_2C_2+{}_3C_1\times{}_1C_1\times{}_2C_1}{126}=\frac{2+6}{126}=\frac{\boxed{4}^{\text{ウ}}}{\boxed{63}_{\text{エオ}}}.$$

[5 点]

(3) 余事象の確率を使い，

$$P(X=0)=1-P(X\neq 0)$$

$$=1-\frac{{}_5C_1\times{}_3C_2}{126}=1-\frac{15}{126}=1-\frac{5}{42}=\frac{\boxed{37}^{\text{カキ}}}{\boxed{42}_{\text{クケ}}}.$$

[4 点]

(4) $$P=\frac{\dfrac{1\times{}_4C_2}{126}}{\dfrac{37}{42}}=\frac{42}{21\times 37}=\frac{\boxed{2}^{\text{コ}}}{\boxed{37}_{\text{サシ}}}.$$

[5 点]

■

ポイントアドバイス

3 枚の積で $X=1$ は作れません．B の箱に[1]は 1 枚しか含まれていないからです．

また，$X=2$ もさまざまな組み合わせができそうに見えますが，

[1] (A)　[1] [2] (B)　以外はなく　${}_2C_1$（(A) から[1]を 1 枚）$\times$ ${}_1C_1$（(B) から[1]を 1 枚）$\times$ ${}_2C_1$（(B) から[2]を 1 枚）$=4$ 通り　と考えられます．

(1) の積の種類が，そのあとのヒントになっています．

カードの取り出し問題

問　題

第8問（配点　20点）　解答の目安 11分　（2012年度 本試験改題）

1から9までの数字が一つずつ書かれた9枚のカードから5枚のカードを同時に取り出す。このようなカードの取り出し方は **アイウ** 通りある。

(1)　取り出した5枚のカードの中に5と書かれたカードがある取り出し方は **エオ** 通りであり，5と書かれたカードがない取り出し方は **カキ** 通りである。

(2)　次のように得点を定める。

・取り出した5枚のカードの中に5と書かれたカードがない場合は，得点を0点とする。

・取り出した5枚のカードの中に5と書かれたカードがある場合，この5枚を書かれている数の小さい順に並べ，5と書かれたカードが小さい方から k 番目にあるとき，得点を k 点とする。

得点が0点となる確率は $\frac{\text{ク}}{\text{ケ}}$ である。得点が1点となる確率は $\frac{\text{コ}}{\text{サシス}}$ で，得点が2点となる確率は $\frac{\text{セ}}{\text{ソタ}}$，得点が3点となる確率は $\frac{\text{チ}}{\text{ツ}}$ である。

■

ポイントアドバイス

場合の数・確率の問題はその素材に“さいころ”問題を扱うことが多く，今回のカードの番号問題は比較的頻度の低いタイプの問題です．小さい順に並べたときの 5 のカードの位置によって得点 (X) を決定する試行であり，5 の前のカード，5 のあとのカードを考えながら組み合わせを考えればよいでしょう．(2)では $P(X=0)$，$P(X=1)$，$P(X=2)$，$P(X=3)$ までを順に求めていきます．

解答・解説

第8問 (配点 20点)

9枚のカード

1 2 3 4 5 6 7 8 9 ⟹(同時に5枚を取り出す)

(同時に5枚の取り出し方) $= {}_9C_5 = {}_9C_4 = \dfrac{9\times8\times7\times6}{4\times3\times2\times1} = \boxed{126}$ 通り. [2点]　(アイウ)

(1) (5を含む取り出し方) $= {}_8C_4 = \dfrac{8\times7\times6\times5}{4\times3\times2\times1} = \boxed{70}$ 通り. [3点]　(エオ)

(${}_8C_4$：5以外の4枚の取り出し方)

(5を含まない取り出し方) $= 126 - 70 = \boxed{56}$ 通り. [3点]　(カキ)

(2) 得点を X ($=0, 1, 2, 3, 4, 5$) とおき, 各確率を $P(X=i)$ ($i=0, 1, 2, 3, 4, 5$) と表す. 以下はカードの番号を小さい順に書く.

- $P(X=0) = \dfrac{56}{126} = \dfrac{\boxed{4}}{\boxed{9}}$. [3点]　(ク/ケ)

  (5を含まない)

- $P(X=1) = \dfrac{\boxed{1}}{\boxed{126}}$. [3点]　(コ/サシス)

  (5 6 7 8 9：1通りに決定)

- $P(X=2) = \dfrac{{}_4C_1\times{}_4C_3}{126} = \dfrac{4\times4}{126} = \dfrac{\boxed{8}}{\boxed{63}}$. [3点]　(セ/ソタ)

  (○ 5 ○○○：1〜4から1枚, 6〜9から3枚)

- $P(X=3) = \dfrac{{}_4C_2\times{}_4C_2}{126} = \dfrac{6\times6}{126} = \dfrac{\boxed{2}}{\boxed{7}}$. [3点]　(チ/ツ)

  (○○ 5 ○○：1〜4から2枚, 6〜9から2枚)

くじ引き問題

問　題

第9問（配点　20点）解答の目安 10分　（2004年度 追試験改題）

(1) 12本のくじがある。そのうち当たりくじは1等が1本，2等が4本であり，残りははずれくじである。

このくじから同時に3本を引く。

(i) くじの引き方の種類は全部で ア 通りである。

(ii) 当たりくじを少なくとも1本引く確率は $\dfrac{\boxed{イウ}}{\boxed{エオ}}$ である。

(iii) 1等，2等，はずれくじをそれぞれ1本ずつ引く確率は $\dfrac{\boxed{カ}}{\boxed{キク}}$ である。

(iv) 2等を2本以上引く確率は $\dfrac{\boxed{ケコ}}{\boxed{サシ}}$ である。

▼

解 答・解 説

第9問 (配点 20点)

(1)

12本のくじ $\begin{cases} 1\text{等} \cdots\cdots\cdots 1\text{本} \\ 2\text{等} \cdots\cdots\cdots 4\text{本} \\ \text{はずれ} \cdots\cdots 7\text{本} \end{cases}$

全部で，$_{12}C_3 = \dfrac{12\times11\times10}{3\times2\times1} = 220$ 通り．

(i)

1等	1	1	1	0	0	0	0
2等	2	1	0	3	2	1	0
はずれ	0	1	2	0	1	2	3

ア
[7] 通り．　[3点]

(ii) 1等の本数を a 本，2等の本数を b 本，はずれの本数を c 本引く確率を $P(a,\ b,\ c)$ とする．

P(当たりくじを少なくとも1本は引く) $= 1 - P(0,\ 0,\ 3)$

$= 1 - \dfrac{_7C_3}{220}$

$= 1 - \dfrac{35}{220} = \dfrac{\boxed{37}}{\boxed{44}}$．(イウ／エオ)　[3点]

(iii) $P(1,\ 1,\ 1) = \dfrac{_1C_1\times{}_4C_1\times{}_7C_1}{220} = \dfrac{1\times4\times7}{220} = \dfrac{\boxed{7}}{\boxed{55}}$．(カ／キク)　[3点]

(iv) $P(1,\ 2,\ 0) + P(0,\ 2,\ 1) + P(0,\ 3,\ 0)$ ←排反な3つの事象

$= \dfrac{_1C_1\times{}_4C_2}{220} + \dfrac{_4C_2\times{}_7C_1}{220} + \dfrac{_4C_3}{220} = \dfrac{6}{220} + \dfrac{42}{220} + \dfrac{4}{220} = \dfrac{52}{220}$

$= \dfrac{\boxed{13}}{\boxed{55}}$．(ケコ／サシ)　[4点]

▼

(2) 12本のくじがあり，その中に当たりくじがn本($0 \leqq n \leqq 12$)含まれている。

このくじから1本を引くとき，得点として，

当たりくじならば3点，　はずれくじならば－1点

が与えられるものとする。

得点の平均点が1点以上になるためのnの値の範囲は [ス] $\leqq n \leqq 12$

であり，$\frac{1}{3}$以上1以下になるためのnの値は

$n =$ [セ]，[ソ]，[タ]

である。ただし，[セ] と [ソ] と [タ] はその解答の順序を問わない。

■

(2)

12 本のくじ $\begin{cases} \text{当たり} \cdots\cdots\cdots\cdots & n\text{本} \quad (0 \leqq n \leqq 12) \longrightarrow \text{③点} \\ \text{はずれ} \cdots\cdots\cdots\cdots & (12-n)\text{本} \longrightarrow (-1\text{点}) \end{cases}$

平均点を m とすると，

$$m = \frac{3\times n - 1\times(12-n)}{12} = \frac{4n-12}{12}$$

となり，

$$m \geqq 1, \iff \frac{4n-12}{12} \geqq 1, \iff 4n \geqq 24. \qquad \boxed{6}_{\text{ス}} \leqq n \leqq 12.$$ [3 点]

次に，

$$\frac{1}{3} \leqq m \leqq 1, \iff \frac{1}{3} \leqq \frac{4n-12}{12} \leqq 1, \iff 4 \leqq n \leqq 6.$$

$$\therefore \quad n = \boxed{4}_{\text{セ}}, \boxed{5}_{\text{ソ}}, \boxed{6}_{\text{タ}}.$$ [4 点]

（順序任意）

■

ポイントアドバイス

(1) の (iv) で，2 等を 2 本以上が問われています．その問題の性質から左下の 3 つの事象に分けられます．

1 等 …	1 本	0 本	0 本
2 等 …	2 本	2 本	3 本
はずれ…	0 本	1 本	0 本

↑気づきにくい！（1 本, の列）

……以上……ときくと，たとえそれが本数であっても，その等級（1 等，2 等）まで連想する誤答をしてしまうのです．

何をもって“以上”なのかをしっかりと把握しましょう．

問　題

第10問 (配点　20点) 解答の目安 12分　(2021年度 本試験〔第1日程〕改題)

中にくじが入っている箱が複数あり，各箱の外見は同じであるが，当たりくじを引く確率は異なっている。くじ引きの結果から，どの箱からくじを引いた可能性が高いかを，条件付き確率を用いて考えよう。

(1) 当たりくじを引く確率が $\frac{1}{2}$ である箱Aと，当たりくじを引く確率が $\frac{1}{3}$ である箱Bの二つの箱の場合を考える。

(i) 各箱で，くじを1本引いてはもとに戻す試行を3回繰り返したとき

箱Aにおいて，3回中ちょうど1回当たる確率は $\frac{\boxed{\text{ア}}}{\boxed{\text{イ}}}$ ……①

箱Bにおいて，3回中ちょうど1回当たる確率は $\frac{\boxed{\text{ウ}}}{\boxed{\text{エ}}}$ ……②

である。

(ii) まず，AとBのどちらか一方の箱をでたらめに選ぶ。次にその選んだ箱において，くじを1本引いてはもとに戻す試行を3回繰り返したところ，3回中ちょうど1回当たった。このとき，箱Aが選ばれる事象を A，箱Bが選ばれる事象を B，3回中ちょうど1回当たる事象を W とすると

$$P(A\cap W)=\frac{1}{2}\times\frac{\boxed{\text{ア}}}{\boxed{\text{イ}}},\qquad P(B\cap W)=\frac{1}{2}\times\frac{\boxed{\text{ウ}}}{\boxed{\text{エ}}}$$

である。$P(W)=P(A\cap W)+P(B\cap W)$ であるから，3回中ちょうど1回当たったとき，選んだ箱がAである条件付き確率 $P_W(A)$ は $\frac{\boxed{\text{オカ}}}{\boxed{\text{キク}}}$ となる。また，条件付き確率 $P_W(B)$ は $\frac{\boxed{\text{ケコ}}}{\boxed{\text{サシ}}}$ となる。

▼

解答・解説

第10問 （配点　20点）

(1)

(A)	(B)
（当たり）…… $\frac{1}{2}$	（当たり）…… $\frac{1}{3}$
（はずれ）…… $\frac{1}{2}$	（はずれ）…… $\frac{2}{3}$

(i) $${}_3C_1\left(\frac{1}{2}\right)^1\left(\frac{1}{2}\right)^2=\frac{\boxed{3}\ (ア)}{\boxed{8}\ (イ)}\ \cdots\cdots ①$$ [4点]

$${}_3C_1\left(\frac{1}{3}\right)^1\left(\frac{2}{3}\right)^2=\frac{\boxed{4}\ (ウ)}{\boxed{9}\ (エ)}\ \cdots\cdots ②$$ [4点]

(ii) $$P(A\cap W)=\frac{1}{2}\times\frac{\boxed{3}\ (ア)}{\boxed{8}\ (イ)}$$

$$P(B\cap W)=\frac{1}{2}\times\frac{\boxed{4}\ (ウ)}{\boxed{9}\ (エ)}$$

ここで，$P(W)=P(A\cap W)+P(B\cap W)=\frac{3}{16}+\frac{2}{9}=\frac{59}{16\times 9}$

$$P_W(A)=\frac{P(A\cap W)}{P(W)}=\frac{\frac{3}{16}}{\frac{59}{16\times 9}}=\frac{3\times 9}{59}=\frac{\boxed{27}\ (オカ)}{\boxed{59}\ (キク)}$$ [4点]

$$P_W(B)=\frac{P(B\cap W)}{P(W)}=\frac{\frac{2}{9}}{\frac{59}{16\times 9}}=\frac{2\times 16}{59}=\frac{\boxed{32}\ (ケコ)}{\boxed{59}\ (サシ)}$$ [4点]

▼

(2) (1)の $P_W(A)$ と $P_W(B)$ について，次の**事実**（＊）が成り立つ。

事実（＊）

$P_W(A)$ と $P_W(B)$ の **ス** は，①の確率と②の確率の ス に等しい。

ス の解答群

⓪ 和	① 2乗の和	② 3乗の和	③ 比	④ 積

(2) $P_W(A):P_W(B)=\dfrac{P(A\cap W)}{P(W)}:\dfrac{P(B\cap W)}{P(W)}=P(A\cap W):P(B\cap W)$

$$=\frac{1}{2}\times\frac{3}{8}:\frac{1}{2}\times\frac{4}{9}=\frac{3}{8}:\frac{4}{9}=①:②.$$

これより，$P_W(A)$ と $P_W(B)$ の [ス ③ (比)] は，①と②の比に等しい． [4点]

■

ポイントアドバイス

(1)の(i)では独立試行の確率を正しく使いましょう．(ii)の条件付き確率においては，

$P_W(A)=\dfrac{P(W\cap A)}{P(W)}=\dfrac{P(A\cap W)}{P(W)}$，　$P_W(B)=\dfrac{P(W\cap B)}{P(W)}=\dfrac{P(B\cap W)}{P(W)}$ となり，

すでに $P(A\cap W)$ と $P(B\cap W)$ が前述で書かれていますから，$P(W)=P(A\cap W)+P(B\cap W)$ を求めればよいとわかります．

共通テストはここに注意！

⑤ 問題冊子で気をつけるべきこと⑵

試験が始まったら，自分が選択した科目の「最初のページ」を開き，解答を始めましょう。落ち着いて取り組んでください。

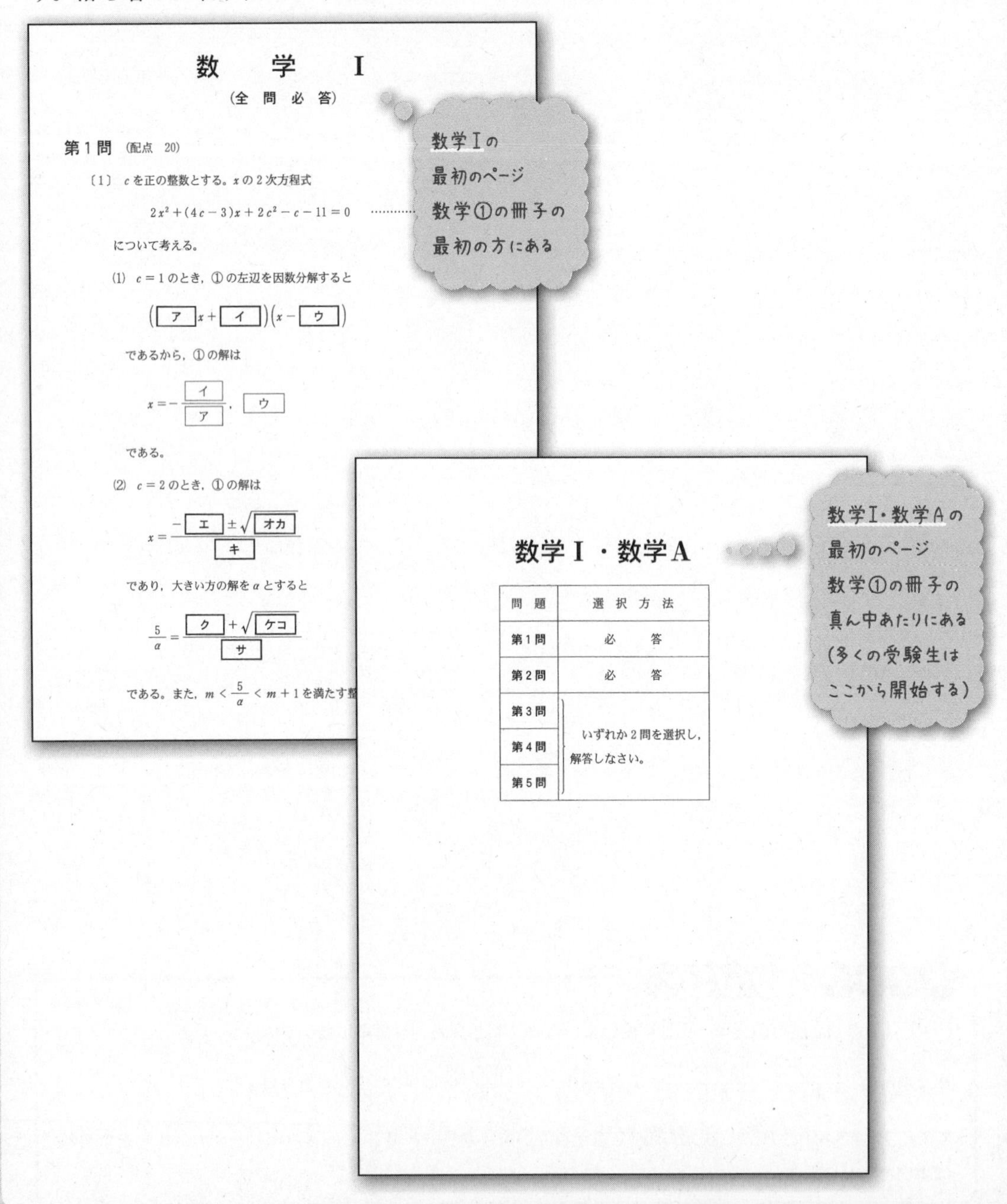

数　学　Ⅰ

（全 問 必 答）

第１問（配点 20）

〔1〕 c を正の整数とする。x の２次方程式

$$2x^2+(4c-3)x+2c^2-c-11=0 \quad \cdots\cdots ①$$

について考える。

(1) $c=1$ のとき，① の左辺を因数分解すると

$$\left(\boxed{ア}x+\boxed{イ}\right)\left(x-\boxed{ウ}\right)$$

であるから，① の解は

$$x=-\frac{\boxed{イ}}{\boxed{ア}},\ \boxed{ウ}$$

である。

(2) $c=2$ のとき，① の解は

$$x=\frac{-\boxed{エ}\pm\sqrt{\boxed{オカ}}}{\boxed{キ}}$$

であり，大きい方の解を α とすると

$$\frac{5}{\alpha}=\frac{\boxed{ク}+\sqrt{\boxed{ケコ}}}{\boxed{サ}}$$

である。また，$m<\frac{5}{\alpha}<m+1$ を満たす整

数学Ⅰ・数学A

問　題	選 択 方 法
第１問	必　答
第２問	必　答
第３問	いずれか２問を選択し，解答しなさい。
第４問	
第５問	

数学A　Part 6

整数の性質

「整数の性質」は，「場合の数と確率」と同様に「数学A」の3つの単元の1つであり，第4問の位置に配置される。センター試験からほとんど出題内容に変化はない。不定方程式の解の求値問題が本丸であり，ユークリッドの互除法はマスターしておかなければならない。また，整数の代表的な絞り込みは，その解法の流れを押さえておく必要がある。配点は20点で配点空欄数は7～11個，2～3ページ程度であり，「場合の数と確率」と比べるとページ上に余白の目立つレイアウトとなるであろう。理想の時間配分は14分間である。

不定方程式の解(因数分解)の問題

問題

第1問 (配点 20点) 解答の目安 10分 (オリジナル問題)

次の整式を因数分解すると

$$x^2 + 5xy + 6y^2 + x + 2y = \left(x + \boxed{ア}y\right)\left(x + \boxed{イ}y + \boxed{ウ}\right)$$

となるから，方程式

$$x^2 + 5xy + 6y^2 + x + 2y - 2 = 0$$

を満たす整数解の組$(x,\ y)$は $\boxed{エ}$ 組あり

$$(x,\ y) = \left(\boxed{オカ},\ \boxed{キ}\right),\ \left(\boxed{ク},\ \boxed{ケ}\right),$$

$$\left(\boxed{コ},\ \boxed{サシ}\right),\ \left(\boxed{ス},\ \boxed{セソ}\right)$$

となる。このうちxyの最小値は $\boxed{タチツ}$ となり，$x + y$の最小値は $\boxed{テト}$ となる。

ただし，$\boxed{オカ} < \boxed{ク} < \boxed{コ} < \boxed{ス}$ とする。

■

解 答・解 説

第1問 (配点 20点)

$$x^2+5xy+6y^2+x+2y=\left(x+\boxed{2}\,y\right)\left(x+\boxed{3}\,y+\boxed{1}\right).$$ (ア: 2, イ: 3, ウ: 1) [3点]

ここで, $x^2+5xy+6y^2+x+2y-2=0$,

$\iff x^2+5xy+6y^2+x+2y=2$,

$\iff \left(x+\boxed{2}\,y\right)\left(x+\boxed{3}\,y+\boxed{1}\right)=2$. (ア: 2, イ: 3, ウ: 1)

ここで, $x+2y$, $x+3y+1$ は整数より,

$$\begin{cases} x+2y= & 1,\quad 2,\quad -1,\quad -2. \\ x+3y+1= & 2,\quad 1,\quad -2,\quad -1. \end{cases}$$

xが小さい順に並べ換えて,

$$(x,\ y)=\left(\boxed{-2},\ \boxed{0}\right),\ \left(\boxed{1},\ \boxed{0}\right),\ \left(\boxed{3},\ \boxed{-2}\right),$$

$$\left(\boxed{6},\ \boxed{-2}\right)\cdots\cdots\boxed{4}\text{組}.$$

(オカ: −2, キ: 0, ク: 1, ケ: 0, コ: 3, サシ: −2, ス: 6, セソ: −2, エ: 4)

[2点] [2点] [2点]
[2点] [3点]

$$xy=\begin{cases} 0 \cdots\cdots (x,\ y)=(-2,\ 0),\ (1,\ 0) \text{ のとき}, \\ -6 \cdots\cdots (x,\ y)=(3,\ -2) \text{ のとき}, \\ -12 \cdots\cdots (x,\ y)=(6,\ -2) \text{ のとき}, \end{cases}$$

$\therefore$ (xyの最小値)$=\boxed{-12}$ ($(x,\ y)=(6,\ -2)$のとき). (タチツ: −12) [3点]

$\therefore$ ($x+y$の最小値)$=\boxed{-2}$ ($(x,\ y)=(-2,\ 0)$のとき). (テト: −2) [3点]

■

ポイントアドバイス

整式の因数分解 …… $\boxed{x^2+5xy+6y^2+x+2y}=(x+2y)(x+3y+1)$.

(同一)

方程式 …… $\boxed{x^2+5xy+6y^2+x+2y}-2=0$.

[ ] に気づけば $x^2+5xy+6y^2+x+2y=2$,

$\iff (x+2y)(x+3y+1)=2$

と式変形することは見破りやすいに違いありません.

不定方程式の解(因数分解)の問題

問　題

第2問 (配点　20点) 解答の目安 14分　　(オリジナル問題)

xについての2次方程式

$$x^2 - mnx + n + 2 = 0 \quad \cdots\cdots\cdots\cdots ①$$

が自然数の解のみをもつような，自然数の組$(m,\ n)$を求めることを考える。

方程式①の自然数の解をα，β　$(\alpha \leqq \beta)$とすると

$$\alpha + \beta = mn, \qquad \alpha\beta = n + \boxed{\text{ア}}$$

が成り立ち，これより

$$(\alpha - 1)(\beta - 1) = \left(\boxed{\text{イ}} - m\right)n + \boxed{\text{ウ}} \quad \cdots\cdots\cdots\cdots ②$$

という関係が導かれ，α，βは自然数であることから

$$\left(\boxed{\text{イ}} - m\right)n + \boxed{\text{ウ}} \geqq 0 \quad \cdots\cdots\cdots\cdots ③$$

という式が得られる。

$m = 1$のとき，②よりそのときの方程式①の解は$\alpha = \boxed{\text{エ}}$と

$\beta = \boxed{\text{オ}}$であり，$n = \boxed{\text{カ}}$である。

また，$m \geqq \boxed{\text{キ}}$であれば，③を満たすnは存在しない。

このように考えると，方程式①が自然数の解をもつような自然数の組

$(m,\ n)$は全部で，$\boxed{\text{ク}}$組あることがわかる。

また，方程式①を満たす自然数の解の中で最大のものは$\boxed{\text{ケ}}$で，

それは$m = \boxed{\text{コ}}$，$n = \boxed{\text{サ}}$のときである。

■

解 答・解 説

第2問 (配点 20点)

$x^2 - mnx + n + 2 = 0$ (m, n：自然数) …………①.

$$\begin{cases} \alpha + \beta = mn, \\ \alpha\beta = n + \overset{ア}{\boxed{2}}. \end{cases}$$ [2点]

これより，$(\alpha - 1)(\beta - 1) = \alpha\beta - (\alpha + \beta) + 1$

$= \left(\overset{イ}{\boxed{1}} - m\right) n + \overset{ウ}{\boxed{3}}$ …………②. [2点]

$\alpha - 1 \geqq 0$, $\beta - 1 \geqq 0$ より，

$\left(\overset{イ}{\boxed{1}} - m\right) n + \overset{ウ}{\boxed{3}} \geqq 0$ …………③.

- $m = 1$ のとき， $(\alpha - 1)(\beta - 1) = 3$ $(0 \leqq \alpha - 1 \leqq \beta - 1)$

$\therefore \begin{cases} \alpha - 1 = 1, \\ \beta - 1 = 3. \end{cases}$ $\therefore \alpha = \overset{エ}{\boxed{2}}$, $\beta = \overset{オ}{\boxed{4}}$. [2点] [2点]

よって，$\alpha\beta = n + 2 = 8$. $\therefore n = \overset{カ}{\boxed{6}}$. [2点]

- $m \geqq \overset{キ}{\boxed{5}}$ のとき，③を満たす解は存在しない. ◀ポイントアドバイス参照 [2点]

上記より $2 \leqq m \leqq 4$ について調べればよい.

- $m = 2$ のとき，$n = 1$, 2, 3.
  - (i) $n = 1$ ①, $\Longleftrightarrow$ $x^2 - 2x + 3 = 0$ (整数解なし).
  - (ii) $n = 2$ ①, $\Longleftrightarrow$ $(x - 2)^2 = 0$. $\therefore$ $(\alpha, \beta) = (2, 2)$.
  - (iii) $n = 3$ ①, $\Longleftrightarrow$ $(x - 1)(x - 5) = 0$. $\therefore$ $(\alpha, \beta) = (1, 5)$. (最大の解)
- $m = 3$ のとき， $n = 1$.

  ①, $\Longleftrightarrow$ $x^2 - 3x + 3 = 0$ (整数解なし).
- $m = 4$ のとき， $n = 1$.

  ①, $\Longleftrightarrow$ $(x - 1)(x - 3) = 0$. $\therefore$ $(\alpha, \beta) = (1, 3)$.

以上より，自然数 m, n の組 (m, n) は $\overset{ク}{\boxed{4}}$ 組. [2点]

(最大の解) $= \overset{ケ}{\boxed{5}}$ $\left(m = \overset{コ}{\boxed{2}},\ n = \overset{サ}{\boxed{3}}\text{ のとき}\right)$. [2点] [2点] [2点]

■

ポイントアドバイス

α，β がともに自然数であることから，$\alpha-1 \geqq 0$，$\beta-1 \geqq 0$ が導けます．
よって，$(\alpha-1)(\beta-1)=\alpha\beta-(\alpha+\beta)+1 \geqq 0$（必要条件）となるのです．
つまり，$(\alpha-1)(\beta-1)$ の符号から絞り込みを始める構造となっています．
途中，$m \geqq$ [キ] のとき，$(1-m)n+3 \geqq 0$ を満たす自然数の解 $x=\alpha$，β は存在しない…… というフレーズが現れます．$3 \geqq (m-1)n$ と変形し，～～の部分がポイントでした．
$n \geqq 1$ ですから，$m-1 \geqq 4$（$m \geqq 5$）となったら不成立なのです．

（下 書 き 用 紙）

第 3 問の問題は次ページに続く。

不定方程式の解(特殊解)の問題

問　題

第3問 （配点　20点）　解答の目安 11分　　（オリジナル問題）

不定方程式　$8x+5y=k$　の整数解について考える。

(1)　$k=1$ とする。

$x>-10,\ y>-10$ を満たす解は

$(x,\ y)=$ (**アイ**, **ウエ**), (**オカ**, **キ**), (**ク**, **ケコ**)

である。

ただし，アイ < オカ < ク とする。

(2)　$k=17$ とする。

$0<x+y<100$　を満たす解は **サシ** 個あり，そのうちの $x+y$ の最大値は **スセ** であり，最小値は **ソ** である。

■

ポイントアドバイス

(2) での特殊解を見つける方法に互除法を使うやり方があります．

$8=a,\ 5=b$ として，

$8=5\times1+3$　($\Longleftrightarrow$　$3=a-b$)

$5=3\times1+2$　($\Longleftrightarrow$　$2=b-(a-b)=2b-a$)

$3=2\times1+1$　($\Longleftrightarrow$　$1=a-b-(2b-a)=2a-3b$)

つまり，　$a\times2+b\times(-3)=1$

$\Longleftrightarrow$　$8\times2+5\times(-3)=1$

$\Longleftrightarrow$　$8\times34+5\times(-51)=17$　(辺々を × 17)

このように特殊解 $(x,\ y)=(34,\ -51)$　は発見可能です．

解答・解説

第3問 （配点 20点）

(1) $k=1$ のとき，$8x+5y=1$,

$$\iff \quad 8(x+3)=5(5-y) \cdots\cdots ①.$$

$$\left(\begin{array}{r} 8x+5y=1 \\ -)\ 8\times(-3)+5\times5=1 \\ \hline 8(x+3)+5(y-5)=0 \end{array}\right)$$

8と5は互いに素な整数だから，整数 ℓ を用いて，

$$\begin{cases} x+3=5\ell, \\ 5-y=8\ell, \end{cases} \iff \begin{cases} x=5\ell-3, \\ y=5-8\ell. \end{cases}$$

$$\therefore \begin{cases} x=5\ell-3>-10, \\ y=5-8\ell>-10. \end{cases} \qquad \therefore \quad -\frac{7}{5}<\ell<\frac{15}{8} \text{ より，} \ell=-1,\ 0,\ 1.$$

$$\therefore \quad (x,\ y)=\left(\overset{アイ}{\boxed{-8}},\ \overset{ウエ}{\boxed{13}}\right),\ \left(\overset{オカ}{\boxed{-3}},\ \overset{キ}{\boxed{5}}\right),\ \left(\overset{ク}{\boxed{2}},\ \overset{ケコ}{\boxed{-3}}\right).$$

［4点］［4点］［4点］

(2) $k=17$ のとき，$8x+5y=17$,

$$\iff \quad 5(y+11)=8(9-x) \cdots\cdots ②.$$

$$\left(\begin{array}{r} 8x+5y=17 \\ -)\ 8\times9+5\times(-11)=17 \\ \hline 8(x-9)+5(y+11)=0 \end{array}\right)$$

8と5は互いに素な整数だから，整数 m を用いて，

$$\begin{cases} 9-x=5m, \\ y+11=8m, \end{cases} \iff \begin{cases} x=9-5m, \\ y=8m-11. \end{cases}$$

ここで，
$$\begin{aligned} x+y &= (9-5m)+(8m-11) \\ &= 3m-2. \end{aligned}$$

ここで，$0<x+y<100$,

$$\iff \quad 0<3m-2<100. \qquad \therefore \quad \frac{2}{3}<m<34.$$

よって，$m=1,\ 2,\ 3,\ \cdots\cdots,\ 33.$ $\overset{サシ}{\boxed{33}}$ 個．　［4点］

$m=33$ のとき $x+y$ は最大値をとるので，

$3\times33-2=97.$ $\overset{スセ}{\boxed{97}}$．　［2点］

$m=1$ のとき $x+y$ は最小値をとるので，

$3\times1-2=1.$ $\overset{ソ}{\boxed{1}}$．　［2点］

■

不定方程式の解(特殊解)の問題

問　題

第4問　(配点　20点)　解答の目安 12分　(2021年度 本試験〔第1日程〕改題)

円周上に15個の点 P_0, P_1, …, P_{14} が反時計回りに順に並んでいる。最初, 点 P_0 に石がある。さいころを投げて偶数の目が出たら石を反時計回りに5個先の点に移動させ, 奇数の目が出たら石を時計回りに3個先の点に移動させる。この操作を繰り返す。例えば, 石が点 P_5 にあるとき, さいころを投げて6の目が出たら石を点 P_{10} に移動させる。次に, 5の目が出たら点 P_{10} にある石を点 P_7 に移動させる。

(1)　さいころを5回投げて, 偶数の目が **ア** 回, 奇数の目が **イ** 回出れば, 点 P_0 にある石を点 P_1 に移動させることができる。このとき, $x=$ ア , $y=$ イ は, 不定方程式 $5x-3y=1$ の整数解になっている。

(2)　不定方程式

$$5x-3y=8 \quad \cdots\cdots\cdots\cdots ①$$

のすべての整数解 x, y は, k を整数として

$x=$ ア $\times 8+$ **ウ** k,　$y=$ イ $\times 8+$ **エ** k

と表される。① の整数解 x, y の中で, $0 \leqq y <$ エ を満たすものは

$x=$ **オ** , $y=$ **カ**

である。したがって, さいころを **キ** 回投げて, 偶数の目が オ 回, 奇数の目が カ 回出れば, 点 P_0 にある石を点 P_8 に移動させることができる。

■

解 答・解 説

第4問 （配点 20点）

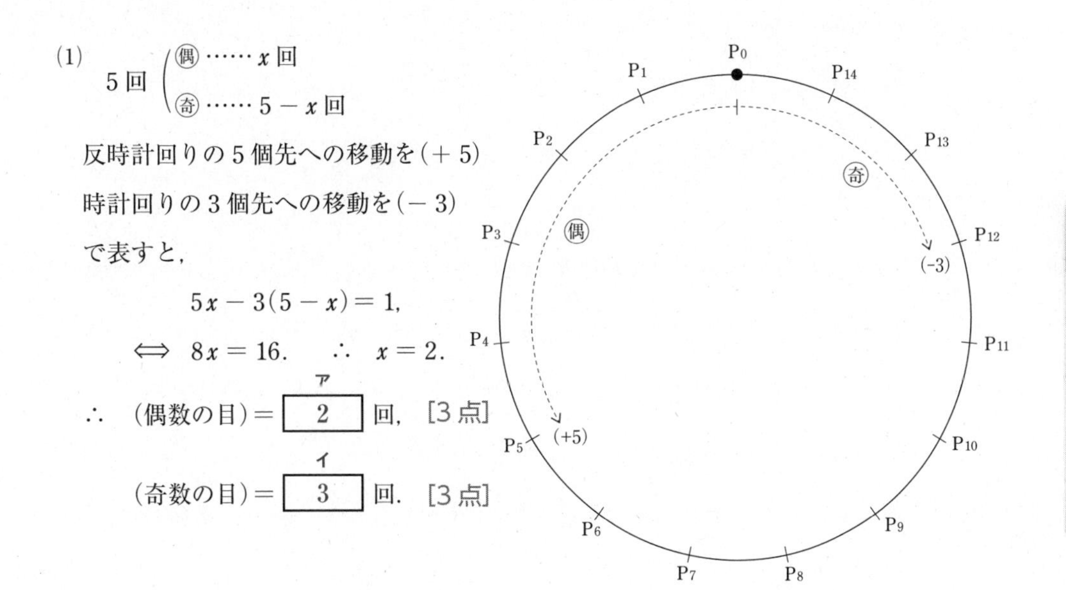

(1) 5回 $\begin{cases} \text{偶} \cdots\cdots x \text{回} \\ \text{奇} \cdots\cdots 5 - x \text{回} \end{cases}$

反時計回りの5個先への移動を$(+5)$
時計回りの3個先への移動を(-3)
で表すと，

$$5x - 3(5 - x) = 1,$$

$$\iff 8x = 16. \quad \therefore \quad x = 2.$$

$\therefore$ （偶数の目）＝ $\boxed{2}$（ア）回，［3点］

（奇数の目）＝ $\boxed{3}$（イ）回．［3点］

(2) $5x - 3y = 8, \quad \cdots\cdots\cdots\cdots ①.$

$\iff 5(x - 16) = 3(y - 24).$ ← $\left(\begin{array}{r} 5x - 3y = 8 \\ -)\ 5 \times 16 - 3 \times 24 = 8 \\ \hline 5(x - 16) = 3(y - 24) \end{array} \right)$

5と3は互いに素な整数より，整数kを用いて，

$$\begin{cases} x - 16 = 3k, \\ y - 24 = 5k, \end{cases} \iff \begin{cases} x = \boxed{2} \times 8 + \boxed{3}\,k, \\ y = \boxed{3} \times 8 + \boxed{5}\,k. \end{cases}$$

（ア：2，ウ：3）［3点］
（イ：3，エ：5）［3点］

ここで，　$0 \leqq y < 5$,

$$\iff 0 \leqq 24 + 5k < 5,$$

$$\iff -\frac{24}{5} \leqq k < -\frac{19}{5}. \qquad \therefore \quad k = -4.$$

$(-4.8) \qquad (-3.8)$

$\therefore \quad x = \boxed{4}$（オ），$y = \boxed{4}$（カ）　［3点］［3点］

(1)と①より，さいころを $\boxed{8}$（キ）回 $\begin{cases} \text{偶} \cdots\cdots \boxed{4}\text{（オ）回} \\ \text{奇} \cdots\cdots \boxed{4}\text{（カ）回} \end{cases}$ のとき，P_8へ移動．［2点］

$(5x - 3y = ⑧)$

■

ポイントアドバイス

円周上の動点（ここでは石）の移動と確率との融合問題は見かけますが，この問いは整数の不定方程式（特殊解）との融合問題になっています．① の $5x-3y=8$ から1組の特殊解を見つけ出すのが困難ですが，

$x=$ ア［2］$\times 8+$［ウ］k，　$y=$ イ［3］$\times 8+$［エ］k の誘導（ヒント）があり，可能となっています．

（下 書 き 用 紙）

第５問の問題は次ページに続く。

問　題

第5問 (配点　20点) 解答の目安 11分 (オリジナル問題)

m, n は自然数で, $m < n$ とする。

$$\frac{1}{m}+\frac{1}{n}=\frac{1}{2} \qquad \cdots\cdots\cdots\cdots ①$$

を満たす自然数 m, n の組 $(m,\ n)$ を求める。

$\dfrac{1}{n}<\dfrac{1}{m}$ より

$$\frac{1}{2}=\frac{1}{m}+\frac{1}{n}<\frac{\boxed{ア}}{m}$$

となり, $\boxed{イ} \leqq m < \boxed{ウ}$ とわかる。

① を満たす自然数 m, n の組は $(m,\ n)=\left(\boxed{エ},\ \boxed{オ}\right)$

となる。

さらに,

$$\frac{1}{m}+\frac{1}{n}=\frac{1}{6}$$

を満たす自然数 m, n の組 $(m,\ n)$ は $\boxed{カ}$ 組あり, そのうち最小の m の値のときの組は $(m,\ n)=\left(\boxed{キ},\ \boxed{クケ}\right)$, 最大の m の値のときの組は $(m,\ n)=\left(\boxed{コサ},\ \boxed{シス}\right)$ となる。

■

ポイントアドバイス

今回の解法は誘導設問の流れのとおりに行いましたが, ① はこんな解き方も可能です.

$$\frac{1}{m}+\frac{1}{n}=\frac{1}{2} \qquad \cdots\cdots\cdots\cdots ①,$$

$$\iff \qquad (m-2)(n-2)=4.$$

① より m, n は 1, 2 はあり得ないから $m \geqq 3$, $n \geqq 3$ とわかり, $m-2$, $n-2$ はともに自然数となります $(m-2<n-2)$.

$$\therefore \begin{cases} m-2=1, \\ n-2=4. \end{cases} \qquad \therefore \quad (m,\ n)=(3,\ 6).$$

因数分解と似た方法で　(整数)×(整数)=(整数)　の形を作り上げることでも解けます.

解答・解説

第5問 （配点　20点）

$$\frac{1}{2}=\frac{1}{m}+\frac{1}{n}<\frac{1}{m}+\frac{1}{m}=\frac{\boxed{2}^{ア}}{m}.$$ [3点]

$$\iff \frac{1}{2}<\frac{2}{m},\quad \iff \quad m<4. \qquad \therefore\ \boxed{1}^{イ} \leqq m < \boxed{4}^{ウ}.$$ [3点]

- $m=1$ のとき，　①，$\iff \dfrac{1}{n}=-\dfrac{1}{2}$　（不適）.
- $m=2$ のとき，　①，$\iff \dfrac{1}{n}=0$　（不適）.
- $m=3$ のとき，　①，$\iff \dfrac{1}{n}=\dfrac{1}{6}$　$\therefore\ n=6$　（適）.

$$\therefore\ (m,\ n)=\left(\boxed{3}^{エ},\ \boxed{6}^{オ}\right).$$ [3点]

上と同じように　$\dfrac{1}{m}+\dfrac{1}{n}=\dfrac{1}{6}$　…………②　とおく.

$$\frac{1}{6}=\frac{1}{m}+\frac{1}{n}<\frac{1}{m}+\frac{1}{m}=\frac{2}{m},\quad \iff m<12.$$

さらに，　$\dfrac{1}{n}=\dfrac{1}{6}-\dfrac{1}{m}>0,\quad \iff \quad m>6.$

$$\therefore\ 6<m<12 \qquad (m=7,\ 8,\ 9,\ 10,\ 11).$$

- $m=7$ のとき，　②，$\iff \dfrac{1}{n}=\dfrac{1}{42}$.　$\therefore\ n=42$　（適）.
- $m=8$ のとき，　②，$\iff \dfrac{1}{n}=\dfrac{1}{24}$.　$\therefore\ n=24$　（適）.
- $m=9$ のとき，　②，$\iff \dfrac{1}{n}=\dfrac{1}{18}$.　$\therefore\ n=18$　（適）.
- $m=10$ のとき，②，$\iff \dfrac{1}{n}=\dfrac{1}{15}$.　$\therefore\ n=15$　（適）.
- $m=11$ のとき，②，$\iff \dfrac{1}{n}=\dfrac{5}{66}$.　$\therefore\ n=\dfrac{66}{5}$　（不適）.

よって，$(m,\ n)=(7,\ 42),\ (8,\ 24),\ (9,\ 18),\ (10,\ 15)$ の $\boxed{4}^{カ}$ 組.　[3点]

$$\therefore\ (m,\ n)=\left(\boxed{7}^{キ},\ \boxed{42}^{クケ}\right).$$ ← （最小の m の値のとき）　[4点]

$$\therefore\ (m,\ n)=\left(\boxed{10}^{コサ},\ \boxed{15}^{シス}\right).$$ ← （最大の m の値のとき）　[4点]

■

問　題

第6問 (配点　20点) 解答の目安 14分　　(オリジナル問題)

(1)　次の条件①を満たす自然数 i, j, k を考える。

$$i \leqq j \leqq k \quad \text{かつ} \quad \frac{1}{i}+\frac{1}{j}+\frac{1}{k}=1 \qquad \cdots\cdots\cdots\cdots ①$$

このとき，i がとり得る最大の値は［ア］である。

①を満たす i, j, k の組は全部で［イ］個ある。

(2)　次の条件②を満たす自然数 i, j, k を考える。

$$i \leqq j \leqq k \quad \text{かつ} \quad \frac{1}{i}+\frac{2}{j}+\frac{3}{k}=1 \qquad \cdots\cdots\cdots\cdots ②$$

このとき，i がとり得る最小の値は［ウ］であり，最大の値は［エ］である。

▼

解　答・解　説

第6問　（配点　20点）

(1)　$1 \leqq i \leqq j \leqq k, \iff \dfrac{1}{k} \leqq \dfrac{1}{j} \leqq \dfrac{1}{i}.$

$$1 = \frac{1}{i} + \frac{1}{j} + \frac{1}{k} \leqq \frac{3}{i}, \iff i \leqq 3. \qquad \therefore \ (i\text{の最大値}) = \boxed{3}^{\,\text{ア}}. \quad [2\text{点}]$$

$\Big((i,\ j,\ k) = (3,\ 3,\ 3)\Big)$

- $i = 3$ のとき，$(i,\ j,\ k) = (3,\ 3,\ 3)$.
- $i = 2$ のとき，①より，

$$\frac{1}{j} + \frac{1}{k} = \frac{1}{2},$$

$$\iff \quad jk - 2j - 2k = 0,$$

$$\iff \quad (j-2)(k-2) = 4.$$

ここで，$2 \leqq j \leqq k$ より，$0 \leqq j - 2 \leqq k - 2$.

$$\begin{cases} j - 2 = 2,\ 1, \\ k - 2 = 2,\ 4. \end{cases} \qquad \therefore \ (i,\ j,\ k) = (2,\ 4,\ 4),\ (2,\ 3,\ 6).$$

以上より，$\boxed{3}^{\,\text{イ}}$ 組.　[3点]

(2)　$1 \leqq i \leqq j \leqq k, \iff \dfrac{1}{k} \leqq \dfrac{1}{j} \leqq \dfrac{1}{i}.$

$$\frac{1}{i} < \frac{1}{i} + \frac{2}{j} + \frac{3}{k} \leqq \frac{6}{i}, \iff \frac{1}{i} < 1 \leqq \frac{6}{i}. \qquad \therefore \ 2 \leqq i \leqq 6.$$

$$\therefore \ (i\text{の最小値}) = \boxed{2}^{\,\text{ウ}},\ (i\text{の最大値}) = \boxed{6}^{\,\text{エ}}. \quad [2\text{点}]\ [2\text{点}]$$

（存在性は後に言及）

▼

$i=$ ウ のとき，jがとり得る最小の値は **オ** であり，最大の値は

カキ である。

$i=$ ウ $+1$のとき，jがとり得る最小の値は **ク** であり，最大の値は **ケ** である。

②を満たす$(i,\ j,\ k)$の組は全部で **コ** 個ある。

■

ポイントアドバイス

(2) でやや違和感を覚える点があります．冒頭で，

$$\frac{1}{i}<\frac{1}{i}+\frac{2}{j}+\frac{3}{k}\leqq\frac{6}{i},\quad\Longleftrightarrow\quad\frac{1}{i}<1\leqq\frac{6}{i},\quad\Longleftrightarrow\quad 1<i\leqq 6$$

(全ての分母を i に統一)　$(2\leqq i\leqq 6)$

$\left(\frac{2}{j}\text{ と }\frac{3}{k}\text{ は }\frac{1}{i}\text{ 以下の小さな正の値}\right)$

と評価し，(iの最小値)＝ ウ 2 と (iの最大値)＝ エ 6 を導いています．

しかし，この時点では $i=2$ と $i=6$ の存在性については調べていないのです．
少なくとも1組でも$(i,\ j,\ k)$の存在確認がとれて，初めて (iの最小値)$=2$，(iの最大値)$=6$ といえることを確認しておきましょう．

- $i=2$ のとき，②より，

$$\frac{2}{j}+\frac{3}{k}=\frac{1}{2},$$

$\Longleftrightarrow$　$jk-6j-4k=0,$

$\Longleftrightarrow$　$(j-4)(k-6)=24.$

ここで，$2 \leqq j \leqq k$ より，$j-4 \geqq -2,\ k-6 \geqq -4.$

$$\begin{cases} j-4= 1,\ 2,\ 3,\ 4,\ 6,\ 8,\ 12,\ 24, \\ k-6=24,\ 12,\ 8,\ 6,\ 4,\ 3,\ 2,\ 1. \end{cases}$$

$\therefore$　$(j,\ k)=(\overset{\circ}{5},\ 30),\ (\overset{\circ}{6},\ 18),\ (\overset{\circ}{7},\ 14),\ (\overset{\circ}{8},\ 12),\ (\overset{\circ}{10},\ 10),\ (\overset{\times}{12},\ 9),\ (\overset{\times}{16},\ 8),\ (\overset{\times}{28},\ 7).$

$\therefore$　(jの最小値)＝ オ [5]，(jの最大値)＝ カキ [10]．　[2点] [2点]

- $i=3$ のとき，②より，

$$\frac{2}{j}+\frac{3}{k}=\frac{2}{3},$$

$\Longleftrightarrow$　$2jk-9j-6k=0,$

$\Longleftrightarrow$　$(j-3)(2k-9)=27.$

ここで，$3 \leqq j \leqq k$ より，$j-3 \geqq 0,\ 2k-9 \geqq -3.$

$$\begin{cases} j-3= 1,\ 3,\ 9,\ 27, \\ 2k-9=27,\ 9,\ 3,\ 1. \end{cases}$$

$\therefore$　$(j,\ k)=(\overset{\circ}{4},\ 18),\ (\overset{\circ}{6},\ 9),\ (\overset{\times}{12},\ 6),\ (\overset{\times}{30},\ 5).$

$\therefore$　(jの最小値)＝ ク [4]，(jの最大値)＝ ケ [6]．　[2点] [2点]

上記と同じく，$i=4,\ 5,\ 6$ と調べてみると，

$(i,\ j,\ k)=(4,\ 4,\ 12),\ (6,\ 6,\ 6)$ の2組が存在するので，

全部で コ [9] 組．　[3点]

■

最大公約数・最小公倍数の問題

問　題

第7問 （配点　20点） 解答の目安 10分 （オリジナル問題）

和が204，最大公約数が12であるような自然数a，b $(a<b)$がある。

a，bの最大公約数をG $(G=12)$で表し，$a=a'G$，$b=b'G$ (a'とb'は互いに素な自然数，$a'<b'$)とする。

12と204を素因数分解すると

$$12=2^{\boxed{ア}}\cdot\boxed{イ}$$

$$204=2^{\boxed{ウ}}\cdot\boxed{エ}\cdot\boxed{オカ}$$

より

$$a'+b'=\boxed{キク}$$

ここで，互いに素な自然数a'，b'の組$(a',\ b')$は $\boxed{ケ}$ 組あり，$a\leqq 30$を満たす組$(a,\ b)$とそのときの最小公倍数Lは

$$(a,\ b)=\left(\boxed{コサ},\ \boxed{シスセ}\right)\quad のとき，L=\boxed{ソタチ}$$

$$(a,\ b)=\left(\boxed{ツテ},\ \boxed{トナニ}\right)\quad のとき，L=\boxed{ヌネノ}$$

である。

ただし，$\boxed{コサ}<\boxed{ツテ}$とする。

■

解 答・解 説

第7問 （配点　20点）

$12=2^{\boxed{2}}\cdot\boxed{3}$,　　[2点]

$204=2^{\boxed{2}}\cdot\boxed{3}\cdot\boxed{17}$.　　[2点]

（ア 2，イ 3，ウ 2，エ 3，オカ 17）

$a=a'G,\ b=b'G$　（a' と b' は互いに素な自然数，$a'<b'$）

$$a+b=204,$$
$$\Longleftrightarrow\quad (a'+b')G=204,$$
$$\Longleftrightarrow\quad 12(a'+b')=204.\qquad \therefore\ a'+b'=\boxed{17}.$$

（キク 17）　[3点]

これより，$(a',\ b')=(1,\ 16),\ (2,\ 15),\ (3,\ 14),\ (4,\ 13),$
$(5,\ 12),\ (6,\ 11),\ (7,\ 10),\ (8,\ 9).$

（ケ）$\boxed{8}$ 組　　[3点]

ここで，$a\leqq 30,\quad\Longleftrightarrow\quad 12a'\leqq 30,\quad\Longleftrightarrow\quad a'\leqq\dfrac{5}{2}.$

$\therefore\quad (a',\ b')=(1,\ 16),\ (2,\ 15).$

- $(a,\ b)=(\boxed{12},\ \boxed{192})$ のとき，$L=\boxed{192}$.　（コサ 12，シスセ 192，ソタチ 192）　[2点] [3点]
- $(a,\ b)=(\boxed{24},\ \boxed{180})$ のとき，$L=\boxed{360}$.　（ツテ 24，トナニ 180，ヌネノ 360）　[2点] [3点]

■

ポイントアドバイス

2数の最大公約数，最小公倍数に関する問題は，$\begin{cases}a=a'G\\ b=b'G\end{cases}$（$a'$ と b' は互いに素な整数）とおくのが基本です．

今回は $G=12$ と与えられているので，$a'+b'$ の値を求めるまでが比較的簡単でした．$a'+b'=17$ が求められ，a' と b' の大小関係の $a'<b'$ を使い，全ての組み合わせを書き上げて下さい．途中で確認すべきことは2数 a' と b' が互いに素であるかどうかということです．

“互いに素”……1以外の公約数をもたない2数（その数自身が1であっても大丈夫です）

$(a',\ b')=(1,\ 16),\ (2,\ 15),\ (3,\ 14),\ (4,\ 13),\ (5,\ 12),\ (6,\ 11),\ (7,\ 10),\ (8,\ 9)$ の8組を書き上げればよいでしょう．

最大公約数・最小公倍数の問題

問　題

第8問（配点　20点）解答の目安 08分　　（オリジナル問題）

n は自然数，2数A，Bの最大公約数を（A，B）で表すとする。
互除法を使い2数　$15n+36$　と　$7n+17$　が互いに素となる自然数 n の数を調べよう。

$$15n+36=(7n+17)\cdot\boxed{\text{ア}}+n+\boxed{\text{イ}}$$

$$7n+17=\left(n+\boxed{\text{イ}}\right)\cdot\boxed{\text{ウ}}+\boxed{\text{エ}}$$

これより

$$(15n+36,\ 7n+17)=\left(n+\boxed{\text{オ}},\ \boxed{\text{カ}}\right)$$

2数　$15n+36$　と　$7n+17$　が互いに素な自然数ならば，

$n+\boxed{\text{オ}}$ と $\boxed{\text{カ}}$ も互いに素な自然数となる。

ここで，自然数 n を100以下とするとき，$n+\boxed{\text{オ}}$ のうちで $\boxed{\text{カ}}$ の倍数となる数は $\boxed{\text{キク}}$ 個存在するから，2数　$15n+36$　と　$7n+17$　が互いに素である自然数 n は $\boxed{\text{ケコ}}$ 個存在する。

■

解 答・解 説

第8問 （配点　20点）

$$15n + 36 = (7n + 17) \cdot \boxed{2}^{ア} + n + \boxed{2}^{イ},$$ ［4点］

$$7n + 17 = \left(n + \boxed{2}^{イ}\right) \cdot \boxed{7}^{ウ} + \boxed{3}^{エ}.$$ ［4点］

これより，$(15n + 36,\ 7n + 17) = \left(n + \boxed{2}^{オ},\ \boxed{3}^{カ}\right)$. ［3点］

2数 $15n + 36$ と $7n + 17$ が互いに素な自然数なら，$n + \boxed{2}^{オ}$ と $\boxed{3}^{カ}$ も互いに素な自然数.

$1 \leqq n \leqq 100$　$(3 \leqq n + 2 \leqq 102)$ のうち，3の倍数となるのは

$n + 2 = 3,\ 6,\ 9,\ \cdots,\ 102$ の $\boxed{34}^{キク}$ 個. ［5点］

よって，$100 - 34 = \boxed{66}^{ケコ}$ 個. ［4点］

■

ポイントアドバイス

ユークリッドの互除法は，

$a = bq + r$　のとき，$(a,\ b) = (b,\ r)$

$a = bq - r$　のとき，$(a,\ b) = (b,\ r)$

として使えます.

2数が互いに素な自然数は，このユークリッドの互除法を使い数の値を下げた2数においても互いに素，つまり最大公約数が1の状態だとわかります.

証明(示す)型の問題

問　題

第９問 （配点　20点） 解答の目安 14分　　（オリジナル問題）

a，b が有理数のとき，$a\sqrt{2}+b\sqrt{3}=0$　…………①

であれば，$a=b=0$ であることを証明しよう。

（証明）　$b \neq 0$ と仮定すると，①と $-\dfrac{a}{b}=\dfrac{\sqrt{\boxed{ア}}}{\sqrt{\boxed{イ}}}$　…………②

は同値である。

②の左辺は正の有理数であるから　$\dfrac{\sqrt{\boxed{ア}}}{\sqrt{\boxed{イ}}}=\dfrac{n}{m}$　…………③

とおくことができる。ただし，m と n は正の整数で，m と n の最大公約数は1である。

③の両辺を2乗して整理すると，$\boxed{ウ}\,m^2=\boxed{エ}\,n^2$　…………④

となる。ただし，$\boxed{ウ}$ と $\boxed{エ}$ は互いに素な整数とする。

したがって，m^2 は $\boxed{オ}$ の倍数となるから，m も $\boxed{オ}$ の倍数である。

そこで，$m=\boxed{オ}\,\ell$（ただし，ℓ は正の整数）と表すと，④より

$\boxed{カ}\,\ell^2=n^2$ となる。したがって，n^2 は $\boxed{カ}$ の倍数であり，n も

$\boxed{カ}$ の倍数である。よって，m も n も $\boxed{キ}$ となり，m と n の最大公約数が1であることに矛盾する。

したがって，$b=\boxed{ク}$ が得られ，①より $a=\boxed{ク}$ であるから，

$a=b=0$ である。

$\boxed{キ}$ の解答群

⓪　互いに素な整数	①　3の倍数	②　2の倍数	③　6の倍数

■

解 答・解 説

第9問 （配点　20点）

$$a\sqrt{2}+b\sqrt{3}=0 \quad \cdots\cdots\cdots\cdots ①.$$

$b \neq 0$ とする．

$$①, \iff b\sqrt{3}=-a\sqrt{2},$$

$$\iff \frac{\sqrt{3}}{\sqrt{2}}=-\frac{a}{b}.$$

$$\therefore \quad -\frac{a}{b}=\frac{\sqrt{\boxed{3}}}{\sqrt{\boxed{2}}} \quad \cdots\cdots\cdots\cdots ②.$$ （ア：3，イ：2）　[4点]

② の両辺は有理数より，

$$\frac{\sqrt{3}}{\sqrt{2}}=\frac{n}{m} \quad (m \text{ と } n \text{ は互いに素な自然数}) \quad \cdots\cdots\cdots\cdots ③.$$

③ の両辺を2乗して，$\boxed{3}\, m^2=\boxed{2}\, n^2 \quad \cdots\cdots\cdots\cdots ④.$ （ウ：3，エ：2）　[2点] [2点]

④ より，m^2 は $\boxed{2}$ の倍数となり，m も $\boxed{2}$ の倍数となる．（オ：2）　[3点]

$$\therefore \quad m=\boxed{2}\,\ell \quad (\ell \text{ は自然数}).$$

④ へ代入すると，

$$3\times 4\ell^2=2n^2, \iff \boxed{6}\,\ell^2=n^2.$$ （カ：6）　[3点]

これより，n^2 は $\boxed{6}$ の倍数となり，n も $\boxed{6}$ の倍数となる．

よって，m と n は2の倍数となり（キ：$\boxed{②}$），互いに素であることに矛盾．　[3点]

したがって，$b=\boxed{0}$ となり，① より $a=\boxed{0}$ となる．（ク：0）　[3点]

■

ポイントアドバイス

一般に有理数 a，b を用いて，$a+b\sqrt{2}=0$，$\iff$ $a=0$ かつ $b=0$

ですが，$a\sqrt{2}+b\sqrt{3}=0$，$\iff$ $a=0$ かつ $b=0$ となります．

ともに，$b \neq 0$ と仮定して矛盾を導く背理法を使うと便利でしょう．「数学Ⅰ」の「数と式」の内容ですが，〈証明〉に重点をおき，整数問題として扱っています．ポイントは，

$m^2=2N$ （2の倍数）　から　$m=2N'$ （2の倍数）

に気づくかどうかです．

問 題

第10問 (配点 20点) 解答の目安 14分 (オリジナル問題)

m を整数, n を自然数とする。ある整数 q に対して $m = qn + r$, $0 \leqq r < n$ を満たす整数 r を, m を n で割ったときの余りと呼ぶ。

b と c を整数とし, b を14で割ったときの余りが6で, c を14で割ったときの余りが1であるとすると

$b = 14k +$ [ア], $c = 14\ell +$ [イ] (ただし, k と ℓ は整数)

と表せる。

(1) a が整数 (ただし $a \neq 0$) で, 2次方程式 $ax^2 + bx + c = 0$ が重解をもつとする。

$b^2 -$ [ウ] $ac = 0$

より

$a = \left([\text{エ}]k + 3\right)^2 - [\text{オカ}]a\ell$

$= [\text{キ}](7k^2 + 6k + 1 - 2a\ell) + [\text{ク}]$

となる。

これより, a を14で割ったときの余りは [ケ] または [コ] である。

ただし, [ケ] < [コ] とする。

▼

解　答・解　説

第10問 （配点　20点）

$$\begin{cases} b = 14k + \boxed{\overset{ア}{6}}, \\ c = 14\ell + \boxed{\overset{イ}{1}}. \end{cases} \quad (k,\ \ell \text{ は整数})$$

[1点]
[1点]

(1)　$ax^2 + bx + c = 0\ (a \neq 0)$　が重解をもつから，

$$D = b^2 - \boxed{\overset{ウ}{4}}\,ac = 0,$$

[2点]

$$\iff (14k + 6)^2 - 4a(14\ell + 1) = 0,$$

$$\iff (7k + 3)^2 - a(14\ell + 1) = 0,$$

$$\iff a = \left(\boxed{\overset{エ}{7}}\,k + 3\right)^2 - \boxed{\overset{オカ}{14}}\,a\ell$$

[3点]

$$= \boxed{\overset{キ}{7}}\,(7k^2 + 6k + 1 - 2a\ell) + \boxed{\overset{ク}{2}}.$$

[3点]

$$= 7(7k^2 + 6k - 2a\ell) + 9$$

これより，a を14で割った余りは $\boxed{\overset{ケ}{2}}$ または $\boxed{\overset{コ}{9}}$.　[2点] [2点]

◀ポイントアドバイス参照

▼

6
整数の性質

(2) 2次方程式 $x^2-2bx+c=0$ が整数解をもつとする。その解を14で割ったときの余りが13であることを示したい。

$x=14q+r$ （q，r は整数，$0 \leqq r < 14$）

$b=14k+$ ア

$c=14\ell+$ イ

と表せて，これらを $x^2-2bx+c=0$ へ代入すると

$r^2-12r-13=$ **サシス** $(14q^2+2qr-28kq-2kr-12q+\ell+1)$

…………①

となり，$r^2-12r-13$ は シス で割り切れる。

①の右辺は偶数より，r は **セ** とわかる。

そのうち①を満たす r は13となる。

セ の解答群

⓪ 偶数	① 奇数	② 素数	③ 約数

■

(2) $x = 14q + r$（q，rは整数，$0 \leqq r < 14$），$b = 14k + 6$，$c = 14\ell + 1$ を
$x^2 - 2bx + c = 0$ へ代入．

$$(14q + r)^2 - 2(14k + 6)(14q + r) + 14\ell + 1 = 0,$$

$\iff r^2 - 12r - 13 =$ サシス［-14］$(14q^2 + 2qr - 28kq - 2kr - 12q + \ell + 1)$……①．

［3点］

これより，$r^2 - 12r - 13$ は シス［14］で割り切れる．

rは奇数（セ［①］）とわかり，$r = 1, 3, 5, 7, 9, 11, 13$．　［3点］

このうち①を満たすのは実際に調べると，$r = 13$ のみとわかる．

■

ポイントアドバイス

(1)の $a =$ キ［7］$(\underbrace{7k^2 + 6k + 1 - 2a\ell}_{\text{M}}) +$ ク［2］について，Mを偶数または奇数に分けて考えてみましょう．

・M：偶数のとき（$\text{M} = 2m$）　$a = 7 \times 2m + 2$
$= 14m + ②$．

・M：奇数のとき（$\text{M} = 2m' + 1$）　$a = 7 \times (2m' + 1) + 2$
$= 14m' + ⑨$．

このように，aを14で割ったときの余りは，2 または 9 となります．

共通テストはここに注意！

⑥ 必要十分条件の引っ掛け問題に気をつけろ

現行の共通テスト「数学Ⅰ・A」においては，第１問〔1〕に「数と式」「集合と命題」「２次方程式（２次不等式)」などが出題されると予想され，その配点は 10 点分となります。ここでは 2016 年度のセンター試験の問題を用いて，引っ掛けタイプの必要十分条件の選択問題を紹介します（一部，改)。

> 実数 x に対して、
> [x は無理数] は [$\sqrt{28}\,x$ は有理数] である
> ための [　]。（配点３点）
> 解答群
> ⓪ 必要十分条件である
> ① 必要条件であるが，十分条件でない
> ② 十分条件であるが，必要条件でない
> ③ 必要条件でも十分条件でもない

実はこの１題を「数学Ⅰ・A」受験者約 39 万人のうちの多くが取りこぼし，３点を失うこととなりました(正答率 18.5％)。まずは簡単な模式図で表してみましょう。

(x：実数)

[x＝［無理数］] $\underset{(イ)}{\overset{(ア)}{\rightleftarrows}}$ [$2\sqrt{7}\,x$＝［有理数］]

$\xrightarrow{(ア)}$ の向きに(**真**)だとなれば(**十分条件**)が成立
$\xleftarrow[(イ)]{}$ の向きに(**真**)だとなれば(**必要条件**)が成立

これにより

⓪ 必要十分条件である $\left(\underset{○}{\overset{○}{\rightleftarrows}}\right)$
① 必要条件であるが，十分条件でない $\left(\underset{○}{\overset{×}{\rightleftarrows}}\right)$
② 十分条件であるが，必要条件でない $\left(\underset{×}{\overset{○}{\rightleftarrows}}\right)$
③ 必要条件でも十分条件でもない $\left(\underset{×}{\overset{×}{\rightleftarrows}}\right)$

と考えればよいこととなります。

実は受験者の多くが①の(**必要条件であるが，十分条件でない**)を選択しています。

これでは，作問者の罠(わな)にまんまと引っ掛かった状態といえます。

通常は，$\xleftarrow[(イ)]{}$ は真(○)の命題に感じられてしまいます。

つまり，

[x＝［無理数］] $\underset{○}{\overset{×}{\rightleftarrows}}$ [$2\sqrt{7}\,x$＝［有理数］]

と考え，①を選択したのでしょう！

ところが，$x=0$ のケースを考えてみてください！
$2\sqrt{7}\,x\times 0=0$　は［有理数］だが，このとき $x=0$　は［有理数］であり［無理数］でない，つまり　$x=0$　が反例となっていることに気づくかがポイントです!!　答えは③となります。

実はこの必要十分条件の選択で，**引っ掛ける問題の素材として“0(ゼロ)”が使われることがあります。**

- （x：実数）$|x|=-x$ $\underset{○}{\overset{×}{\rightleftarrows}}$ $x<0$
  （$x=0$ のとき $|0|=-0$ で成立するが，$x<0$ には含まれない）
- （x：実数）$x>0$ $\underset{×}{\overset{○}{\rightleftarrows}}$ $\sqrt{x^2}=x$
  （$x=0$ は $\sqrt{0^2}=0$ で成立するが，$x>0$ には含まれない）

$$|x|=\begin{cases} x & (x\geqq 0) \\ -x & (x\leqq 0)\end{cases}\qquad \sqrt{x^2}=\begin{cases} x & (x\geqq 0) \\ -x & (x\leqq 0)\end{cases}$$

のように，$x=0$（ゼロ）は　$x\geqq 0$，$x\leqq 0$　のどちらも満たされます！

絶対値や $\sqrt{\ }$（ルート）を外す瞬間や，今回のケースのように［無理数］に掛けて［有理数］に変えているときなどで **“0の盲点”に注意が必要**となるでしょう。

数学A Part 7

図形の性質

1
2
3
4
5
6
7

「図形の性質」も「数学A」の3つの単元の1つで，「場合の数と確率」，「整数の性質」と同じ扱いとなる。第5問の位置に配置され，配点は20点で配点空欄数は9～10個，2ページ程度の問題文である。また，理想の時間配分は14分間であり，「数学Ⅰ・A」の掲載上の最後の単元である。図形問題をタイトな時間の中で最後に解くことは危険であることを周知しておくこと。メネラウスの定理，チェバの定理，パップスの中線定理，内角（外角）の二等分線の定理，円に関する各種定理や性質を設問に合わせてタイムリーに使えることが肝心である。

● 第3問「場合の数と確率」＋ 第4問「整数の性質」の選択

● 第3問「場合の数と確率」＋ 第5問「図形の性質」の選択

が，しばしば見かける選択パターンである。

方べきの定理活用問題

問　題

第1問　(配点　20点)　解答の目安 09分　(2008年度 本試験改題)

△ABC において，CA = 5，∠ABC = 45° とする。また，△ABC の外接円の中心を O とする。

外接円 O 上の点 A を含まない弧 BC 上に点 D を $AD = 3\sqrt{5}$，$CD = \sqrt{10}$ であるようにとると ∠ADC = [アイ]° である。

点 A における外接円 O の接線と辺 DC の延長の交点を E とする。このとき，∠CAE = ∠[ウ]E であるから，△ACE と △D[エ] は相似である。

これより

$$EA = \frac{[オ]\sqrt{[カ]}}{[キ]} EC$$

である。また，$EA^2 =$ [ク]・EC である。

したがって

$$EA = \frac{[ケコ]\sqrt{[サ]}}{[シ]}$$

である。

[ウ]，[エ]，[ク] の解答群（同じものを繰り返し選んでもよい。）

⓪ AC	① AD	② AE	③ BA	④ CD	⑤ ED

■

解答・解説

第1問 （配点　20点）

$\overset{\frown}{\mathrm{AC}}$ に対する円周角より，　$\angle \mathrm{ADC} = \boxed{45}^{\circ}$.（アイ）　[3点]

接弦定理より，

$\angle \mathrm{CAE} = \angle \mathrm{ADE} = 45^{\circ}$.

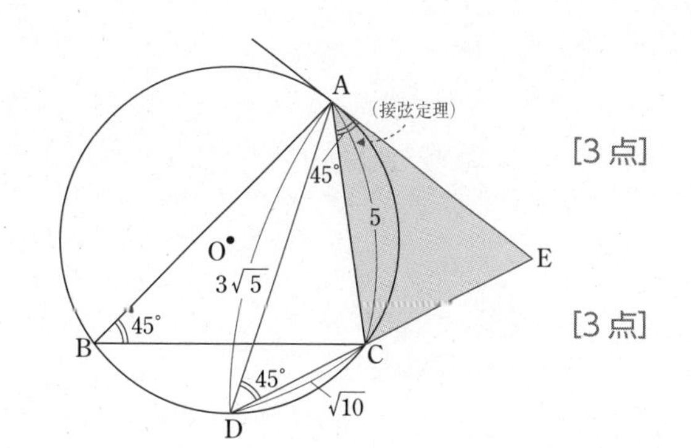

$\therefore\quad \angle \mathrm{CAE} = \angle \boxed{①}\mathrm{E}$.（ウ）　[3点]

これより，$\triangle \mathrm{ACE} \backsim \triangle \mathrm{DAE}$.

$\therefore\quad \triangle \mathrm{ACE} \backsim \triangle \mathrm{D}\boxed{②}$.（エ）　[3点]

$\mathrm{EC} : \mathrm{EA} = 5 : 3\sqrt{5}$,

$\iff\quad 5\mathrm{EA} = 3\sqrt{5}\,\mathrm{EC}$.

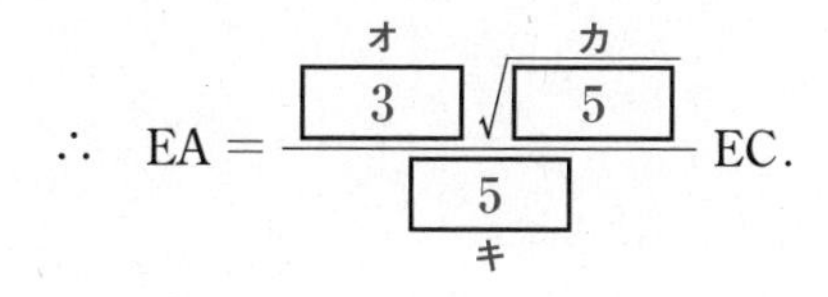

$\therefore\quad \mathrm{EA} = \dfrac{\boxed{3}\sqrt{\boxed{5}}}{\boxed{5}}\mathrm{EC}$.（オ，カ，キ）　[3点]

<ins>方べきの定理</ins>より，

$\mathrm{EC} \times \mathrm{ED} = \mathrm{EA}^2$.

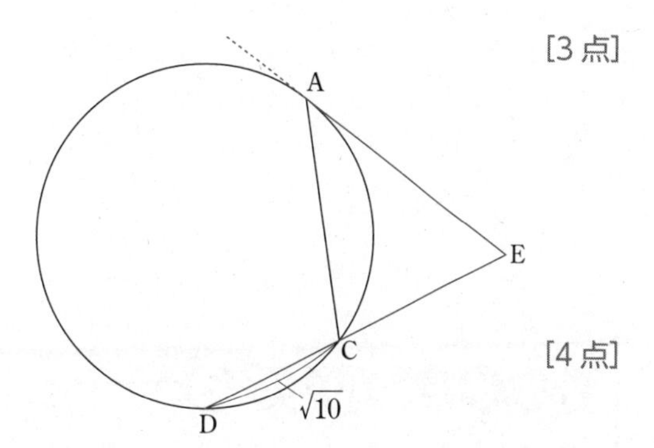

$\therefore\quad \mathrm{EA}^2 = \boxed{⑤}\cdot \mathrm{EC}$.（ク）　[4点]

これより，

$\mathrm{EA}^2 = (\mathrm{EC} + \sqrt{10}) \times \mathrm{EC}$,

$\iff\quad \left(\dfrac{3\sqrt{5}}{5}\mathrm{EC}\right)^2 = (\mathrm{EC} + \sqrt{10})\,\mathrm{EC}$,

$\iff\quad \dfrac{9}{5}\mathrm{EC} = \mathrm{EC} + \sqrt{10}$,

$\iff\quad \mathrm{EC} = \dfrac{5}{4}\sqrt{10}$.

$\therefore\quad \mathrm{EA} = \dfrac{3\sqrt{5}}{5}\mathrm{EC} = \dfrac{3\sqrt{5}}{5} \times \dfrac{5}{4}\sqrt{10} = \dfrac{\boxed{15}\sqrt{\boxed{2}}}{\boxed{4}}$.（ケコ，サ，シ）　[4点]

■

ポイントアドバイス

円の接線が引かれているケースには，2つの流れを予想しましょう．

(A)

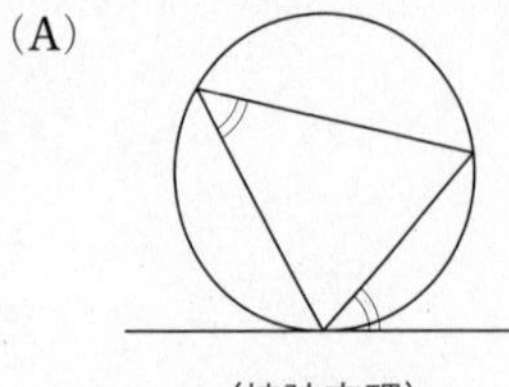

（接弦定理）

(B)

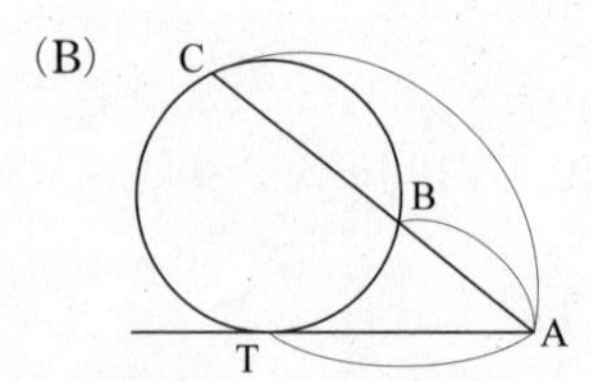

（方べきの定理）　$AB \times AC = AT^2$

$EA^2 =$ [ク] $\cdot$ EC などを見て，すぐに“方べきの定理”であるとわかることはとても大切な読みと言えるでしょう．

問題文中に2ヶ所 $\angle ADC =$ [アイ]°，$\angle CAE = \angle$ [ウ] E のアクセントがありました．この部分は，解こうとする場所ではなく，同一の角を見つけ出すところです．当然，このアクセントのおかげで，相似の活用へとつながっていきます．

（下 書 き 用 紙）

第２問の問題は次ページに続く。

方べきの定理活用問題

問　題

第2問　（配点　20点）　解答の目安 13分　　（2004年度 本試験改題）

平面上に2点O，Pがあり，OP $= \sqrt{6}$ である。点Oを中心とする円Oと点Pを中心とする円Pが，2点A，Bで交わっている。

円Pの半径は2であり，∠AOP $= 45^\circ$ である。

このとき，円Oの半径は

$$\sqrt{\boxed{ア}} + \boxed{イ} \quad \text{または} \quad \sqrt{\boxed{ウ}} - \boxed{エ}$$

である。

以下，円Oの半径が $\sqrt{\boxed{ウ}} - \boxed{エ}$ のときを考える。

$$\text{AB} = \sqrt{\boxed{オ}} - \sqrt{\boxed{カ}}$$

である。

▼

解 答・解 説

第2問 （配点　20点）

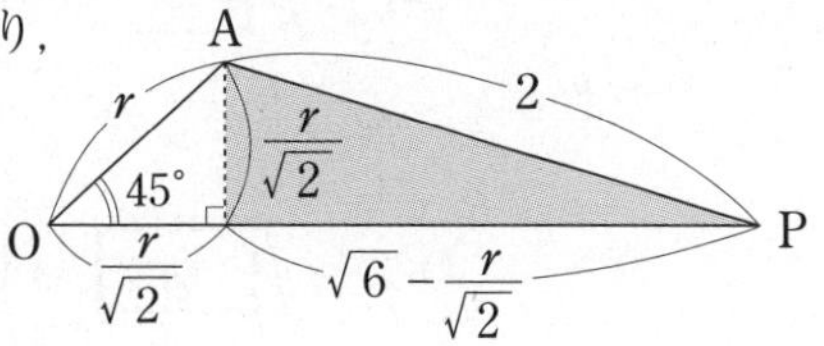

$OA = OB = r\ (>0)$ とおき，三平方の定理より，

$$\left(\frac{r}{\sqrt{2}}\right)^2+\left(\sqrt{6}-\frac{r}{\sqrt{2}}\right)^2=2^2,$$

$\iff\quad r^2-2\sqrt{3}\,r+2=0.\quad\therefore\quad r=\sqrt{3}\pm1.$

これより，

$$r=\sqrt{\boxed{3}}+\boxed{1}\ \text{または}\ \sqrt{\boxed{3}}-\boxed{1}.$$

（ア：3，イ：1，ウ：3，エ：1）　[2点] [2点]

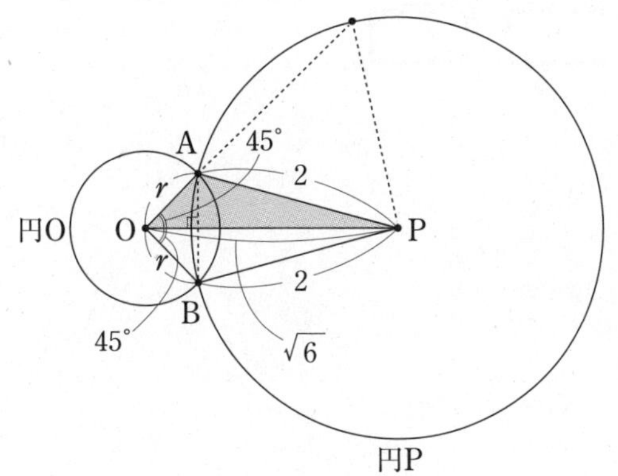

以下，$r=\sqrt{\boxed{3}}-\boxed{1}$（ウ：3，エ：1）の場合で考える．

三角形OABは　$OA = OB$ の直角二等辺三角形なので，

$$AB=\sqrt{2}\,OA=\sqrt{2}\,(\sqrt{3}-1)$$

$$=\sqrt{\boxed{6}}-\sqrt{\boxed{2}}.$$

（オ：6，カ：2）　[3点]

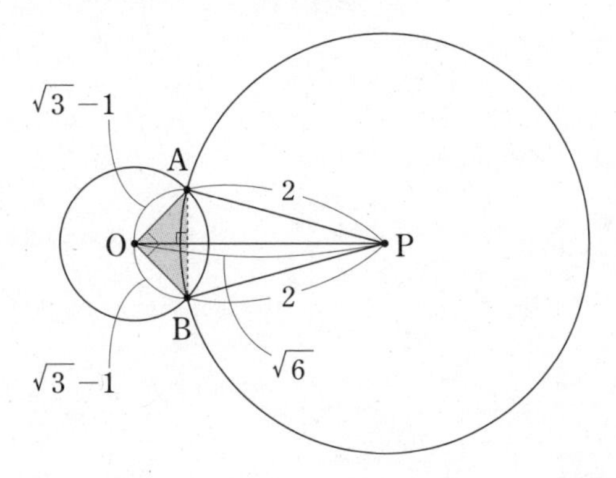

▼

また，OAのA側への延長と円Pとの交点をC，直線OPと円Pとの2つの交点のうち，点Oに近い方から順に点Q，Rとするとき

$$OQ = \sqrt{\boxed{キ}} - \boxed{ク}$$

であり

$$OC = \sqrt{\boxed{ケ}} + \boxed{コ}$$

となる。

ここで，$\angle BAC = \boxed{サシス}^\circ$ より

$$BC = \boxed{セ}\sqrt{\boxed{ソ}}$$

である。

■

$\therefore\quad OQ = OP - 2 = \sqrt{\boxed{6}} - \boxed{2}$.（キ：6，ク：2）　[3点]

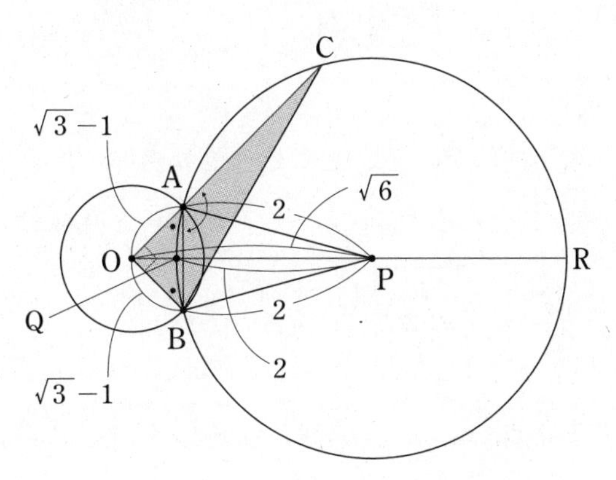

方べきの定理より,

$$OQ \times OR = OA \times OC,$$

$$\iff (\sqrt{6}-2)\times(\sqrt{6}+2) = (\sqrt{3}-1)\times OC,$$

$$\iff OC = \frac{2}{\sqrt{3}-1},$$

$$\iff OC = \sqrt{\boxed{3}} + \boxed{1}.$$（ケ：3，コ：1）　[3点]

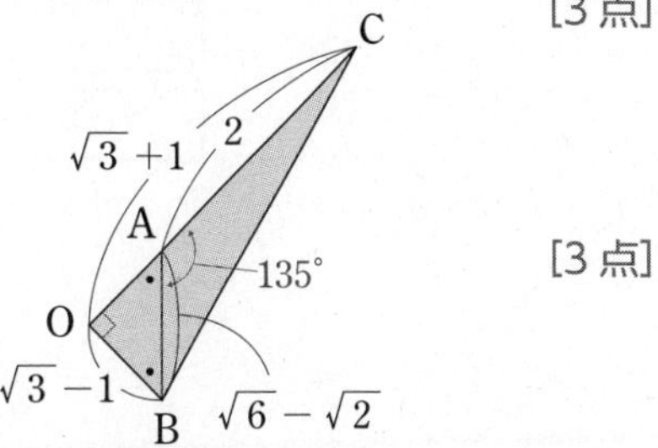

ここで，三角形ABCにおいて,

$$\angle BAC = 180^\circ - 45^\circ = \boxed{135}^\circ.$$（サシス：135）　[3点]

三角形OBCで三平方の定理より,

$$BC^2 = (\sqrt{3}-1)^2 + (\sqrt{3}+1)^2$$
$$= 4 - 2\sqrt{3} + 4 + 2\sqrt{3}$$
$$= 8.$$

$$\therefore\quad BC = \boxed{2}\sqrt{\boxed{2}}.$$（セ：2，ソ：2）　[4点]

■

ポイントアドバイス

この問題の一番の難点は，(小)，(大)の２つの円のイメージがわくように描けるかどうかにあります．下手に円Pを描くと，点Cの存在すら疑わしい図になりかねません．作図の上手，下手が解答の正誤を左右する問題であり，計算で押し通す問題ではないのです．半径1cm～3cmくらいの円を正確に描く練習が必要です．$OC = \sqrt{\boxed{3}} + \boxed{1}$（ケ，コ）の部分は方べきの定理を用いて求めてありますが，１番最初の $OA = r$ を求めた際の $r = \sqrt{\boxed{3}} + \boxed{1}$（ア，イ）を見つけられたら最も早い解法でした.

メネラウスの定理活用問題

問　題

第3問　（配点　20点）　解答の目安 08分　（1998年度 本試験改題）

三角形ABCの辺AB，AC上にそれぞれ点D，Eを AD：AE＝2：3，BD：CE＝3：1 となるようにとる。直線DEと直線BCは点Fで交わるとする。

このとき，$\dfrac{\text{BF}}{\text{CF}}=\dfrac{\boxed{\text{ア}}}{\boxed{\text{イ}}}$ である。

さらに，4点B，C，E，Dが同一円周上にあるとき，AD＝$2a$，CE＝b

とおくと，$\boxed{\text{ウ}}\,a=\boxed{\text{エ}}\,b$ である。したがって

$$\frac{\text{AB}}{\text{AC}}=\frac{\boxed{\text{オ}}}{\boxed{\text{カ}}},\quad \frac{\text{AD}}{\text{BD}}=\frac{\boxed{\text{キ}}}{\boxed{\text{ク}}}$$

である。

また，$\dfrac{\text{EF}}{\text{DF}}=\dfrac{\boxed{\text{ケ}}}{\boxed{\text{コ}}}$ となる。

■

ポイントアドバイス

メネラウスの定理を2度使う問題です．また，$2a:3a$，$3b:b$，$9c:2c$（長さの比です）などの比と比の関係（連比）が煩雑に表れます。作図がしっかりとできれば，方向性は読み解きやすい問題といえるでしょう．途中で△ABC と△AED の相似を用いて a と b の関係式を導いていますが，方べきの定理を使っても同じこととなります．

解答・解説

第3問 (配点 20点)

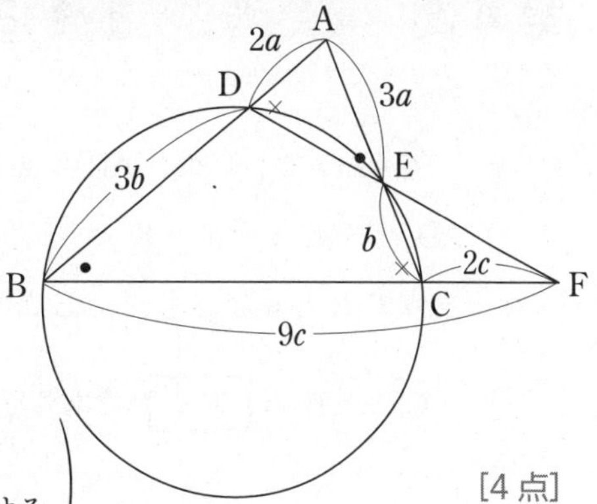

メネラウスの定理より，

$$\frac{\mathrm{AD}}{\mathrm{DB}}\times\frac{\mathrm{BF}}{\mathrm{FC}}\times\frac{\mathrm{CE}}{\mathrm{EA}}=1,$$

$$\iff \frac{2a}{3b}\times\frac{\mathrm{BF}}{\mathrm{FC}}\times\frac{b}{3a}=1,$$

$$\iff \frac{\mathrm{BF}}{\mathrm{CF}}=\frac{\overset{\text{ア}}{\boxed{9}}}{\underset{\text{イ}}{\boxed{2}}}.$$ [4点]

（$C>0$ を用いて，$\mathrm{BF}=9c$，$\mathrm{CF}=2c$ とおける．）

$\triangle\mathrm{ABC}\backsim\triangle\mathrm{AED}$ より，

$$2a+3b:3a=3a+b:2a,$$

$$\iff 3a(3a+b)=2a(2a+3b),$$

$$\iff 9a+3b=4a+6b,$$

$$\iff \overset{\text{ウ}}{\boxed{5}}\,a=\overset{\text{エ}}{\boxed{3}}\,b.$$ [4点]

（方べきの定理を使い，$2a(2a+3b)=3a(3a+b)$ としてもよい．）

$$\frac{\mathrm{AB}}{\mathrm{AC}}=\frac{2a+3b}{3a+b}=\frac{2a+5a}{3a+\frac{5}{3}a}=\frac{7a}{\frac{14}{3}a}=\frac{\overset{\text{オ}}{\boxed{3}}}{\underset{\text{カ}}{\boxed{2}}}.$$ [4点]

$$\frac{\mathrm{AD}}{\mathrm{BD}}=\frac{2a}{3b}=\frac{2a}{5a}=\frac{\overset{\text{キ}}{\boxed{2}}}{\underset{\text{ク}}{\boxed{5}}}.$$ [4点]

メネラウスの定理より，

$$\frac{\mathrm{FE}}{\mathrm{ED}}\times\frac{\mathrm{DA}}{\mathrm{AB}}\times\frac{\mathrm{BC}}{\mathrm{CF}}=1,$$

$$\iff \frac{\mathrm{FE}}{\mathrm{ED}}\times\frac{2a}{2a+3b}\times\frac{7c}{2c}=1,$$

$$\iff \frac{\mathrm{FE}}{\mathrm{ED}}\times\frac{2a}{7a}\times\frac{7c}{2c}=1,$$

$$\iff \frac{\mathrm{FE}}{\mathrm{ED}}=1.\qquad\therefore\ \frac{\mathrm{EF}}{\mathrm{DF}}=\frac{\overset{\text{ケ}}{\boxed{1}}}{\underset{\text{コ}}{\boxed{2}}}.$$ [4点]

■

メネラウスの定理活用問題

問　題

第4問（配点　20点）　解答の目安 12分　　(2015年度 本試験改題)

$\triangle$ABC において，AB＝ AC＝ 5，BC ＝ $\sqrt{5}$ とする。辺 AC 上に点 D を AD ＝ 3 となるようにとり，辺 BC の B の側の延長と $\triangle$ABD の外接円との交点で B と異なるものを E とする。

CE・CB ＝ **アイ** であるから，BE ＝ $\sqrt{\boxed{ウ}}$ である。

$\triangle$ACE の重心を G とすると，AG ＝ $\dfrac{\boxed{エオ}}{\boxed{カ}}$ である。

AB と DE の交点を P とすると

$$\frac{DP}{EP} = \frac{\boxed{キ}}{\boxed{ク}} \qquad \cdots\cdots\cdots\cdots①$$

である。

$\triangle$ABC と $\triangle$EDC において，点 A，B，D，E は同一円周上にあるので $\angle$CAB＝$\angle$CED であり，$\angle$C は共通であるから

$$DE = \boxed{ケ}\sqrt{\boxed{コ}} \qquad \cdots\cdots\cdots\cdots②$$

である。

①，② から，EP ＝ $\dfrac{\boxed{サ}\sqrt{\boxed{シ}}}{\boxed{ス}}$ である。

■

解 答・解 説

第4問 （配点　20点）

方べきの定理より，

$$\mathrm{CB}\times\mathrm{CE}=2\times(2+3)$$

$$=10.$$

$$\therefore\quad \mathrm{CB}\cdot\mathrm{CE}=\underset{\text{アイ}}{\boxed{10}}.$$ ［3点］

ここで，BE $=x$（>0）とおくと，

$$\sqrt{5}\times(\sqrt{5}+x)=10.$$

$$\therefore\quad \mathrm{BE}=x=\sqrt{\underset{\text{ウ}}{\boxed{5}}}.$$ ［3点］

AB は三角形 AEC の中線より，AG : GB = 2 : 1.

$$\mathrm{AG}=5\times\frac{2}{3}=\frac{\underset{\text{エオ}}{\boxed{10}}}{\underset{\text{カ}}{\boxed{3}}}.$$ ［3点］

メネラウスの定理より，

$$\frac{\mathrm{EP}}{\mathrm{PD}}\times\frac{\mathrm{DA}}{\mathrm{AC}}\times\frac{\mathrm{CB}}{\mathrm{BE}}=1.$$

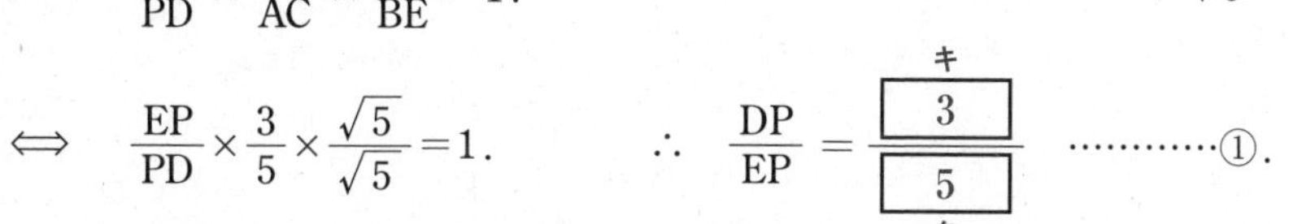

$$\Longleftrightarrow\quad \frac{\mathrm{EP}}{\mathrm{PD}}\times\frac{3}{5}\times\frac{\sqrt{5}}{\sqrt{5}}=1.\qquad \therefore\quad \frac{\mathrm{DP}}{\mathrm{EP}}=\frac{\underset{\text{キ}}{\boxed{3}}}{\underset{\text{ク}}{\boxed{5}}}\quad\cdots\cdots\cdots\cdots①.$$ ［4点］

次に，△ABC ∽ △EDC （∠CAB ＝ ∠CED，∠C ＝ ∠C の2角相等）

$$5:\mathrm{DE}=5:2\sqrt{5},$$

$$\Longleftrightarrow\quad 5\mathrm{DE}=10\sqrt{5}.\qquad \therefore\quad \mathrm{DE}=\underset{\text{ケ}}{\boxed{2}}\sqrt{\underset{\text{コ}}{\boxed{5}}}\quad\cdots\cdots\cdots\cdots②.$$ ［4点］

①，②より，

$$\frac{\mathrm{DP}}{\mathrm{EP}}=\frac{3}{5},$$

$$\Longleftrightarrow\quad \frac{\mathrm{ED}}{\mathrm{EP}}=\frac{8}{5},$$

$$\Longleftrightarrow\quad \mathrm{EP}=\frac{5}{8}\mathrm{ED}$$

$$=\frac{5}{8}\times2\sqrt{5}=\frac{\underset{\text{サ}}{\boxed{5}}\sqrt{\underset{\text{シ}}{\boxed{5}}}}{\underset{\text{ス}}{\boxed{4}}}.$$ ［3点］

■

ポイントアドバイス

図形の性質でしばしば使われる定理，公式を確認しましょう．

（メネラウスの定理）

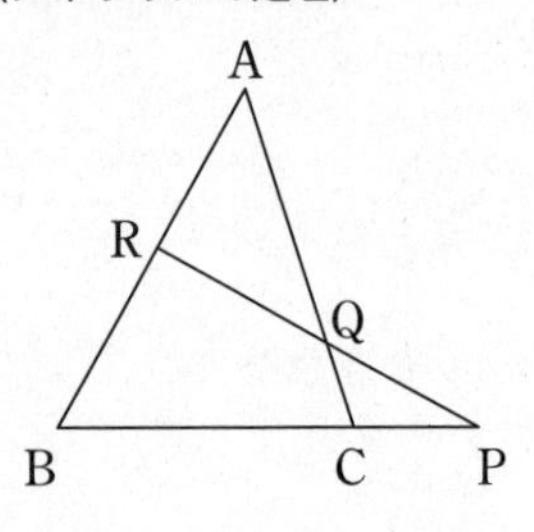

$$\frac{AR}{RB} \times \frac{BP}{PC} \times \frac{CQ}{QA} = 1$$

（チェバの定理）

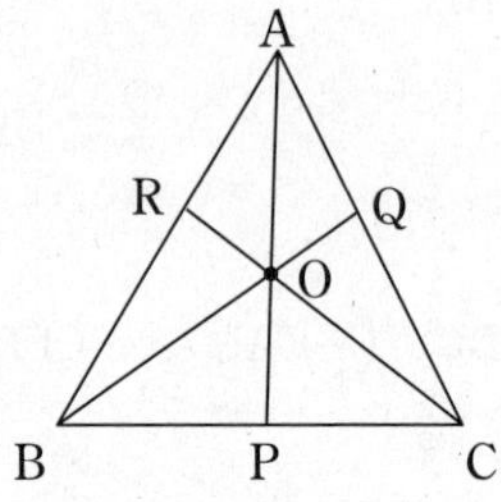

$$\frac{AR}{RB} \times \frac{BP}{PC} \times \frac{CQ}{QA} = 1$$

（パップスの中線定理）

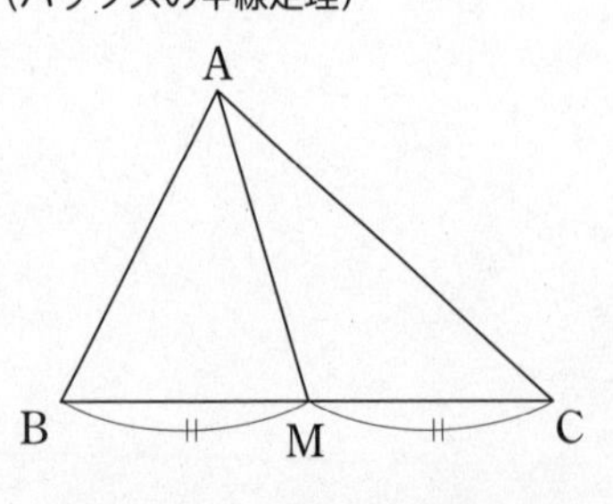

$$AB^2 + AC^2 = 2(AM^2 + BM^2)$$

（方べきの定理）

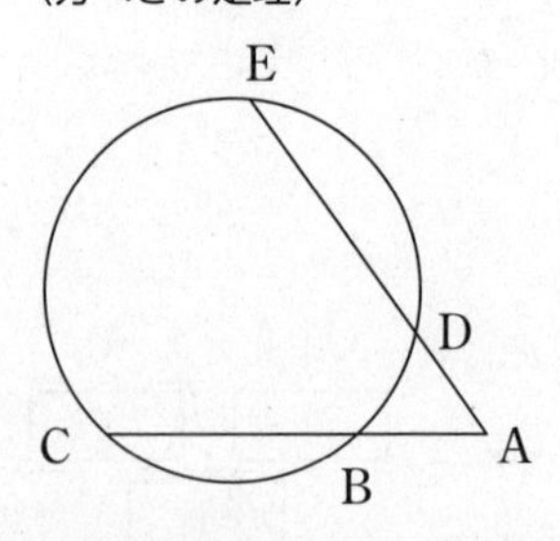

$$AB \times AC = AD \times AE$$

（下 書 き 用 紙）

第５問の問題は次ページに続く。

チェバの定理活用問題

問　題

第5問（配点　20点）　解答の目安 09分　　（1999年度 本試験改題）

△ABCの辺AB，AC上にそれぞれ点D，Eを

$$AD : DB = t : 1, \qquad AE : EC = 1 : (t+1)$$

となるようにとる。さらにBEとCDの交点とAを結ぶ直線がBCと交わる点をFとおく。

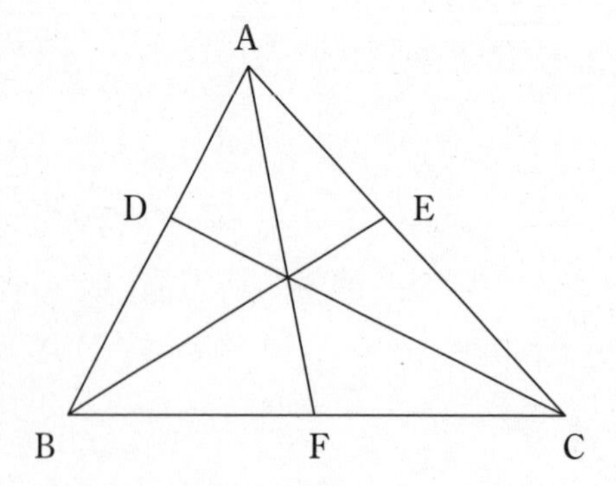

(1)　DEがBCに平行になるとき

$$t = \frac{\boxed{アイ} + \sqrt{\boxed{ウ}}}{2}$$

である。

(2)　AFが△ABCの内心を通り，AC = 12 AB のとき，△ABFと△AFCの面積をそれぞれS_1，S_2とすると

$$\frac{S_2}{S_1} = \boxed{エオ}$$

である。また，$\dfrac{BF}{FC} = \dfrac{\boxed{カ}}{t\left(t + \boxed{キ}\right)}$ である。

したがって

$$t = \boxed{ク}$$

である。

解　答・解　説

第5問 （配点　20点）

(1) DE∥BC のとき,

$t:1=1:t+1$,

$\iff$　$t^2+t=1$,

$\iff$　$t^2+t-1=0$.

$\therefore\quad t=\dfrac{\boxed{-1}+\sqrt{\boxed{5}}}{2}$ (>0).

アイ：-1　ウ：5

[5点]

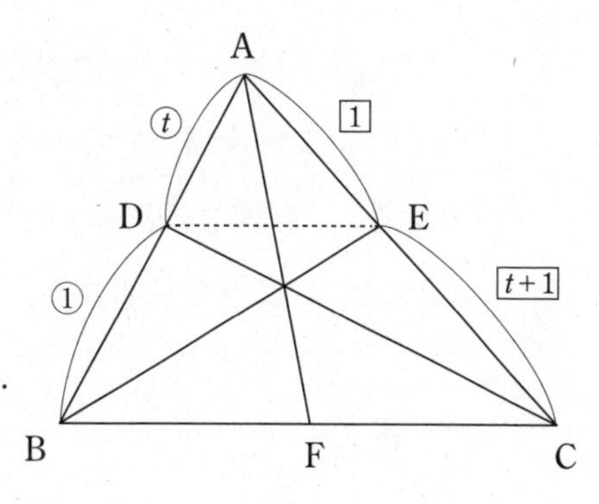

(2) AF は ∠BAC の二等分線なので, $S_1:S_2=\mathrm{BF}:\mathrm{FC}=1:12$ より,

$\dfrac{S_2}{S_1}=\dfrac{12}{1}=\boxed{12}$.　（エオ）

[5点]

チェバの定理より,

$\dfrac{t}{1}\times\dfrac{\mathrm{BF}}{\mathrm{FC}}\times\dfrac{t+1}{1}=1$,

$\iff$　$\dfrac{\mathrm{BF}}{\mathrm{FC}}=\dfrac{\boxed{1}}{t\left(t+\boxed{1}\right)}$.　（カ：1　キ：1）

[5点]

ここで, $\dfrac{1}{t(t+1)}=\dfrac{1}{12}$,

$\iff$　$t^2+t-12=0$,

$\iff$　$(t+4)(t-3)=0$.　　$\therefore\quad t=\boxed{3}$ (>0).　（ク）

[5点]

■

ポイントアドバイス

チェバの定理を確認しましょう．

右図を参考に,

$\dfrac{\mathrm{AD}}{\mathrm{DB}}\times\dfrac{\mathrm{BF}}{\mathrm{FC}}\times\dfrac{\mathrm{CE}}{\mathrm{EA}}=1$

となります．

（AF, BE, CD が1点Oで交わるとき）

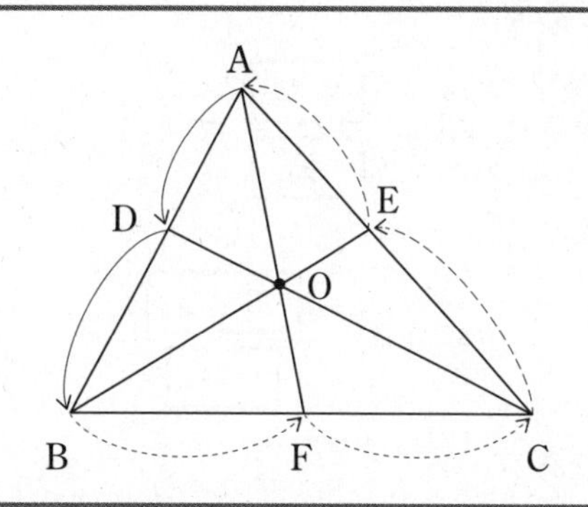

チェバの定理活用問題

問題

第6問 (配点 20点) 解答の目安 13分 (2000年度 追試験改題)

円に内接する四角形ABCDの辺の長さを，それぞれ

$$AB = 4,\quad BC = 3,\quad CD = 2,\quad DA = 6$$

とする。2直線BCとADの交点をE，2直線ABとDCの交点をF，2直線ACとEFの交点をGとする。

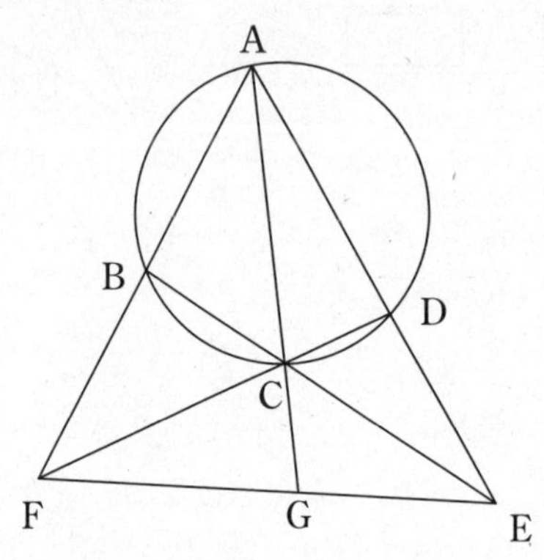

$EC = x$，$ED = y$ とおけば，相似な2つの三角形△CDEと△ABEとの対応する辺の比はみな等しいから

$$x : 2 = \left(y + \boxed{ア}\right) : 4$$

$$y : 2 = \left(x + \boxed{イ}\right) : 4$$

が成り立つ。ゆえに $x = \boxed{ウ}$，$y = \boxed{エ}$ である。

さらに

$$EC \cdot EB = \boxed{オカ}$$

である。

同様に $FC = \dfrac{\boxed{キク}}{\boxed{ケ}}$ であり

$$FA \cdot FB = \frac{\boxed{コサシ}}{\boxed{ス}}$$

である。

解 答・解 説

第６問 （配点 20点）

$\triangle CDE \backsim \triangle ABE$ より，

$2:4 = x:(y+6) = y:(x+3)$.

よって，

$$\begin{cases} x:2 = \left(y + \overset{ア}{\boxed{6}}\right):4, & [2点] \\ y:2 = \left(x + \underset{イ}{\boxed{3}}\right):4, & [2点] \end{cases}$$

$$\Longleftrightarrow \begin{cases} 4x = 2y + 12, \\ 4y = 2x + 6. \end{cases}$$

$$\therefore \quad x = \overset{ウ}{\boxed{5}}, \qquad y = \overset{エ}{\boxed{4}}.$$ [2点] [2点]

これより，$EC \cdot EB = 5 \cdot (5+3) = \overset{オカ}{\boxed{40}}$. [2点]

同様に，$FC = X$，$FB = Y$ とおくと，

$$\begin{cases} X:3 = (Y+4):6, \\ Y:3 = (X+2):6, \end{cases}$$

$$\Longleftrightarrow \begin{cases} 6X = 3Y + 12, \\ 6Y = 3X + 6. \end{cases}$$

$$\therefore \quad X = FC = \frac{\overset{キク}{\boxed{10}}}{\underset{ケ}{\boxed{3}}}, \qquad Y = FB = \frac{8}{3}.$$ [2点]

これより，$FA \cdot FB = \left(\frac{8}{3} + 4\right) \cdot \frac{8}{3} = \frac{20}{3} \cdot \frac{8}{3} = \frac{\overset{コサシ}{\boxed{160}}}{\underset{ス}{\boxed{9}}}$. [2点]

また，$\mathrm{FG}=\dfrac{\boxed{セ}}{\boxed{ソ}}\mathrm{FE}$ より，△ACF と △ACE の面積をそれぞれ S_1，S_2 とすると

$$\frac{S_2}{S_1}=\boxed{タ}$$

である。

■

チェバの定理より，

$$\frac{4}{\frac{8}{3}}\times\frac{FG}{GE}\times\frac{4}{6}=1,$$

$$\Longleftrightarrow\quad \frac{FG}{GE}=1.\qquad \therefore\quad FG=\frac{\boxed{1}_{\text{セ}}}{\boxed{2}_{\text{ソ}}}FE.$$ [3 点]

これより，$\dfrac{S_2}{S_1}=\dfrac{\triangle ACE}{\triangle ACF}=\boxed{1}_{\text{タ}}.$ [3 点]

■

ポイントアドバイス

この $X=\dfrac{\boxed{10}_{\text{キク}}}{\boxed{3}_{\text{ケ}}}$ の箇所では，同時に $Y=\dfrac{8}{3}$ を求めてあるため，

$FA\cdot FB=(Y+4)\cdot Y=\left(\dfrac{8}{3}+4\right)\cdot\dfrac{8}{3}=\dfrac{\boxed{160}_{\text{コサシ}}}{\boxed{9}_{\text{ス}}}$ と求めてありますが，$X=\dfrac{\boxed{10}_{\text{キク}}}{\boxed{3}_{\text{ケ}}}$ だけでも

方べきの定理を用いれば，

$FA\cdot FB=FC\cdot FD=X\cdot(X+2)=\dfrac{10}{3}\cdot\left(\dfrac{10}{3}+2\right)=\dfrac{\boxed{160}_{\text{コサシ}}}{\boxed{9}_{\text{ス}}}$ と求めることが可能です．

内接円の性質問題

問　題

第７問 （配点　20点） 解答の目安 12分 （2012年度 本試験改題）

$\triangle$ABCにおいて，AB $=$ AC $= 3$，線分BCの中点をDとするとAD $= 2\sqrt{2}$，$\triangle$ABCの内接円Iの半径が $\dfrac{\sqrt{2}}{2}$ であるとき，辺ABと内接円Iの接点をHとすると

AH $=$ [ア]，　BC $=$ [イ]

である。

また，$\triangle$ABCの面積は [ウ] $\sqrt{[エ]}$ であり，円Iの中心から点Cまでの距離は $\dfrac{\sqrt{[オ]}}{[カ]}$ である。

▼

解答・解説

第7問 (配点　20点)

点Aから辺BCに下ろした垂線の足がDと同じ.

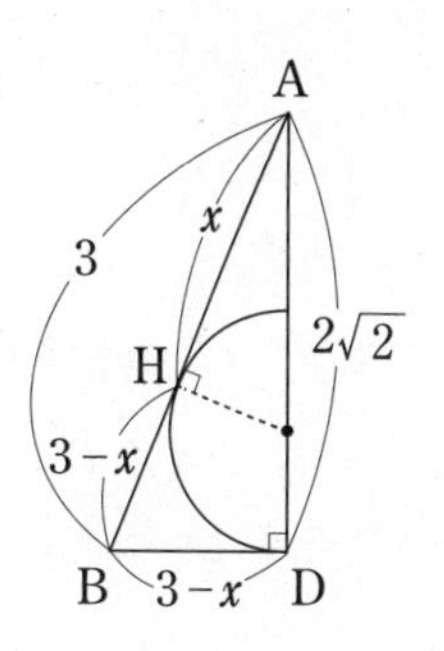

$\mathrm{AH} = x \quad (0 < x < 3)$ とおくと,

$(3 - x)^2 + (2\sqrt{2})^2 = 3^2$,

$\iff \quad x^2 - 6x + 8 = 0$,

$\iff \quad (x - 2)(x - 4) = 0$.

$\therefore \quad \mathrm{AH} = x = \boxed{2}$ (ア). [3点]

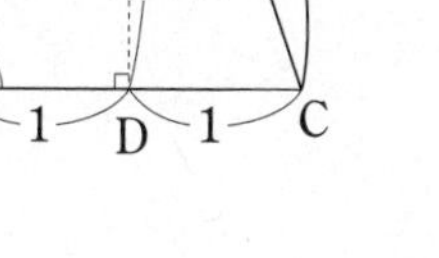

これより, $\mathrm{BC} = 2\mathrm{BD} = \boxed{2}$ (イ). [3点]

$\triangle\mathrm{ABC} = \frac{1}{2} \times 2 \times 2\sqrt{2} = \boxed{2}\sqrt{\boxed{2}}$ (ウ, エ). [3点]

(円Iの中心から点Cまでの距離) $= \sqrt{1^2 + \left(\frac{\sqrt{2}}{2}\right)^2} = \frac{\sqrt{\boxed{6}}}{\boxed{2}}$ (オ, カ). [3点]

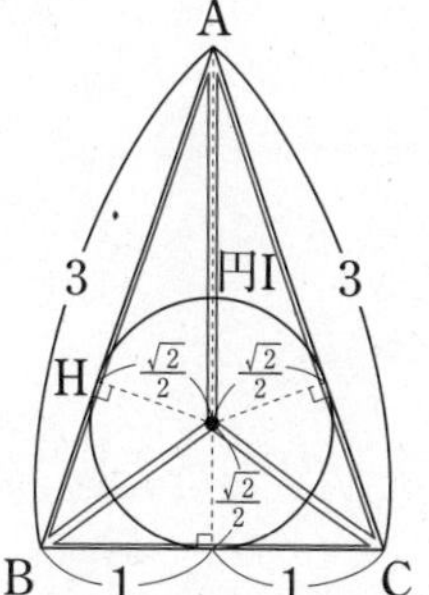

▼

円I上に点Eと点Fを，3点C，E，Fが一直線上にこの順に並び，かつ，CF $= \sqrt{2}$ となるようにとる。このとき

$$\mathrm{CE} = \frac{\sqrt{\boxed{キ}}}{\boxed{ク}}, \qquad \frac{\mathrm{EF}}{\mathrm{CE}} = \boxed{ケ}$$

である。

さらに，線分BEと線分DFとの交点をG，線分CGの延長と線分BFとの交点をMとする。このとき，$\dfrac{\mathrm{GM}}{\mathrm{CG}} = \dfrac{\boxed{コ}}{\boxed{サ}}$ である。

■

方べきの定理より,

$$\mathrm{CE}\times\sqrt{2}=1^2,$$

$$\Longleftrightarrow\quad \mathrm{CE}=\frac{1}{\sqrt{2}},$$

$$\Longleftrightarrow\quad \mathrm{CE}=\frac{\sqrt{\underset{キ}{\boxed{2}}}}{\underset{ク}{\boxed{2}}}.$$

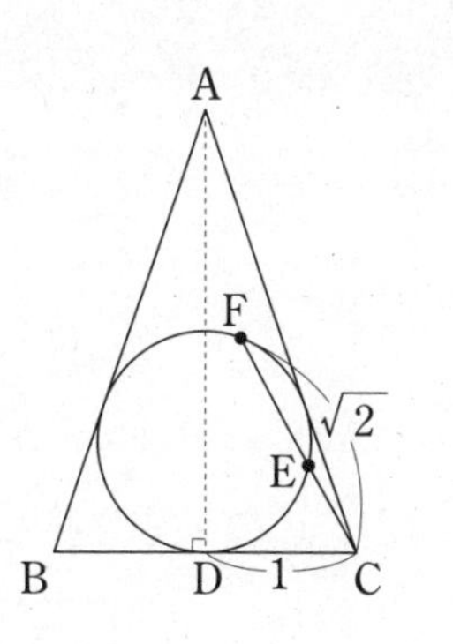

[3 点]

これより, $\mathrm{EF}=\sqrt{2}-\frac{\sqrt{2}}{2}=\frac{\sqrt{2}}{2}$ とわかる.

$$\therefore\quad \frac{\mathrm{EF}}{\mathrm{CE}}=\frac{\frac{\sqrt{2}}{2}}{\frac{\sqrt{2}}{2}}=\underset{ケ}{\boxed{1}}.$$

[2 点]

三角形 BCF に注目すれば, 線分 BE と線分 FD はともに中線より, その交点 G は三角形 BCF の重心とわかる.

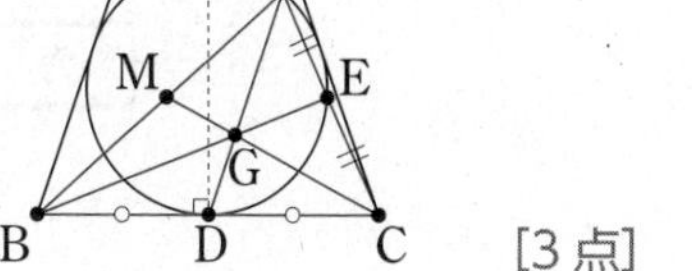

$$\therefore\quad \frac{\mathrm{GM}}{\mathrm{CG}}=\frac{\underset{コ}{\boxed{1}}}{\underset{サ}{\boxed{2}}}.$$

[3 点]

■

ポイントアドバイス

冒頭, AB = AC の二等辺三角形があるので, 頂点 A から辺 BC に垂線を下ろし, 左右合同な直角三角形を作図することで簡単に面積にアプローチできます.
中盤からは, すべて図形を抜き出して見れば簡単だと気づく問題です.

方べきの定理

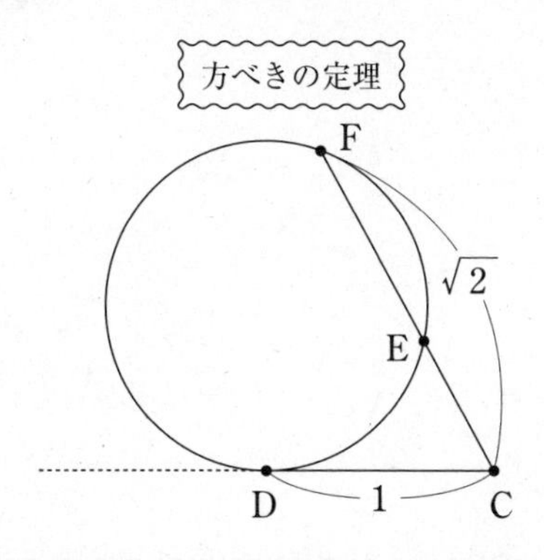

Gは三角形BCFの重心

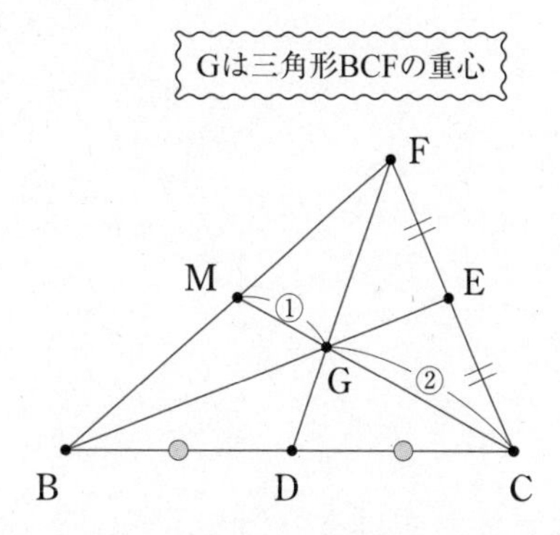

内接円の性質問題

問　題

第8問 （配点　20点） 解答の目安 12分 （2021年度 本試験〔第1日程〕改題）

△ABCにおいて，$AB = 3$，$BC = 4$，$AC = 5$とする。

∠BACの二等分線と辺BCとの交点をDとすると

$$BD = \frac{\boxed{ア}}{\boxed{イ}}, \quad AD = \frac{\boxed{ウ}\sqrt{\boxed{エ}}}{\boxed{オ}}$$

である。

また，∠BACの二等分線と△ABCの外接円Oとの交点で点Aとは異なる点をEとする。△AECに着目すると

$$AE = \boxed{カ}\sqrt{\boxed{キ}}$$

である。

△ABCの2辺ABとACの両方に接し，外接円Oに内接する円の中心をPとする。円Pの半径をrとする。さらに，円Pと外接円Oとの接点をFとし，直線PFと外接円Oとの交点で点Fとは異なる点をGとする。このとき

$$AP = \sqrt{\boxed{ク}}\,r, \quad PG = \boxed{ケ} - r$$

と表せる。したがって，方べきの定理により $r = \dfrac{\boxed{コ}}{\boxed{サ}}$ である。

▼

解 答・解 説

第8問 (配点 20点)

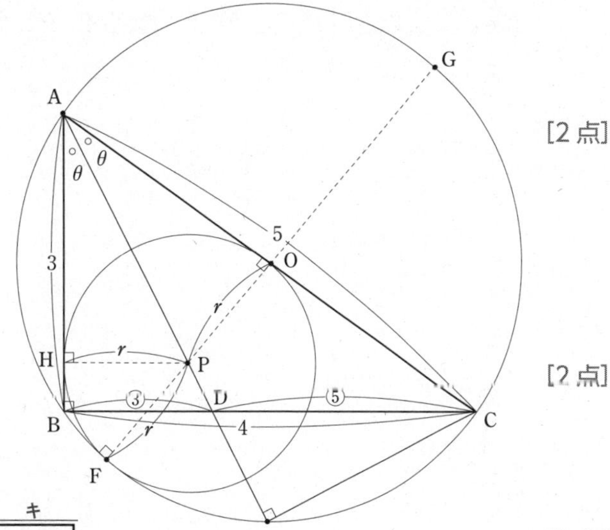

BD : DC = 3 : 5 より,

$$BD = 4 \times \frac{3}{8} = \frac{\boxed{3}^{ア}}{\boxed{2}_{イ}}.$$ [2点]

$$AD = \sqrt{3^2 + \left(\frac{3}{2}\right)^2} = \sqrt{\frac{45}{4}}$$

$$= \frac{\boxed{3}^{ウ}\sqrt{\boxed{5}^{エ}}}{\boxed{2}_{オ}}.$$ [2点]

△ABD ∽ △AEC より,

$$AE = 3 \times \frac{5}{\frac{3\sqrt{5}}{2}} = \boxed{2}^{カ}\sqrt{\boxed{5}^{キ}}.$$ [2点]

図中の点 H に対して, △APH ∽ △ADB より,

$$AP = \frac{3\sqrt{5}}{2} \times \frac{r}{\frac{3}{2}} = \sqrt{\boxed{5}^{ク}}\,r.$$ [2点]

さらに, $PG = \boxed{5}^{ケ} - r.$ [2点]

ここで, 方べきの定理より,

$$FP \times PG = AP \times PE$$

$$\iff r(5-r) = \sqrt{5}\,r(2\sqrt{5} - \sqrt{5}\,r),$$

$$\iff 4r\left(r - \frac{5}{4}\right) = 0. \qquad \therefore\ r = \frac{\boxed{5}^{コ}}{\boxed{4}_{サ}}.$$ [3点]

▼

△ABC の内心を Q とする。内接円 Q の半径は [シ] で，AQ $= \sqrt{[ス]}$ である。また，円 P と辺 AB との接点を H とすると，AH $= \dfrac{[セ]}{[ソ]}$ である。

■

右下図の内接円 Q の半径を R とおくと，

$$\frac{R}{2}(3+4+5)=\frac{1}{2}\times3\times4. \qquad \therefore\quad R=\boxed{1}_{\text{シ}}.$$ [3 点]

さらに，$\mathrm{AQ}=\dfrac{3\sqrt{5}}{2}\times\dfrac{1}{\frac{3}{2}}=\sqrt{\boxed{5}_{\text{ス}}}$. [2 点]

265 ページの図より，

$$\mathrm{AH}=3\times\frac{\frac{5}{4}}{\frac{3}{2}}=\frac{\boxed{5}_{\text{セ}}}{\boxed{2}_{\text{ソ}}}.$$ [2 点]

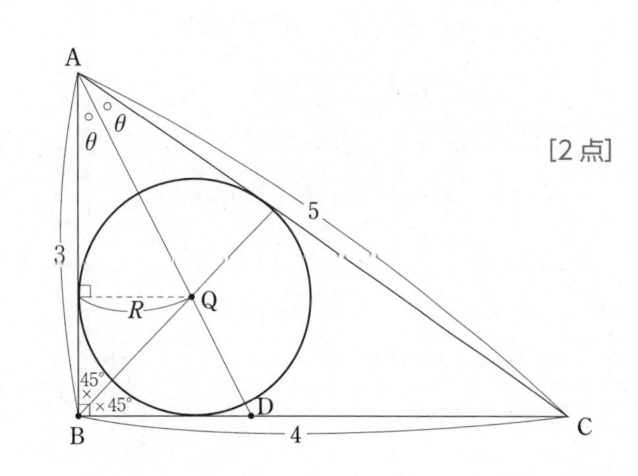

■

ポイントアドバイス

右図の通り，異なる大きさの 2 円の中心を結んだ直線は，各々の円の直径となっていることに気づいて下さい.

上記の解答で円 P の半径 $r=\dfrac{\boxed{5}_{\text{コ}}}{\boxed{4}_{\text{サ}}}$ $\Longleftarrow$ $\left(\text{円 O の半径の}\dfrac{1}{2}\right)$ から，

結果として円 P は辺 AC と点 O で接していることがわかります.

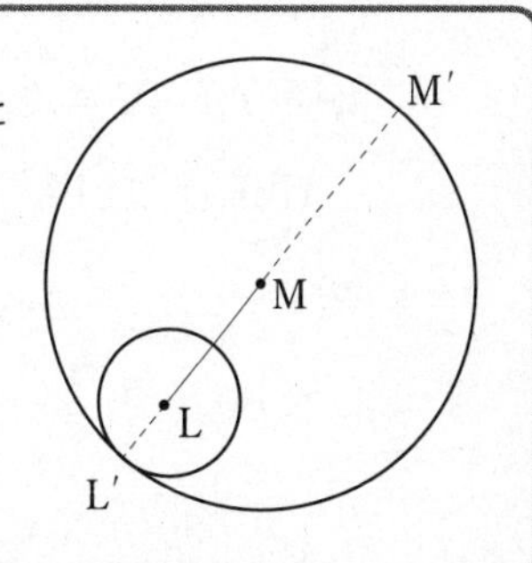

問　題

第9問 (配点　20点) 解答の目安 09分 (2004年度 本試験改題)

1 辺の長さが 1 の正方形 ABCD の辺 BC を 1 : 3 に内分する点を E とする。D を中心とする半径 1 の円と，線分 DE との交点を F とする。点 F におけるこの円 D の接線と辺 AB, BC との交点をそれぞれ G, H とし，さらに直線 GE と直線 BD との交点を I とする。

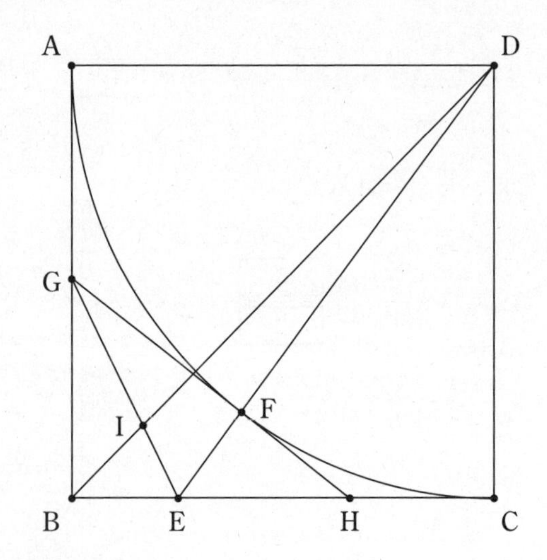

(1) 点 I が △BGH の内心であることを示す。E は BC を 1 : 3 に内分するから

$$\mathrm{BE} = \frac{\boxed{\text{ア}}}{\boxed{\text{イ}}}$$

である。△ECD において三平方の定理を用いれば

$$\mathrm{ED} = \frac{\boxed{\text{ウ}}}{\boxed{\text{エ}}}$$

となる。よって，$\mathrm{EF} = \dfrac{\boxed{\text{オ}}}{\boxed{\text{カ}}}$ である。

△GBE と △GFE は直角三角形で，斜辺 GE を共有し，BE ＝ FE であるから △GBE ≡ △GFE が成り立つ。ゆえに∠BGE ＝ ∠FGE となり，さらに∠GBI ＝ ∠EBI ＝ $\boxed{\text{キク}}^\circ$ であるから I は△BGH の内心であることがわかる。

▼

解 答・解 説

第9問 (配点 20点)

(1) $BE = 1 \times \dfrac{1}{4} = \dfrac{\boxed{1}^{\text{ア}}}{\boxed{4}_{\text{イ}}}$. [4点]

三角形ECDで三平方の定理より

$$ED = \sqrt{\left(\frac{3}{4}\right)^2 + 1^2} = \frac{\boxed{5}^{\text{ウ}}}{\boxed{4}_{\text{エ}}}. \leftarrow \left(EC = 1 - \frac{1}{4} = \frac{3}{4}\right)$$ [4点]

よって

$$EF = ED - FD = \frac{5}{4} - 1 = \frac{\boxed{1}^{\text{オ}}}{\boxed{4}_{\text{カ}}}$$ [4点]

次に $\triangle GBE \equiv \triangle GFE$ より,

$\angle BGE = \angle FGE$.

さらに, $\angle GBI = \angle EBI = \boxed{45}^{\text{キク}}$° [4点]

より, Iは三角形BGHの内心.

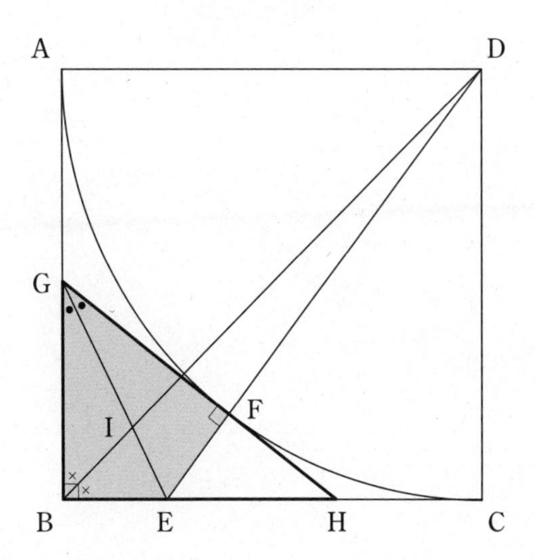

▼

(2)　次に，△BGH の内接円 I の半径 r を求める。GA = GF = GB なので，
G は AB の中点であることがわかる。I から GB に垂線 I J を下ろす。

JI = JB = r　であり，　JI // BE　であるから，$r = \dfrac{\boxed{ケ}}{\boxed{コ}}$ となる。

■

(2) $\triangle$GJI $\backsim$ $\triangle$GBE より，

$$\frac{1}{2}-r:\frac{1}{2}=r:\frac{1}{4},$$

$$\Longleftrightarrow \quad \frac{r}{2}=\frac{1}{8}-\frac{r}{4}.$$

$$\therefore \quad r=\frac{\boxed{1}_{\text{ケ}}}{\boxed{6}_{\text{コ}}}.$$

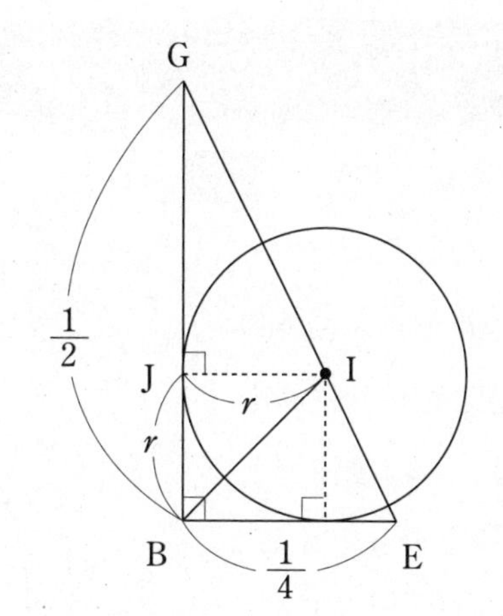

[4 点]

■

ポイントアドバイス

問題文中にある図を最大限利用して下さい．$\triangle$GBE $\equiv$ $\triangle$GFE，$\triangle$GJI $\backsim$ $\triangle$GBE なども図を通して確認ができるでしょう．(1) では三角形 BGH の 2 つの内角の二等分線の交点 I（内心）の説明までを行い，(2) で I を中心とした内接円を描き，その半径 r を求める流れとなります．(2) では内接円だけ描かれていないため，内接円を描くか，接点を意識しながら円の半径を書き入れると，相似な三角形が見破れたに違いありません．

円の共通(内・外)接線の問題

問　題

第10問　(配点　20点)　解答の目安 10分　(2003年度 本試験改題)

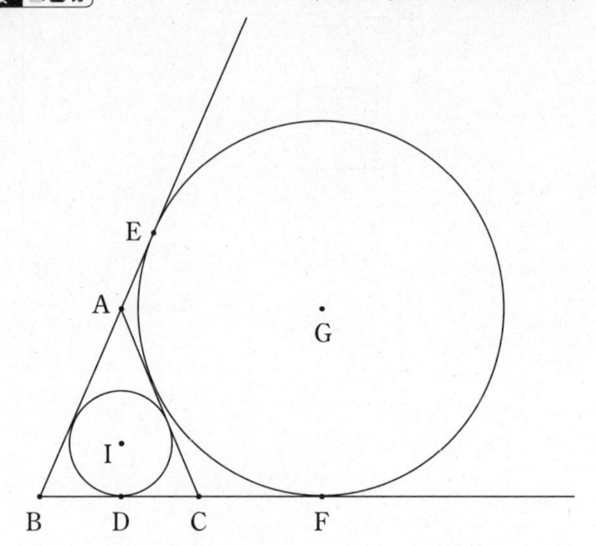

AB = ACである二等辺三角形ABCの内接円の中心をIとし，内接円Iと辺BCの接点をDとする。辺BAの延長と点Eで，辺BCの延長と点Fで接し，辺ACと接する∠B内の円の中心(傍心)をGとする。

(1)　AD = GFが成り立つことを示そう。

$$2\angle EAG = \angle EAC = \angle ABC + \angle ACB = 2\angle ABC$$

であるから，∠EAG = ∠ABCとなる。したがって，直線AGと直線BFは平行である。さらに，A，I，Dは一直線上にあって

$$\angle ADC = \angle GFD = \boxed{アイ}^\circ$$

であるから，四角形ADFGは［ウ］となる。よって，AD = GFである。

［ウ］の解答群

⓪ 正方形	① 台形	② 長方形	③ ひし形

▼

解 答・解 説

第10問 (配点 20点)

(1) $\angle ADC = \angle GFD =$ アイ 90 °. [3点]

$$\begin{cases} AG \parallel BF \\ \angle ADC = \angle GFD = 90^\circ \end{cases}$$

AG > GF より，四角形 ADFG は長方形．

(ウ ②) [3点]

▼

(2)　AB $=5$, BD $=2$ のとき，IG の長さを求めよう。まず，AD $=\sqrt{\boxed{エオ}}$ であり

$$\mathrm{AI}=\frac{\boxed{カ}\sqrt{\boxed{キク}}}{\boxed{ケ}}$$

となる。また，$\angle\mathrm{AGI}=\angle\mathrm{CBI}=\angle\mathrm{ABI}$ であるから，AG $=\boxed{コ}$ となり

$$\mathrm{IG}=\frac{\boxed{サ}\sqrt{\boxed{シス}}}{\boxed{セ}}$$

である。

■

(2) 三角形 ABD で三平方の定理より，

$$\mathrm{AD}=\sqrt{5^2-2^2}=\sqrt{\boxed{21}}\ .\quad \text{(エオ)}$$ [3 点]

∠ABD の二等分線が BI だから，DI：IA ＝ 2：5.

$$\mathrm{AI}=\sqrt{21}\times\frac{5}{7}=\frac{\boxed{5}\sqrt{\boxed{21}}}{\boxed{7}}\ .\quad \text{(カ, キク, ケ)}$$ [4 点]

∠AGI ＝ ∠CBI ＝ ∠ABI より，

三角形 ABG は AB ＝ AG の二等辺三角形.

よって，$\mathrm{AG}=\mathrm{AB}=\boxed{5}$.（コ） [3 点]

三角形 AIG で三平方の定理より，

$$\mathrm{IG}=\sqrt{\left(\frac{5\sqrt{21}}{7}\right)^2+5^2}$$

$$=\frac{\boxed{5}\sqrt{\boxed{70}}}{\boxed{7}}\ .\quad \text{(サ, シス, セ)}$$ [4 点]

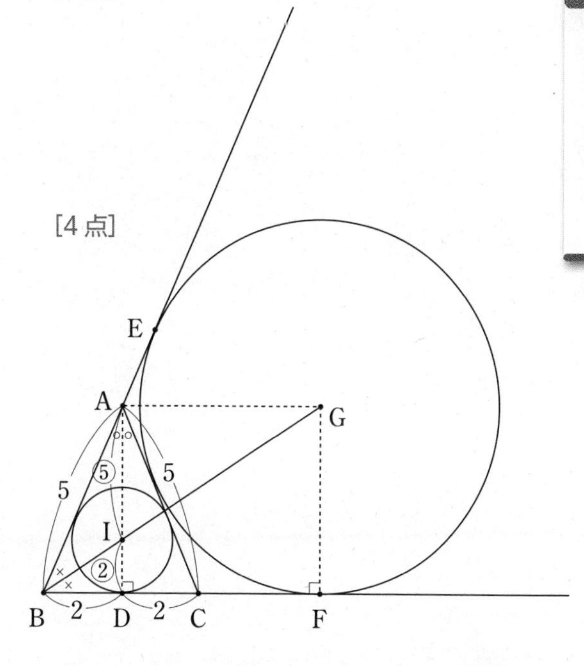

■

ポイントアドバイス

内接円 I の半径を r_1，傍心 G をもつ円の半径を r_2 とおくとき，

最後の問いで

$$\mathrm{IG}=r_1+r_2=\frac{2\sqrt{21}}{7}+\sqrt{21}=\frac{9\sqrt{21}}{7}$$

と思われたかもしれませんが，実は右図の拡大図を見てもらうと理解できるように，2 円と直線 AC の接点にはズレが生じているため，$\mathrm{IG}>r_1+r_2$ とわかるのです.

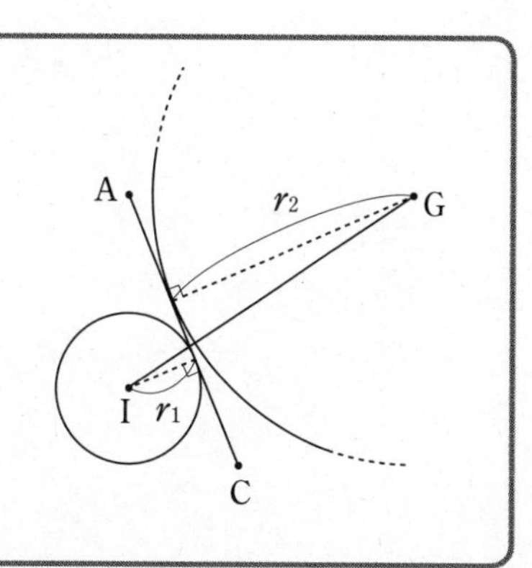

（下 書 き 用 紙）

「力試し問題」は次ページに続く。

数学Ⅰ・数学A （70分間）

問　題	選　択　方　法
第1問	必　答
第2問	必　答
第3問	いずれか2問を選択し，解答しなさい。
第4問	
第5問	

※ここまでのドリルの類題問題となっています（ドリルの内容とほぼ等しく，解答（解法）を確認する際には，対応するドリルの問題を参考にして下さい）。なお，「解答の目安」の時間はその合計が意図的に70分間となるようには定めていません。

数学Ⅰ・数学A （注）この科目には，選択問題があるります。（277ページ参照。）

第1問 （必答問題）（配点 30）

〔1〕 解答の目安 05分

実数 a に関する条件 p，q，r を次のように定める。

p：　$a^2 \geqq 2a + 15$

q：　$a \leqq -3$　または　$a \geqq 5$

r：　$a \geqq 7$

(1) q は p であるための ア 。

ア の解答群

⓪ 必要十分条件である
① 必要条件であるが，十分条件ではない
② 十分条件であるが，必要条件ではない
③ 必要条件でも十分条件でもない

(2) 条件 q の否定を $\overline{q}$，条件 r の否定を $\overline{r}$ で表す。

命題「p ならば イ 」は真である。

命題「 ウ ならば p」は真である。

イ ， ウ の解答群（同じものを繰り返し選んでもよい。）

⓪ q かつ $\overline{r}$
① q または $\overline{r}$
② $\overline{q}$ かつ $\overline{r}$
③ $\overline{q}$ または $\overline{r}$

■

数学Ⅰ・数学A

〔2〕 解答の目安 12分

右の図のように，△ABC の外側に辺 AB, BC，CA をそれぞれ１辺とする正方形 ADEB, BFGC，CHIA をかき，２点 E と F，G と H, I と D をそれぞれ線分で結んだ図形を考える。以下において

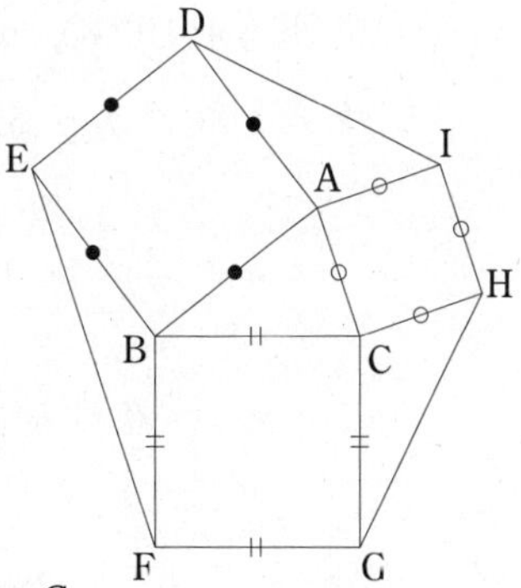

$BC = a$,　　$CA = b$,　　$AB = c$

$\angle CAB = A$,　　$\angle ABC = B$,　　$\angle BCA = C$

とする。

(1)　$b = 5$，$c = 6$，$\cos A = \dfrac{3}{5}$ のとき，$\sin A = \dfrac{\boxed{エ}}{\boxed{オ}}$ であり，

△ABC の面積は $\boxed{カキ}$，△AID の面積は $\boxed{クケ}$ である。

▼

(2) 正方形BFGC，CHIA，ADEBの面積をそれぞれ S_1，S_2，S_3 とする。このとき，$S_1 - S_2 - S_3$ は

・$0° < A < 90°$ のとき，［コ］。

・$90° < A < 180°$ のとき，［サ］。

［コ］，［サ］の解答群（同じものを繰り返し選んでもよい。）

⓪ 0である
① 正の値である
② 負の値である
③ 正の値も負の値もとる

(3) △AID，△BEF，△CGHの面積をそれぞれ T_1，T_2，T_3 とする。このとき，

［シ］である。

［シ］の解答群

⓪ $a < b < c$ ならば，$T_1 > T_2 > T_3$
① $a < b < c$ ならば，$T_1 < T_2 < T_3$
② A が鈍角ならば，$T_1 < T_2$ かつ $T_1 < T_3$
③ a，b，c の値に関係なく，$T_1 = T_2 = T_3$

■

数学Ⅰ・数学A

第2問（必答問題）（配点　30）

〔1〕 解答の目安 09分

花子さんと太郎さんのクラスでは，文化祭でたい焼き店を出店することになった。二人は1個あたりの価格をいくらにするかを検討している。次の表は，過去の文化祭でのたい焼き店の売り上げデータから，1個あたりの価格と売り上げ数の関係をまとめたものである。

1個あたりの価格（円）	70	100	130
売り上げ個数（個）	110	80	50

(1) まず，二人は，上の表から，1個あたりの価格が30円上がると売り上げ個数が30個減ると考えて，売り上げ個数が1個あたりの価格の1次関数で表されると仮定した。このとき，1個あたりの価格をx円とおくと，売り上げ個数は

$$\boxed{\text{アイウ}} - x \qquad \cdots\cdots①$$

と表される。

(2) 次に，二人は利益の求め方について考えた。

花子：利益は，売り上げ金額から必要な経費を引けば求められるよ。
太郎：売り上げ金額は，1個あたりの価格と売り上げ個数の積で求まるね。
花子：必要な経費は，たい焼き用器具のレンタル料と材料費の合計だね。
　　材料費は，売り上げ個数と1個あたりの材料費の積になるね。

▼

二人は，次の三つの条件のもとで，1個あたりの価格xを用いて利益を表すことにした。

（条件1）1個あたりの価格がx円のときの売り上げ個数として①を用いる。
（条件2）材料は，①により得られる売り上げ個数に必要な分量だけ仕入れる。
（条件3）1個あたりの材料費は30円である。たい焼き用器具のレンタル料は2500円である。材料費とたこ焼き用器具のレンタル料以外の経費はない。

利益をy円とおく。yをxの式で表すと

$$y = -x^2 + \boxed{\text{エオカ}}\,x - \boxed{\text{キクケコ}} \quad \cdots\cdots\cdots\cdots\cdots ②$$

である。

(3) 太郎さんは利益を最大にしたいと考えた。②を用いて考えると，利益が最大になるのは1皿あたりの価格が $\boxed{\text{サシス}}$ 円のときであり，そのときの利益は $\boxed{\text{セソタチ}}$ 円である。

(4) 花子さんは，利益を2900円以上となるようにしつつ，できるだけ安い価格で提供したいと考えた。②を用いて考えると，利益が2900円以上となる1個あたりの価格のうち，最も安い価格は $\boxed{\text{ツテ}}$ 円となる。

■

数学Ⅰ・数学A

〔2〕 解答の目安 08分

S高校のあるクラス20人の数学の得点とT高校のあるクラス25人の数学の得点を比較するために，それぞれの度数分布表を作ったところ，次のようになった。

階　級	S高校	T高校
以上　以下 35 ～ 39	0	5
40 ～ 44	0	5
45 ～ 49	3	0
50 ～ 54	4	0
55 ～ 59	6	0
60 ～ 64	3	10
65 ～ 69	1	2
70 ～ 74	0	2
75 ～ 79	3	1
計	20	25

(1) 2つの高校の得点の中央値については，［ト］。

［ト］の解答群

⓪ S高校の方が大きい
① T高校の方が大きい
② S高校とT高校で等しい
③ 与えられた情報からはその大小を判定できない

▼

(2) 度数分布表からわかるT高校の得点の平均値のとり得る範囲は,

ナニ . ヌ 以上 ネノ . ハ 以下である。また,S高校の得点の

平均値は59.0とすると,2つの高校の得点の平均値については, ヒ 。

ヒ の解答群

⓪ S高校の方が大きい
① T高校の方が大きい
② S高校とT高校で等しい
③ 与えられた情報からはその大小を判定できない

(3) 次の記述のうち,誤っているものは フ である。

フ の解答群

⓪ 54点以下の生徒の割合は,T高校の方が大きい。
① 65点以上の生徒の割合は,T高校の方が大きい。
② 70点以上の生徒の割合は,S高校の方が大きい。

■

数学Ⅰ・数学A　第3問～第5問は，いずれか2問を選択し，解答しなさい。

第3問 （選択問題）（配点　20）

解答の目安　11分

さいころを3回投げ，次の規則にしたがって文字列を作る。ただし，何も書かれていないときや文字が1つだけのときも文字列と呼ぶことにする。

1回目は次のようにする。

・出た目の数が 1，2 のときは，文字 a を書く
・出た目の数が 3，4 のときは，文字 b を書く
・出た目の数が 5，6 のときは，何も書かない

2回目，3回目は次のようにする。

・出た目の数が 1，2 のときは，文字列の右側に文字 a を1つ付け加える
・出た目の数が 3，4 のときは，文字列の右側に文字 b を1つ付け加える
・出た目の数が 5，6 のときは，いちばん右側の文字を削除する。ただし，何も書かれていないときはそのままにする

以下の問いでは，さいころを3回投げ終わったときにできる文字列について考える。

(1)　文字列が aaa となるさいころの目の出方は [ア] 通りである。

文字列が ba となるさいころの目の出方は [イ] 通りである。

▼

(2)　文字列が a となる確率は $\dfrac{\boxed{\text{ウ}}}{\boxed{\text{エオ}}}$ であり，何も書かれていない文字列となる確率は $\dfrac{\boxed{\text{カ}}}{\boxed{\text{キク}}}$ である。

(3)　文字列の字数が3となる確率は $\dfrac{\boxed{\text{ケ}}}{\boxed{\text{コサ}}}$ であり，この条件下で文字列が bbb となる条件付き確率は $\dfrac{\boxed{\text{シ}}}{\boxed{\text{ス}}}$ である。

■

数学Ⅰ・数学A　第3問～第5問は，いずれか2問を選択し，解答しなさい。

第4問 （選択問題）（配点　20）解答の目安 13分

xについての2次方程式

$$x^2 - mnx + n + 2 = 0 \qquad \cdots\cdots\cdots\cdots ①$$

が自然数の解のみをもつような，自然数の組（m，n）を求めることを考える。

方程式①の自然数の解をα，β　（$\alpha \leqq \beta$）とすると

$$\alpha + \beta = mn, \qquad \alpha\beta = n + \boxed{ア}$$

が成り立ち，これより

$$(\alpha - 1)(\beta - 1) = \left(\boxed{イ} - m\right)n + \boxed{ウ} \qquad \cdots\cdots\cdots\cdots ②$$

という関係が導かれ，α，βは自然数であることから

$$\left(\boxed{イ} - m\right)n + \boxed{ウ} \geqq 0 \qquad \cdots\cdots\cdots\cdots ③$$

という式が得られる。

$m = 1$のとき，②よりそのときの方程式①の解は$\alpha = \boxed{エ}$と

$\beta = \boxed{オ}$であり，$n = \boxed{カ}$である。

また，$m \geqq \boxed{キ}$であれば，③を満たすnは存在しない。

このように考えると，方程式①が自然数の解をもつような自然数の組

(m, n)は全部で，$\boxed{ク}$組あることがわかる。

また，方程式①を満たす自然数mの中で最大のものは$\boxed{ケ}$であり，

そのときのnは$\boxed{コ}$である。

■

巻末付録　力試し問題

数学Ⅰ・数学A 第3問～第5問は，いずれか2問を選択し，解答しなさい。

第5問 （選択問題）（配点 20） 解答の目安 08分

△ABC において，CA = 5，∠ABC = 45° とする。また，△ABC の外接円の中心を O とする。

外接円 O 上の点 A を含まない弧 BC 上に点 D を AD = $3\sqrt{5}$，　CD = $\sqrt{10}$ であるようにとると ∠ADC = [アイ]° である。

点 A における外接円 O の接線と辺 DC の延長の交点を E とする。このとき，∠CAE = ∠[ウ]E であるから，△ACE と△D[エ] は相似である。

これより

$$EC = \frac{\sqrt{\boxed{オ}}}{\boxed{カ}}EA$$

である。また，$EA^2 = \boxed{キ} \cdot EC$ である。

したがって

$$EA = \frac{\boxed{クケ}\sqrt{\boxed{コ}}}{\boxed{サ}}, \quad EC = \frac{\boxed{シ}\sqrt{\boxed{スセ}}}{\boxed{ソ}}$$

である。

[ウ]，[エ]，[キ] の解答群（同じものを繰り返し選んでもよい。）

⓪ AC	① AD	② AE	③ BA	④ CD	⑤ ED

■

（下 書 き 用 紙）

「力試し問題」の解答は次ページに続く。

数学Ⅰ・数学A　(100点満点)

問題番号(配点)			正解	配点
第1問(30)	〔1〕	(1)	ア：⓪	2
		(2)	イ：①	4
			ウ：⓪	4
	〔2〕	(1)	エ/オ：$\frac{4}{5}$	3
			カキ：12	3
			クケ：12	3
		(2)	コ：②	4
			サ：①	4
		(3)	シ：③	3
第2問(30)	〔1〕	(1)	アイウ：$180-x$	3
		(2)	エオカ，キクケコ：$-x^2+210x-7900$	3
		(3)	サシス：105	3
			セソタチ：3125	3
		(4)	ツテ：90	3
	〔2〕	(1)	ト：①	4
		(2)	ナニ．ヌ，ネノ．ハ：52.8，56.8	4
			ヒ：⓪	3
		(3)	フ：①	4

(注)第1問，第2問は必答。第3問～第5問のうちから2問選択。計4問を解答。

問題番号(配点)			正解	配点
第3問(20)		(1)	ア：8	3
			イ：8	3
		(2)	ウ/エオ：$\frac{5}{27}$	3
			カ/キク：$\frac{5}{27}$	3
		(3)	ケ/コサ：$\frac{8}{27}$	4
			シ/ス：$\frac{1}{8}$	4
第4問(20)			ア：$n+2$	2
			イ，ウ：$(1-m)n+3$	2
			エ，オ：$\alpha=2$，$\beta=4$	4
			カ：$n=6$	2
			キ：$m\geqq 5$	3
			ク：4	3
			ケ：4	2
			コ：1	2
第5問(20)			アイ：45	2
			ウ：①	3
			エ：②	3
			オ，カ：$\frac{\sqrt{5}}{3}$EA	3
			キ：⑤・EC	3
			クケ，コ，サ：$\frac{15\sqrt{2}}{4}$	3
			シ，スセ，ソ：$\frac{5\sqrt{10}}{4}$	3

定理・公式チェックリスト(活用編)

☑ ← チェック!!

(2次方程式の解の公式)

$ax^2+bx+c=0\ \ (a \neq 0)$ の解 x は　$x=\dfrac{-b \pm \sqrt{b^2-4ac}}{2a}$

$$(\text{判別式D})=b^2-4ac\begin{cases} >0 & \text{異なる2つの実数解} \\ =0 & \text{重解(実数解)} \\ <0 & \text{実数解なし(共役な2つの虚数解)} \end{cases}$$

(チェック欄) □□□□□

(三角比の相互関係)

$\tan\theta=\dfrac{\sin\theta}{\cos\theta}$

$\sin^2\theta+\cos^2\theta=1$

$1+\tan^2\theta=\dfrac{1}{\cos^2\theta}$

(チェック欄) 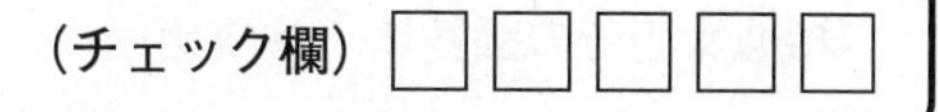

(正弦定理)

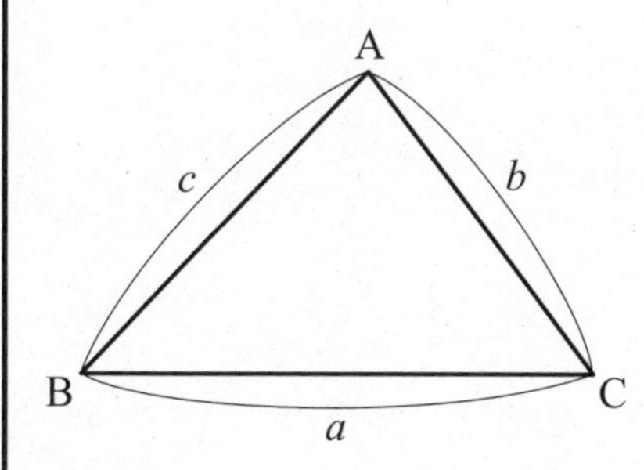

$\dfrac{a}{\sin A}=\dfrac{b}{\sin B}=\dfrac{c}{\sin C}=2R$

(R:外接円の半径)

(チェック欄) □□□□□

（余弦定理）

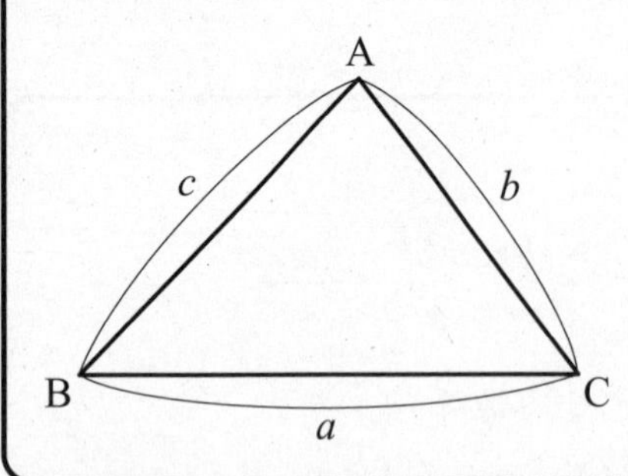

$$a^2 = b^2 + c^2 - 2bc\cos A$$

$$\Updownarrow$$

$$\cos A = \frac{b^2 + c^2 - a^2}{2bc}$$

（チェック欄） □□□□□

（三角形の面積公式）

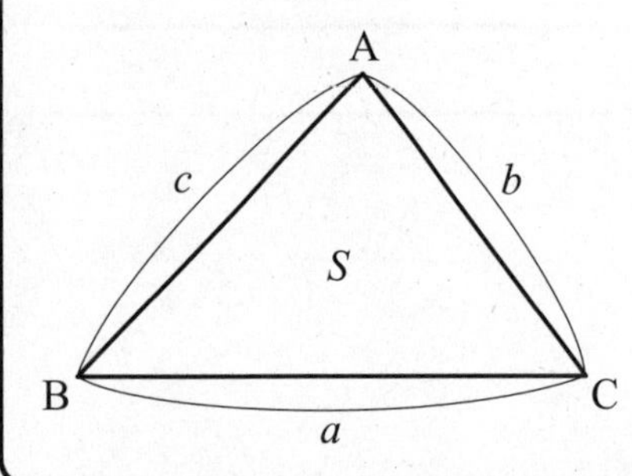

$$S = \frac{1}{2}ab\sin C = \frac{1}{2}bc\sin A = \frac{1}{2}ca\sin B$$

（チェック欄） □□□□□

（相似な図形の面積比・体積比）

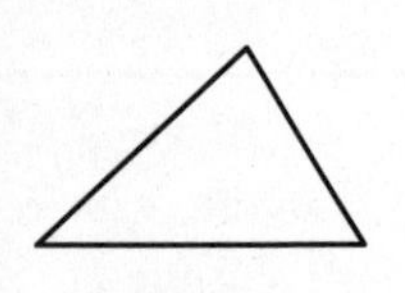 ∽ 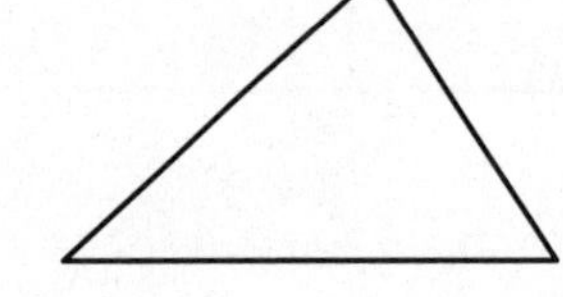

のとき，面積比は $m^2 : n^2$

相似比　m　:　n

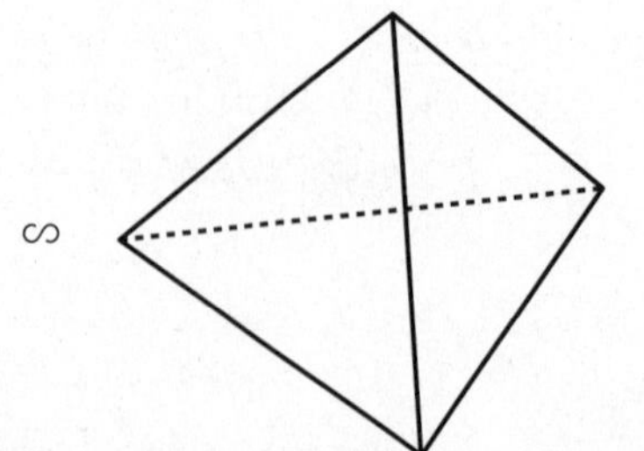

のとき，体積比は $m^3 : n^3$

相似比　m　:　n

（チェック欄） 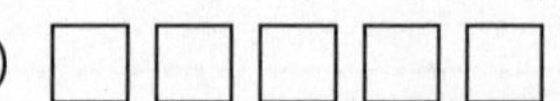

（球体の表面積 S と体積 V）

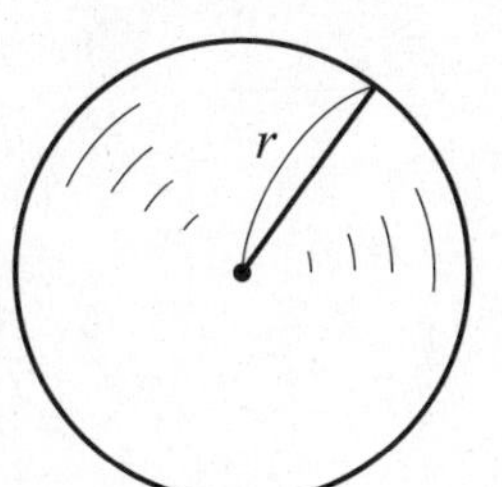

$$S = 4\pi r^2$$

$$V = \frac{4}{3}\pi r^3$$

（チェック欄）□□□□□

（分散）

$$s^2 = \frac{(x_1 - \overline{x})^2 + (x_2 - \overline{x})^2 + \cdots + (x_N - \overline{x})^2}{N}$$

$$= \frac{{x_1}^2 + {x_2}^2 + \cdots + {x_N}^2}{N} - (\overline{x})^2$$

（$\overline{x}$：平均値，N：データの個数）

（チェック欄）□□□□□

（標準偏差）

$$s = \sqrt{\frac{(x_1 - \overline{x})^2 + (x_2 - \overline{x})^2 + \cdots + (x_N - \overline{x})^2}{N}}$$

$$= \sqrt{\frac{{x_1}^2 + {x_2}^2 + \cdots + {x_N}^2}{N} - (\overline{x})^2}$$

（$\overline{x}$：平均値，N：データの個数）

（チェック欄）□□□□□

(共分散)

$$s_{xy}=\frac{(x_1-\overline{x})(y_1-\overline{y})+(x_2-\overline{x})(y_2-\overline{y})+\cdots+(x_N-\overline{x})(y_N-\overline{y})}{N}$$

（$\overline{x}$：平均値，$\overline{y}$：平均値，N：データの個数）

(チェック欄) □□□□□

(相関係数)

$$r=\frac{s_{xy}}{s_x\cdot s_y}\quad(-1\leqq r\leqq 1)$$

s_x：x の標準偏差
s_y：y の標準偏差
s_{xy}：x と y の共分散

(チェック欄)

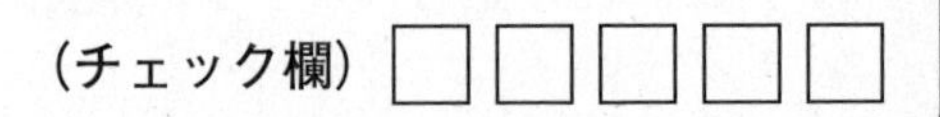

(順列)

$${}_n\mathrm{P}_r=n(n-1)(n-2)\cdot\cdots\cdots\cdot(n-r+1)$$

$${}_n\mathrm{P}_n=n!=n(n-1)(n-2)\cdot\cdots\cdots\cdot3\cdot2\cdot1$$

(チェック欄) □□□□□

(円順列)

A
B
C
D
E
F

異なる n 個の円順列　$(n-1)!$

(チェック欄) □□□□□

(重複順列)

n 個の異なるものから r 個(r 回)とった重複順列

$$n^r$$

(チェック欄) □□□□□

(組み合わせ)

$$_n\mathrm{C}_r = \frac{n(n-1)(n-2)\cdot\cdots\cdots\cdot(n-r+1)}{r(r-1)(r-2)\cdot\cdots\cdots\cdot3\cdot2\cdot1}$$

$$= \frac{n!}{r!\,(n-r)!}$$

(チェック欄) □□□□□

(同じものを含む順列)

$$\begin{cases} \text{A 文字}\cdots\cdots p \text{ 個} \\ \text{B 文字}\cdots\cdots q \text{ 個} \quad (p+q+r=n \text{ 個}) \\ \text{C 文字}\cdots\cdots r \text{ 個} \end{cases}$$

これらの文字の1列の並べ方

$$\frac{n!}{p!\,q!\,r!}$$

(チェック欄) 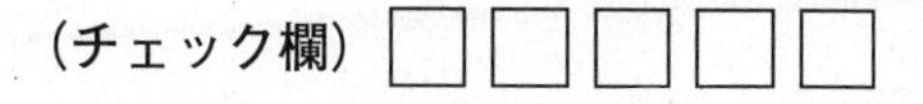

(二項定理) 参考

$$(a+b)^n = {}_n\mathrm{C}_0\,a^n b^0 + {}_n\mathrm{C}_1\,a^{n-1} b^1 + {}_n\mathrm{C}_2\,a^{n-2} b^2 + \cdots\cdots + {}_n\mathrm{C}_n\,a^0 b^n$$

(チェック欄) □□□□□

(余事象確率)

$P(A)=1-P(\overline{A})$

(チェック欄) □□□□□

(反復試行の確率)

同じ試行を n 回 $\begin{cases} 事象 A \quad (確率 p)\cdots\cdots\cdots\cdots \quad r 回 \\ 事象 \overline{A} \quad (確率 1-p)\cdots\cdots \quad n-r 回 \end{cases}$ となる確率

$P={}_n\mathrm{C}_r\, p^r(1-p)^{n-r}$

(チェック欄) □□□□□

(条件付き確率)

事象 E が起こったという条件のもとで，事象 F が起こる確率

$P_E(F)=\dfrac{P(E\cap F)}{P(E)}$

(チェック欄) □□□□□

(内角の二等分線の定理)

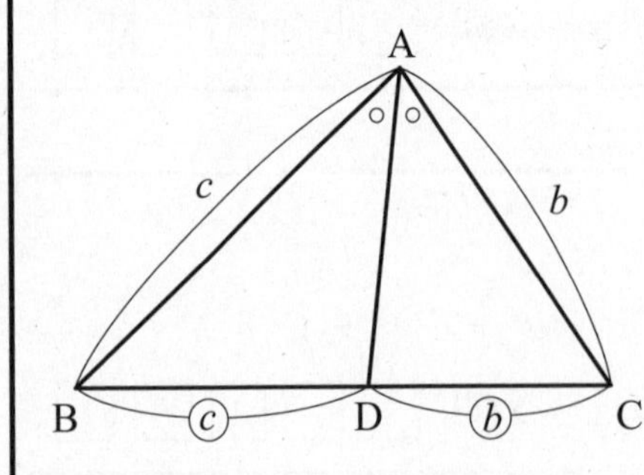

$\mathrm{BD}:\mathrm{CD}=c:b$

(チェック欄) □□□□□

（外角の二等分線の定理）

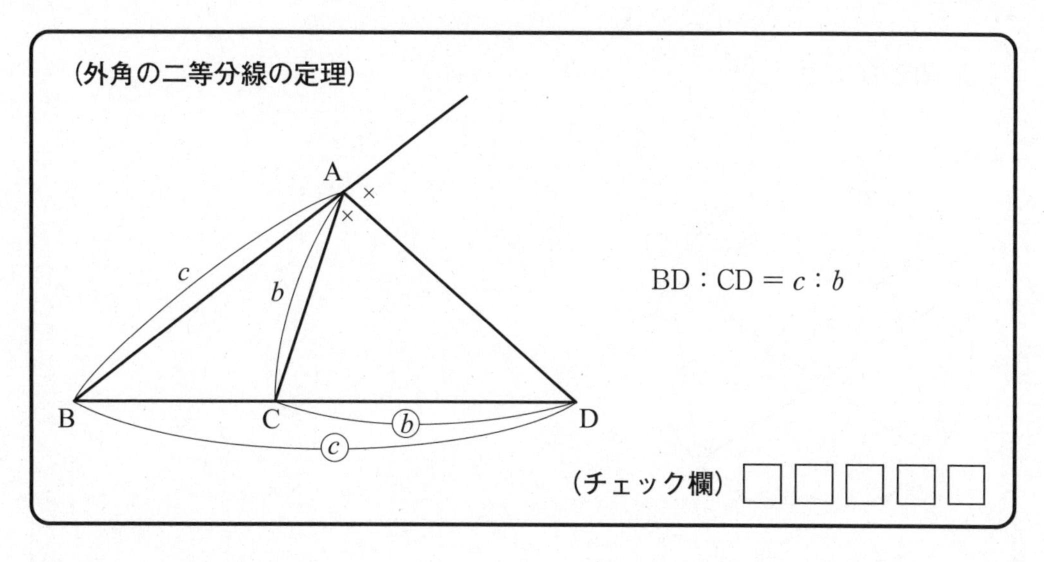

$$\mathrm{BD} : \mathrm{CD} = c : b$$

（チェック欄）□□□□□

（パップスの中線定理）

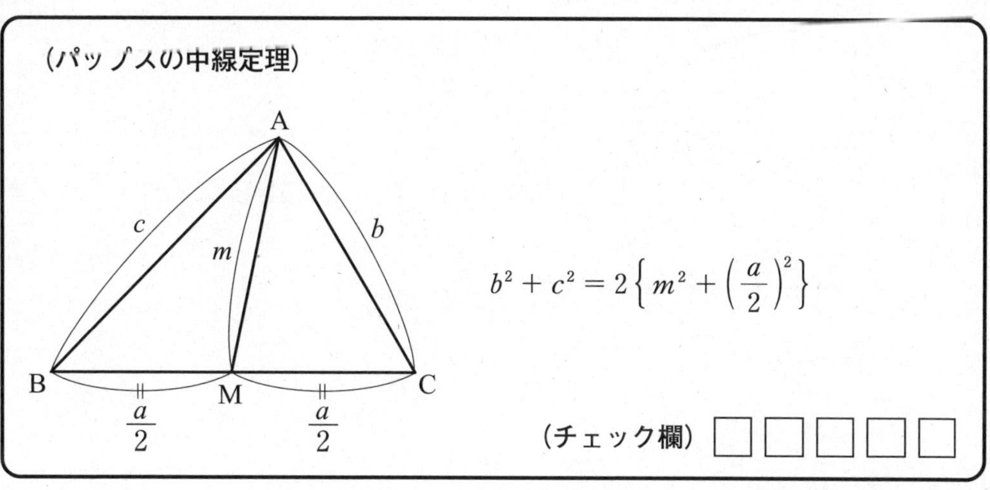

$$b^2 + c^2 = 2\left\{m^2 + \left(\frac{a}{2}\right)^2\right\}$$

（チェック欄）□□□□□

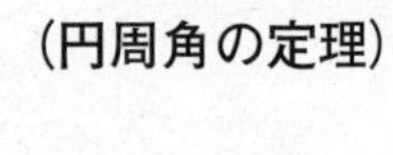

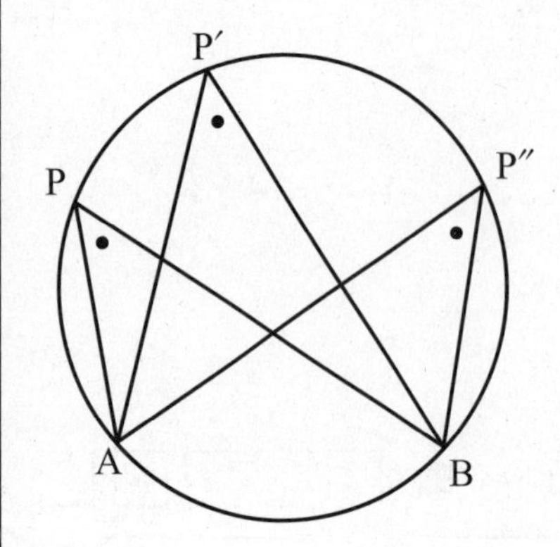

$\angle APB = \angle AP'B = \angle AP''B$

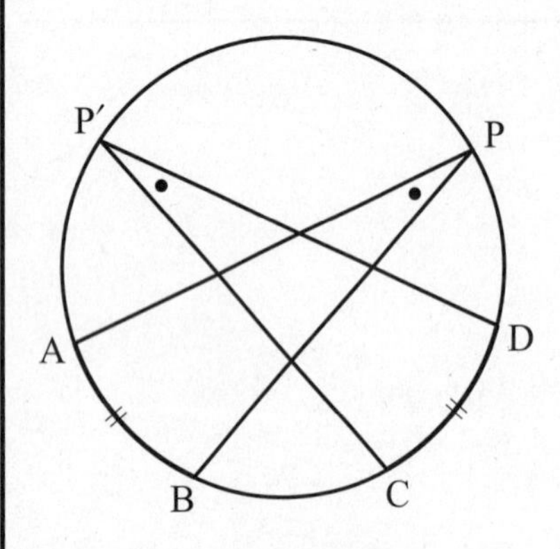

$\overset{\frown}{AB} = \overset{\frown}{CD} \iff \angle APB = \angle CP'D$

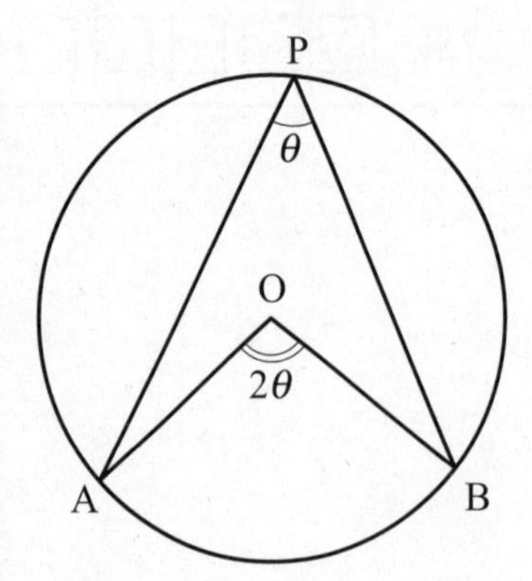

$\angle AOB = 2 \times \angle APB$

(チェック欄) □□□□□

(円に内接する四角形の性質)

A
D
θ
180°−θ
θ
B
C

$\angle BAD + \angle BCD = 180°$

（内対角の和は 180°）

(チェック欄) □□□□□

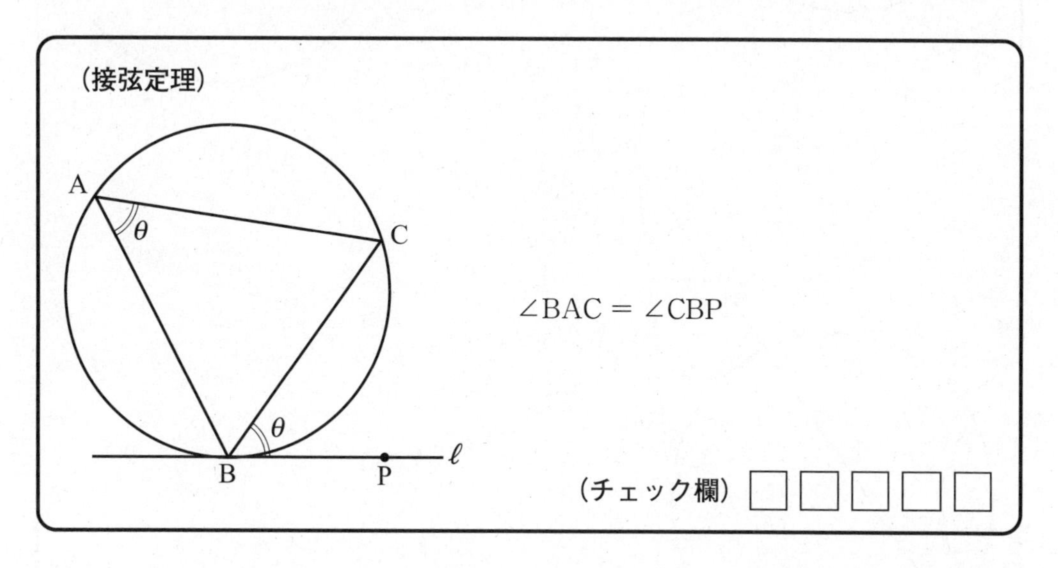

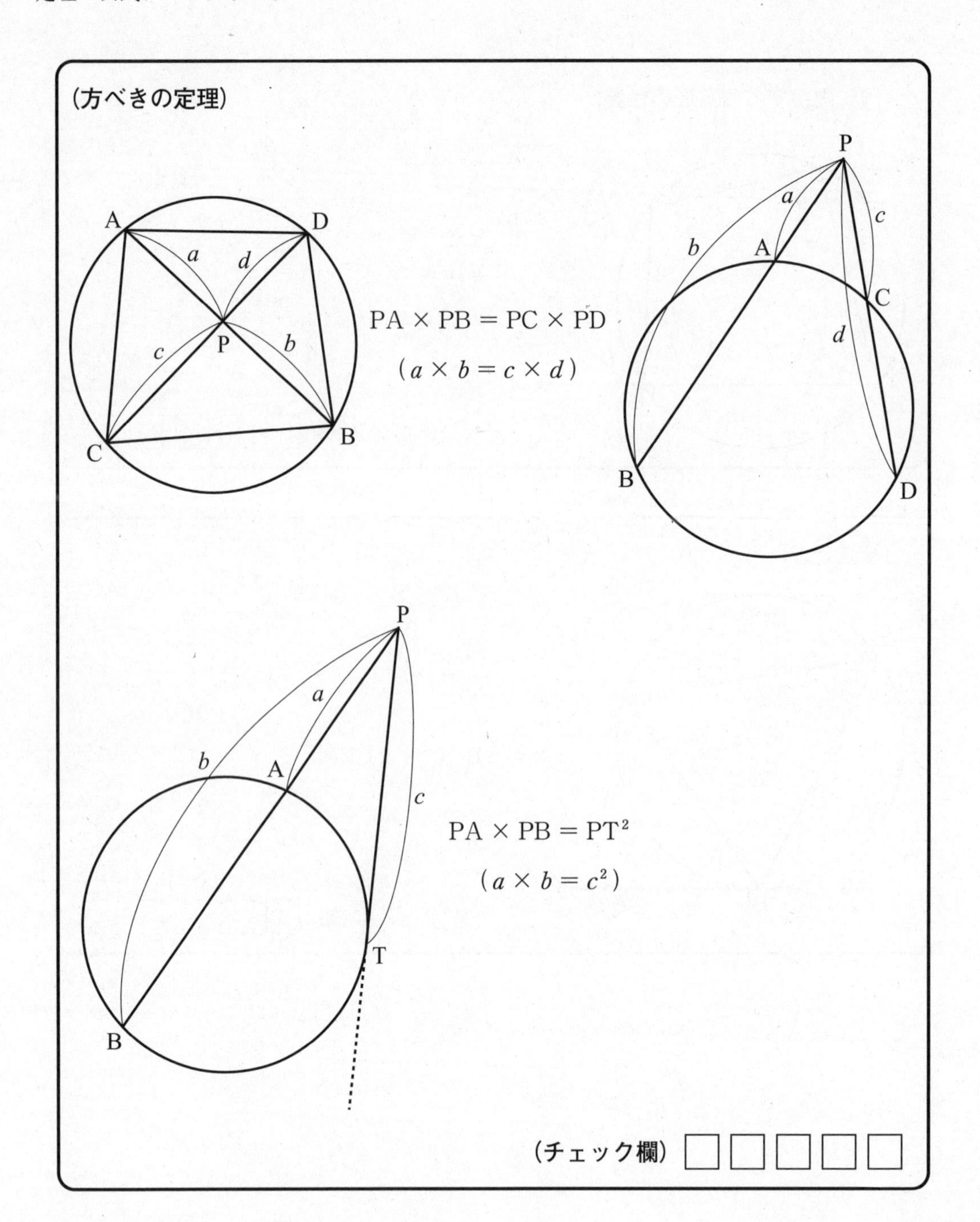
(方べきの定理)
A
D
a
d
P
c
b
C
B
PA × PB = PC × PD
(a × b = c × d)
P
a
c
b
A
C
d
B
D
P
a
b
A
c
PA × PB = PT²
(a × b = c²)
T
B
(チェック欄)

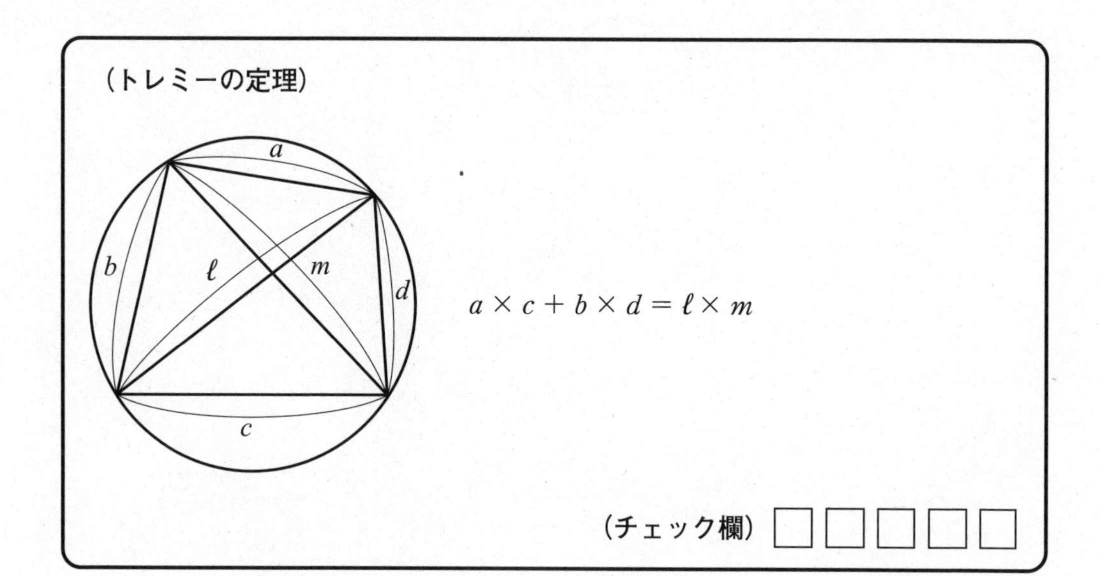
（トレミーの定理）
a
b
ℓ
m
d
c
$a \times c + b \times d = \ell \times m$
（チェック欄）

（下 書 き 用 紙）

（下 書 き 用 紙）

【共通テスト】数学I・A　分野別ドリル

発行日　：2022年3月31日初版発行

著者　：河合正人
発行者　：永瀬昭幸
編集担当　：倉野英樹
発行所　：株式会社ナガセ
〒180-0003　東京都武蔵野市吉祥寺南町1-29-2 出版事業部（東進ブックス）
TEL：0422-70-7456 ／ FAX：0422-70-7457
http://www.toshin.com/books/（東進 WEB 書店）
（本書を含む東進ブックスの最新情報は，東進 WEB 書店をご覧ください。）

装丁　：山口勉

DTP・印刷・製本　：三美印刷株式会社
校正校閲・編集協力：河合千賀子，清水健壮，髙見澤瞳

ISBN：978-4-89085-897-2 C7341

東進の合格の秘訣が次ページに

WEBで体験

東進ドットコムで授業を体験できます！

実力講師陣の詳しい紹介や、各教科の学習アドバイスも読めます。

www.toshin.com/teacher/

国語

東大・難関大志望者から絶大なる信頼を得る本質の指導を追究。

栗原 隆 先生
[古文]

ビジュアル解説で古文を簡単明快に解き明かす実力講師。

富井の
古典文法を
はじめからていねいに

富井 健二 先生
[古文]

縦横無尽な知識に裏打ちされた立体的な授業に、グングン引き込まれる！

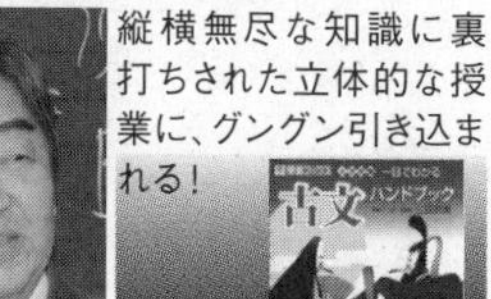

三羽 邦美 先生
[古文・漢文]

幅広い教養と明解な具体例を駆使した緩急自在の講義。漢文が身近になる！

寺師の
漢文を
はじめからていねいに

寺師 貴憲 先生
[漢文]

文章で自分を表現できれば、受験も人生も成功できますよ。「笑顔と努力」で合格を！

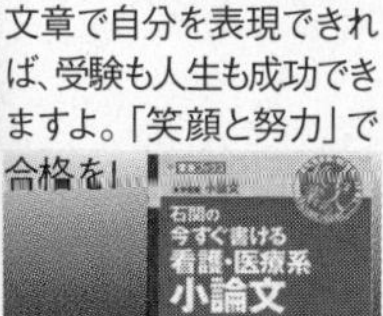

石関 直子 先生
[小論文]

理科

丁寧で色彩豊かな板書と詳しい講義で生徒を惹きつける。

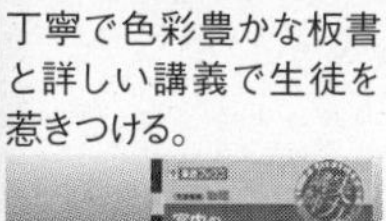

宮内 舞子 先生
[物理]

化学現象の基本を疑い化学全体を見通す"伝説の講義"

鎌田 真彰 先生
[化学]

全国の受験生が絶賛するその授業は、わかりやすさそのもの！

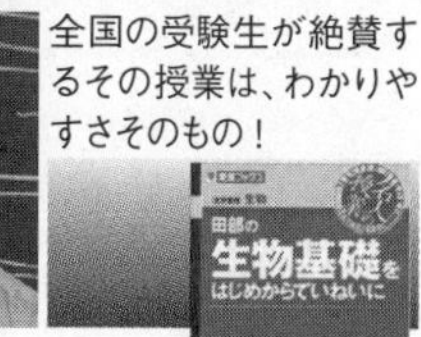

田部 眞哉 先生
[生物]

地歴公民

入試頻出事項に的を絞った「表解板書」は圧倒的な信頼を得る。

金谷 俊一郎 先生
[日本史]

つねに生徒と同じ目線に立って、入試問題に対する的確な思考法を教えてくれる。

日本史
〈記述式〉
レベル別問題集
3

井之上 勇 先生
[日本史]

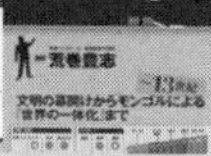

"受験世界史に荒巻あり"といわれる超実力人気講師。

荒巻 豊志 先生
[世界史]

世界史を「暗記」科目だなんて言わせない。正しく理解すれば必ず伸びることを一緒に体感しよう。

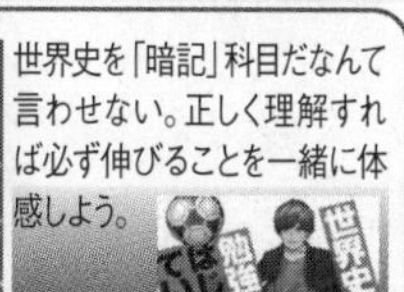

加藤 和樹 先生
[世界史]

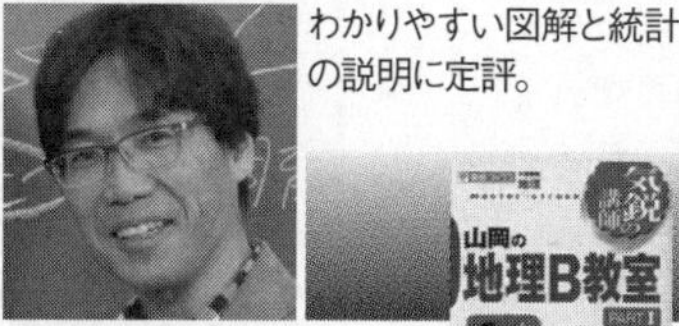

わかりやすい図解と統計の説明に定評。

山岡 信幸 先生
[地理]

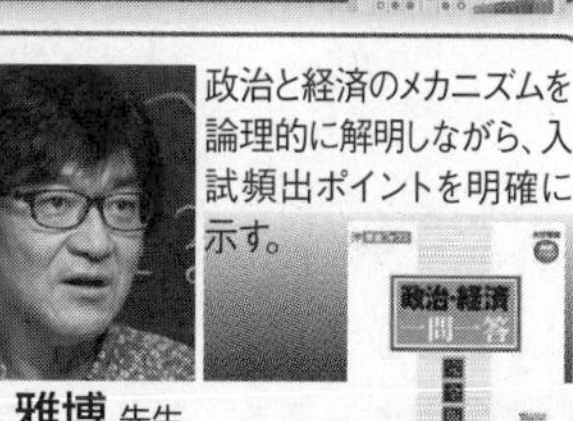

政治と経済のメカニズムを論理的に解明しながら、入試頻出ポイントを明確に示す。

清水 雅博 先生
[公民]

合格の秘訣2

革新的な学習システム

東進には、第一志望合格に必要なすべての要素を満たし、抜群の合格実績を生み出す学習システムがあります。

映像による授業を駆使した最先端の勉強法

高速学習

一人ひとりの
レベル・目標にぴったりの授業

東進はすべての授業を映像化しています。その数およそ1万種類。これらの授業を個別に受講できるので、一人ひとりのレベル・目標に合った学習が可能です。1.5倍速受講ができるほか自宅のパソコンからも受講できるので、今までにない効率的な学習が実現します。

現役合格者の声

東京大学 理科一類
佐藤 洋太くん
東京都立 三田高校卒

東進の映像による授業は1.5倍速で再生できるため効率がよく、自分のペースで学習を進めることができました。また、自宅で授業が受けられるなど、東進のシステムはとても相性が良かったです。

1年分の授業を
最短2週間から1カ月で受講

従来の予備校は、毎週1回の授業。一方、東進の高速学習なら毎日受講することができます。だから、1年分の授業も最短2週間から1カ月程度で修了可能。先取り学習や苦手科目の克服、勉強と部活との両立も実現できます。

先取りカリキュラム（数学の例）

	高1	高2	高3
東進の学習方法	高1生の学習（数学I・A）→ 高2生の学習（数学II・B）	→ 高3生の学習（数学III）	→ 受験勉強
	高2のうちに受験全範囲を修了する		
従来の学習方法（公立高校の場合）	高1生の学習（数学I・A）	高2生の学習（数学II・B）	高3生の学習（数学III）

目標まで一歩ずつ確実に

スモールステップ・パーフェクトマスター

高校入門から超東大までの12段階から自分に合ったレベルを選ぶことが可能です。「簡単すぎる」「難しすぎる」といったことがなく、志望校へ最短距離で進みます。
授業後すぐに確認テストを行い内容が身についたかを確認し、合格したら次の授業に進むので、わからない部分を残すことはありません。短期集中で徹底理解をくり返し、学力を高めます。

自分にぴったりのレベルから学べる
習ったことを確実に身につける

現役合格者の声

慶應義塾大学 法学部
赤井 英美さん
神奈川県 私立 山手学院高校卒

高1の4月に東進に入学しました。自分に必要な教科や苦手な教科を満遍なく学習できる環境がとても良かったです。授業の後にある「確認テスト」は内容が洗練されていて、自分で勉強するよりも、効率よく復習できました。

パーフェクトマスターのしくみ

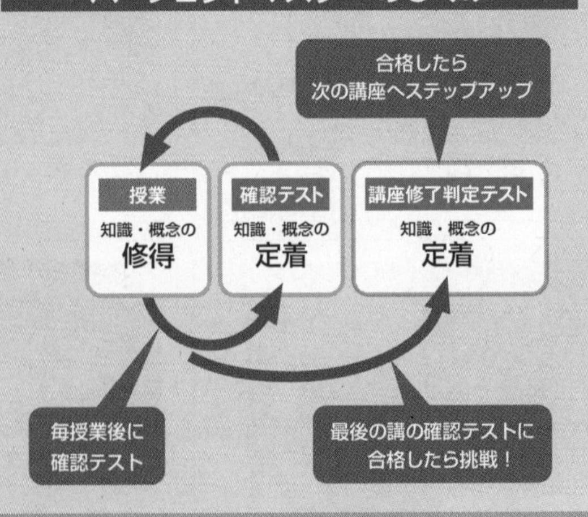

東進で勉強したいが、近くに校舎がない君は…

東進ハイスクール
在宅受講コースへ

「遠くて東進の校舎に通えない……」。そんな君も大丈夫！ 在宅受講コースなら自宅のパソコンを使って勉強できます。ご希望の方には、在宅受講コースのパンフレットをお送りいたします。お電話にてご連絡ください。学習・進路相談も随時可能です。

0120-531-104

徹底的に学力の土台を固める

高速マスター基礎力養成講座

高速マスター基礎力養成講座は「知識」と「トレーニング」の両面から、効率的に短期間で基礎学力を徹底的に身につけるための講座です。英単語をはじめとして、数学や国語の基礎項目も効率よく学習できます。インターネットを介してオンラインで利用できるため、校舎だけでなく、自宅のパソコンやスマートフォンアプリで学習することも可能です。

現役合格者の声

早稲田大学 政治経済学部
小林 隼人くん
埼玉県立 所沢北高校卒

受験では英語がポイントとなることが多いと思います。英語が不安な人には「高速マスター基礎力養成講座」がぴったりです。頻出の英単語や英熟語をスキマ時間などを使って手軽に固めることができました。

東進公式スマートフォンアプリ

東進式マスター登場！
(英単語／英熟語／英文法／基本例文)

スマートフォンアプリでスキマ時間も徹底活用！

1）スモールステップ・パーフェクトマスター！
頻出度（重要度）の高い英単語から始め、1つのSTEP（計100語）を完全修得すると次のSTAGEに進めるようになります。

2）自分の英単語力が一目でわかる！
トップ画面に「修得語数・修得率」をメーター表示。
自分が今何語修得しているのか、どこを優先的に学習すべきなのか一目でわかります。

3）「覚えていない単語」だけを集中攻略できる！
未修得の単語、または「My単語（自分でチェック登録した単語）」だけをテストする出題設定が可能です。
すでに覚えている単語を何度も学習するような無駄を省き、効率良く単語力を高めることができます。

「共通テスト対応英単語1800」2021年共通テストカバー率99.8%！

君の合格力を徹底的に高める

志望校対策

第一志望校突破のために、志望校対策にどこよりもこだわり、合格力を徹底的に極める質・量ともに抜群の学習システムを提供します。従来からの「過去問演習講座」に加え、AIを活用した「志望校別単元ジャンル演習講座」が開講。東進が持つ大学受験に関するビッグデータをもとに、個別対応の演習プログラムを実現しました。限られた時間の中で、君の得点力を最大化します。

現役合格者の声

大阪大学 医学部医学科
二宮 佐和さん
愛媛県 私立 済美平成中等教育学校卒

東進の「過去問演習講座」は非常に役に立ちました。夏のうちに二次試験の過去問を10年分解くことで、今の自分と最終目標までの距離を正確に把握することができました。大学別の対策が充実しているのが良かったです。

大学受験に必須の演習

過去問演習講座

1. 最大10年分の徹底演習
2. 厳正な採点、添削指導
3. 5日以内のスピード返却
4. 再添削指導で着実に得点力強化
5. 実力講師陣による解説授業

東進×AIでかつてない志望校対策

志望校別単元ジャンル演習講座

過去問演習講座の実施状況や、東進模試の結果など、東進で活用したすべての学習履歴をAIが総合的に分析。学習の優先順位をつけ、志望校別に「必勝必達演習セット」として十分な演習問題を提供します。問題は東進が分析した、大学入試問題の膨大なデータベースから提供されます。苦手を克服し、一人ひとりに適切な志望校対策を実現する日本初の学習システムです。

志望校合格に向けた最後の切り札

第一志望校対策演習講座

第一志望校の総合演習に特化し、大学が求める解答力を身につけていきます。対応大学は校舎にお問い合わせください。

合格の秘訣3

東進模試

申込受付中

※お問い合わせ先は付録7ページをご覧ください。

学力を伸ばす模試

本番を想定した「厳正実施」

統一実施日の「厳正実施」で、実際の入試と同じレベル・形式・試験範囲の「本番レベル」模試。相対評価に加え、絶対評価で学力の伸びを具体的な点数で把握できます。

12大学のべ31回の「大学別模試」の実施

予備校界随一のラインアップで志望校に特化した“学力の精密検査”として活用できます（同日体験受験を含む）。

単元・ジャンル別の学力分析

対策すべき単元・ジャンルを一覧で明示。学習の優先順位がつけられます。

中5日で成績表返却

WEBでは最短中3日で成績を確認できます。
※マーク型の模試のみ

合格指導解説授業

模試受験後に合格指導解説授業を実施。重要ポイントが手に取るようにわかります。

東進模試 ラインアップ 2021年度

- 共通テスト本番レベル模試　受験生／高2生／高1生 ※高1は難関大志望者　年4回
- 高校レベル記述模試　高2生／高1生　年2回

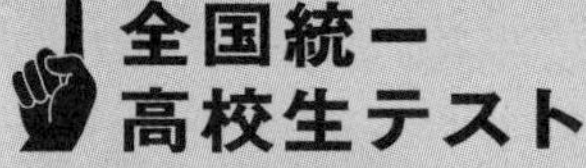

- 全国統一高校生テスト　高3生／高2生／高1生 ●問題は学年別　年2回
- 全国統一中学生テスト　中3生／中2生／中1生 ●問題は学年別　年2回

（共通テスト本番レベル模試との総合評価※）
- 早慶上理・難関国公立大模試　受験生　年5回
- 全国有名国公私大模試　受験生　年5回
- 東大本番レベル模試　受験生　年4回

（共通テスト本番レベル模試との総合評価※）
- 京大本番レベル模試　受験生　 年4回
- 北大本番レベル模試　受験生　 年2回
- 東北大本番レベル模試　受験生　 年2回
- 名大本番レベル模試　受験生　 年3回
- 阪大本番レベル模試　受験生　 年3回
- 九大本番レベル模試　受験生　 年3回

- 東工大本番レベル模試　受験生　 年2回

（共通テスト本番レベル模試との総合評価※）
- 一橋大本番レベル模試　受験生　 年2回
- 千葉大本番レベル模試　受験生　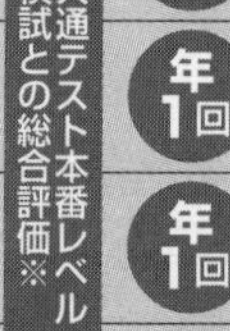 年1回
- 神戸大本番レベル模試　受験生　 年1回
- 広島大本番レベル模試　受験生　 年1回

- 大学合格基礎力判定テスト　受験生／高2生／高1生　 年4回
- 共通テスト同日体験受験　高2生／高1生　 年1回
- 東大入試同日体験受験　高2生／高1生 ※高1は意欲ある東大志望者　 年1回
- 東北大入試同日体験受験　高2生／高1生 ※高1は意欲ある東北大志望者　  年1回
- 名大入試同日体験受験　高2生／高1生 ※高1は意欲ある名大志望者　  年1回
- 医学部82大学判定テスト　受験生　  年2回
- 中学学力判定テスト　中2生／中1生　  年4回

※ 最終回が共通テスト後の受験となる模試は、共通テスト自己採点との総合評価となります。
※ 2021年度に実施予定の模試は、今後の状況により変更する場合があります。最新の情報はホームページでご確認ください。

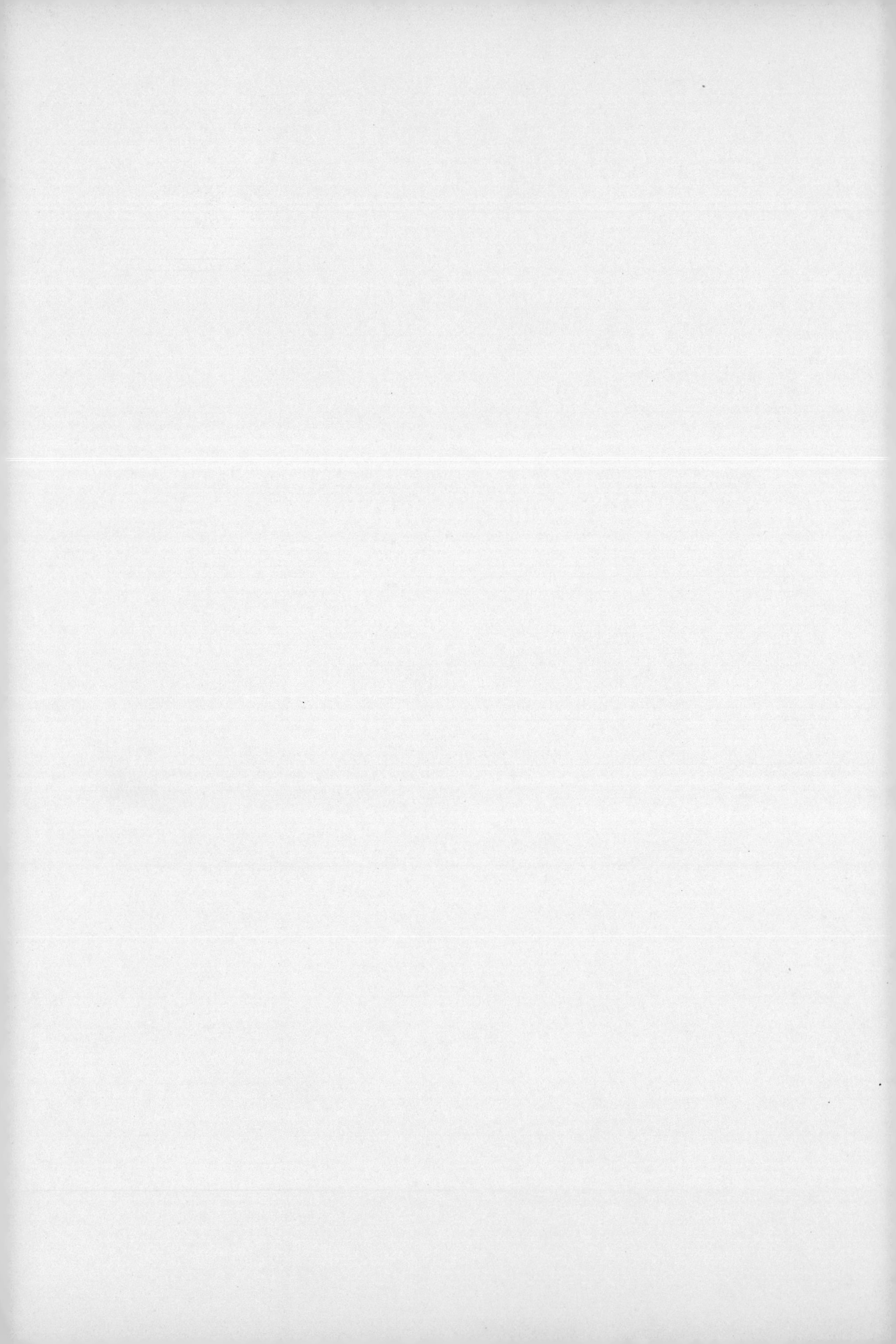